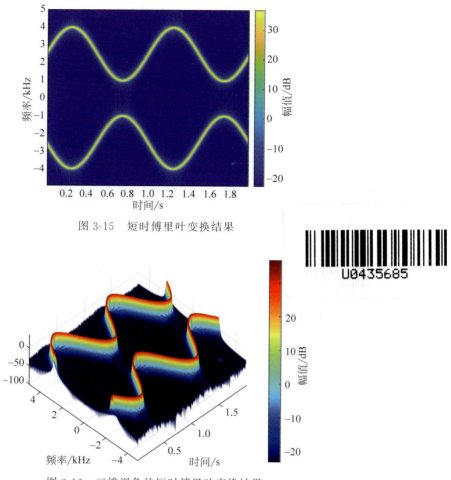

图 3-15　短时傅里叶变换结果

图 3-16　三维视角的短时傅里叶变换结果

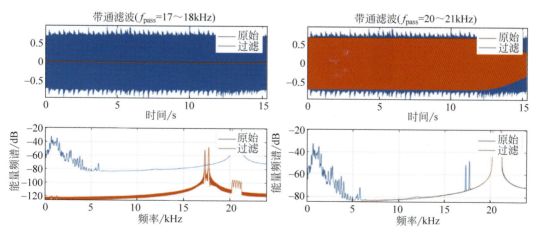

图 5-24　带通滤波效果

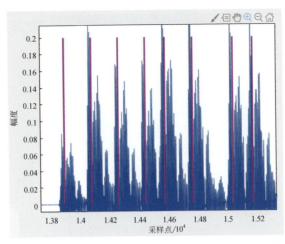

图 6-27 计算得到的脉冲起始在真实时域信号中与脉冲起始不匹配

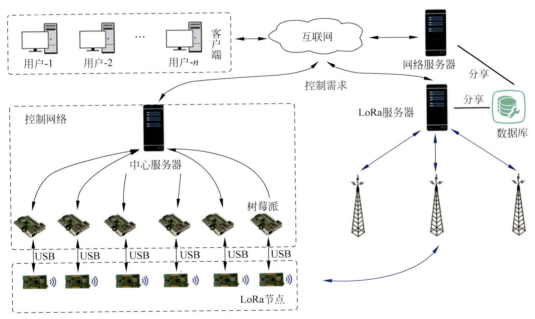

图 7-19 解交织示意图

图 7-27 测试床架构设计

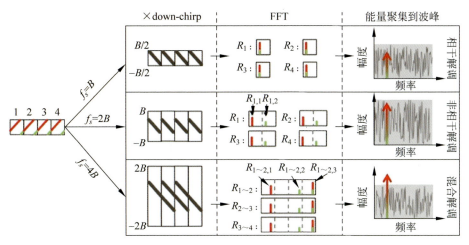

图 7-29 符号能量聚集

图 9-29 以白光作为光源时的双缝干涉条纹

图 9-33 设计的结构在不同角度展现出不同的颜色分布

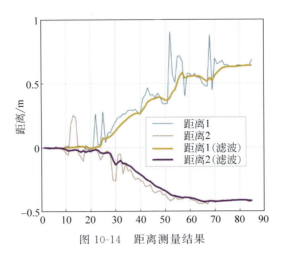

图 10-14 距离测量结果

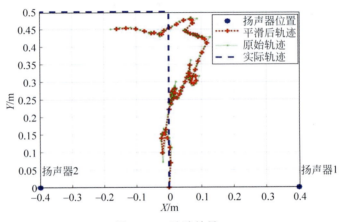

图 10-15 追踪效果 1

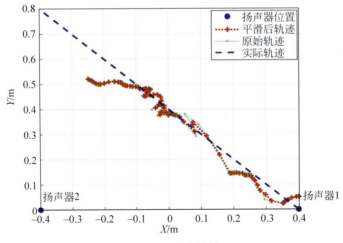

图 10-16 追踪效果 2

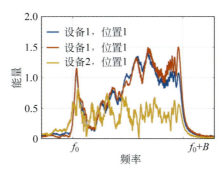

图 11-6　不同硬件设备对声音信号的频率选择特性不同

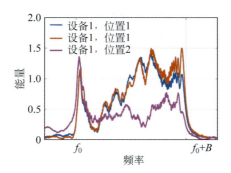

图 11-7　不同传播路径对声音信号的频率选择特性不同

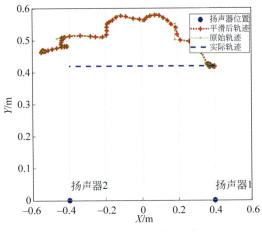

图 10-17　追踪效果 3

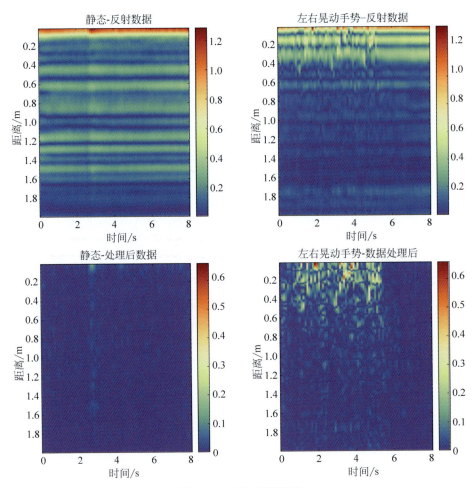

图 11-2　手势识别结果

物联网通信与智能感知
理论与实践

王继良 童率 编著

清华大学出版社
北京

内 容 简 介

本书从物联网的基础知识出发,全面介绍了物联网的架构、技术原理、应用领域和发展趋势等,涵盖物联网的感知层、网络层和应用层等多个层次,为读者提供了完整的物联网知识体系。同时结合大量实战应用案例,展示了物联网技术在现实生活中的应用和价值。

本书可作为高等院校物联网专业高年级本科生学习物联网通信、感知的教学辅导书,也可供对无线通信和物联网感兴趣的初学者或者从事相关技术研发的工程技术人员参考。

版权所有,侵权必究。举报:010-62782989,beiqinquan@tup.tsinghua.edu.cn。

图书在版编目(CIP)数据

物联网通信与智能感知:理论与实践 / 王继良,童牵编著. -- 北京:清华大学出版社,2025.3. -- ISBN 978-7-302-68383-4

Ⅰ.TP393.4;TP18

中国国家版本馆 CIP 数据核字第 2025CL7336 号

责任编辑:孙亚楠
封面设计:常雪影
责任校对:欧 洋
责任印制:刘海龙

出版发行:清华大学出版社
 网　　址:https://www.tup.com.cn,https://www.wqxuetang.com
 地　　址:北京清华大学学研大厦 A 座　　邮　编:100084
 社 总 机:010-83470000　　邮　购:010-62786544
 投稿与读者服务:010-62776969,c-service@tup.tsinghua.edu.cn
 质量反馈:010-62772015,zhiliang@tup.tsinghua.edu.cn
印 装 者:天津鑫丰华印务有限公司
经　　销:全国新华书店
开　　本:185mm×260mm　　印 张:16.75　　插 页:3　　字 数:414 千字
版　　次:2025 年 3 月第 1 版　　印 次:2025 年 3 月第 1 次印刷
定　　价:69.00 元

产品编号:109043-01

前言

这本书是我在清华开设物联网课程的实践教材。该课程的授课对象是较高年级的本科生,他们已经掌握了较多的计算机基础知识,对物联网的概念也有一定了解。在这个阶段,学生已经进行过物联网导论的学习,主要缺乏的是物联网系统中的实际动手体验,因而,对物联网系统和应用背后的原理的理解不够深刻。这个情况很大程度上是由于缺少针对性的物联网系统实践代码与教程,学生很难从零开始进行一个实际系统的实现。我从刚开始接触物联网领域到现在完成了数十个物联网系统和应用,很多都需要从零开始写代码、搭建实验平台,甚至很多时候连硬件设备都没有,中间走了很多弯路、踩了很多坑。因此,我想到将自己的经验和知识积累整理成本书,供读者参考,希望能够为大家的物联网探索初旅程提供一些帮助。

本书主要围绕物联网通信和感知展开,主要包括核心原理介绍和实现教程,最大的特点是每一部分都提供了代码,学生可以自己上手进行运行和调试。这些代码不仅包括对物联网通信感知的原理的验证与展示,还包括组内最新研究论文的代码,以及相关的国内外前沿研究工作的代码实现。代码覆盖了从基础原理到科研前沿的不同深度的技术和方法,希望不同层次基础的读者都能够从本书中得到收获。我们团队的主要研究方向是物联网通信和感知,也完成了很多不同的真实系统,如当时世界上规模最大的室外多跳自组网传感网系统、低功耗传输协议、低功耗广域网、无源低功耗广域网、室内动作感知和定位系统等,在利用物联网泛在信号(无线、声波、可见光等)进行通信和感知方面积累了一些经验,希望能够分享给大家。在总体上,本书的组织按照如下的方式:

(1) 物联网基本概念;

(2) 物联网通信;

(3) 物联网感知;

(4) 物联网系统实现;

(5) 物联网智能感知前沿应用。

书中的每部分都包含了原理介绍和代码实现,代码实现中既包含了非常基础概念的理解,如 FFT、滤波等,也包含了复杂代码实现,如组内论文和其他的前沿论文的代码等。在准备材料的过程中,本书也有所舍弃,对于大部分导论书籍中反复提到的概念,就不在本书中赘述。对于本团队不太熟悉的方向,也不会进行过多的介绍。

本书主要适合以下几种情况使用:

(1) 刚刚接触物联网领域的读者可以通过阅读本书理解该领域的一些基本技术和前沿论文。我也将本书作为前期阅读材料提供给申请进入我的研究组的读者,让他们在进组之前对整体研究方向有一个基本了解,有利于读者做出适合自己的选择。

(2) 已经进入物联网领域的研究人员,可以参考本书中的前沿技术基础的实现,帮助他们快速入门相关技术实现。

（3）本书可以作为物联网通信、感知等课程的基础，与其他教材搭配使用。本书中也有很多的思考问题和课后习题，可以作为课程作业布置的基础。材料配套的PPT也在尽快完善，希望也能够发给大家作为参考。

（4）因为本书中包含了大量的代码实现，可以作为物联网感知与通信类实验课程材料基础，在此基础上可以方便教师建立相关实验体系。总体来看，本书致力于做到既适合计算机专业缺少通信背景知识的人来阅读，又能够作为通信等专业的辅助阅读和实验材料。

物联网是一个很大的方向，一本书很难在覆盖全部细分方向的同时还能保持理论和技术的深度。因此，本书在几个最具代表性的物联网前沿方向上进行深入探讨，而不是使其成为一个大而不专的科普性读物。本书包含了大量的个人观点和理解，难免会存在问题，欢迎大家在使用本书的过程中指出不足、提出问题、多多交流。

本书是本组在物联网方向具体研究内容上的一些经验总结，在此感谢组内的每一位成员，特别感谢童率、宋知朋、徐振强、杨景、董柏顺、陈倩、陈亦捷、张嘉睿、江晋彦、焦俊人等，他们在本书的编写过程中做出了很大贡献。

王继良

2024年9月

目录

第一篇 物联网基础理论

第1章 物联网概述 ··· 3

第2章 物联网无线信号处理基础 ·· 7
- 2.1 信号的生成、发送和接收 ··· 7
- 2.2 模拟信号与数字信号介绍 ··· 9
- 2.3 信号采样与采样定理 ·· 10
- 2.4 信号量化 ··· 14
- 2.5 案例：实现一个录音、放音程序 ·· 16
- 参考文献 ··· 19

第3章 物联网时频域信号分析 ··· 20
- 3.1 信号时频分析原理 ··· 20
- 3.2 离散傅里叶分析 ·· 30
  - 3.2.1 离散傅里叶级数 ·· 30
  - 3.2.2 离散时间傅里叶变换 ··· 33
  - 3.2.3 离散傅里叶变换 ·· 34
  - 3.2.4 快速傅里叶变换 ·· 36
- 3.3 短时傅里叶变换 ·· 37
- 3.4 案例：应用傅里叶变换分析物联网信号 ··································· 39
- 参考文献 ··· 47

第4章 物联网信号传播模型 ··· 48
- 4.1 无线信道 ··· 48
  - 4.1.1 信道定义 ·· 48
  - 4.1.2 信道冲击响应 ·· 49
  - 4.1.3 信道频率响应 ·· 53
  - 4.1.4 信道状态信息 ·· 54
  - 4.1.5 信道状态估计 ·· 54
- 4.2 路径损耗和阴影衰落 ·· 56
  - 4.2.1 路径损耗模型 ·· 56

4.2.2 阴影衰落 ·········· 57
4.2.3 信噪比 ·········· 58
4.3 多径信道模型 ·········· 59
4.3.1 多径效应 ·········· 59
4.3.2 多径衰落模型 ·········· 60
4.3.3 多径测量 ·········· 62
4.4 案例：信道模拟与测量 ·········· 63
4.4.1 信道衰落模拟 ·········· 63
4.4.2 多径模拟 ·········· 64
4.4.3 衰落叠加综合 ·········· 66
参考文献 ·········· 67

第 5 章 物联网信号噪声处理 ·········· 68

5.1 数字滤波器简介 ·········· 68
5.2 滑动平均滤波器 ·········· 68
5.2.1 简介 ·········· 68
5.2.2 滑动平均的卷积实现 ·········· 69
5.2.3 噪声抑制与窗口选择 ·········· 71
5.2.4 频率响应 ·········· 72
5.2.5 频域参数 ·········· 74
5.2.6 滤波器实现 ·········· 76
5.3 FIR 数字滤波器 ·········· 76
5.3.1 简介 ·········· 76
5.3.2 FIR 滤波器设计 ·········· 76
5.4 IIR 数字滤波器 ·········· 80
5.5 常见滤波器设计 ·········· 85
5.5.1 滤波器频域响应 ·········· 85
5.5.2 滤波器使用 ·········· 88
5.6 案例：声音滤波 ·········· 88
5.6.1 时域滤波 ·········· 88
5.6.2 带通滤波 ·········· 90

第二篇 物联网通信

第 6 章 数据调制和解调 ·········· 95

6.1 调制解调介绍 ·········· 95
6.2 幅度调制 ·········· 96
6.3 频率调制 ·········· 97
6.4 相位调制 ·········· 97

	6.4.1	I/Q 与相位的关系 ········· 99
	6.4.2	BPSK ········· 100
	6.4.3	QPSK ········· 101
	6.4.4	使用声波信号实现 QPSK ········· 103
	6.4.5	8PSK ········· 105
6.5	载波上变频 ········· 106	
6.6	调制方法进阶 ········· 107	
	6.6.1	OQPSK ········· 107
	6.6.2	QAM ········· 108
	6.6.3	OFDM ········· 109
	6.6.4	OFDM 初始实现 ········· 111
6.7	案例：声波信号通信 ········· 114	
	6.7.1	脉冲间隔调制 ········· 116
	6.7.2	编码 ········· 117
	6.7.3	调制 ········· 118
	6.7.4	解调 ········· 120
	6.7.5	解码 ········· 126
参考文献 ········· 128		

第 7 章　物联网无线通信技术 ········· 129

7.1	传统无线通信技术 ········· 129	
	7.1.1	WiFi ········· 129
	7.1.2	蓝牙 ········· 130
	7.1.3	IEEE 802.15.4/ZigBee ········· 130
7.2	反向散射通信 ········· 130	
7.3	射频识别标签 ········· 132	
	7.3.1	RFID 协议标准 ········· 133
	7.3.2	可计算 RFID——WISP ········· 134
	7.3.3	基于环境信号的反向散射技术 ········· 134
7.4	低功耗广域网 ········· 136	
	7.4.1	LoRa ········· 137
	7.4.2	LoRa 编码与解码 ········· 148
	7.4.3	基于声波的 LoRa 通信 ········· 154
	7.4.4	基于 LoRa 的反向散射通信 ········· 156
	7.4.5	并发传输与冲突解码 ········· 158
	7.4.6	大规模无线网络实验 ········· 162
	7.4.7	弱信号解码 ········· 164
	7.4.8	弱信号解码方法设计 ········· 164
7.5	其他通信方式 ········· 166	

参考文献 ·· 166

第三篇　物联网感知

第 8 章　无线测距 ·· 171

8.1　基于信号强度测距 ·· 171
8.1.1　接收信号强度定义 ·· 171
8.1.2　RSS 测距原理 ·· 171

8.2　基于信号传播时间测距 ·· 173
8.2.1　ToF 测距原理 ·· 173
8.2.2　单边双向测距 ·· 174
8.2.3　双边双向测距 ·· 175
8.2.4　利用反射信号测量距离 ·· 176

8.3　案例：测距 ·· 177
8.3.1　声波 FMCW 测距 ··· 177
8.3.2　声音往返时间测距 ·· 180

参考文献 ·· 184

第 9 章　无线定位 ·· 185

9.1　三边定位算法 ·· 185
9.2　TDOA 定位算法 ··· 187
9.3　AoA 定位算法 ··· 190
9.3.1　到达角计算方法 ··· 190
9.3.2　根据到达角进行定位 ··· 194
9.3.3　声波 AoA 定位 ··· 194

9.4　无线指纹定位算法 ·· 197
9.5　蓝牙 AoA 测向 ·· 199
9.6　UWB 定位 ··· 202
9.6.1　双向测距算法 ·· 203
9.6.2　TDOA 和并发算法 ·· 204
9.6.3　AoA 算法 ·· 206
9.6.4　V-TWR 算法 ·· 208

9.7　基于可见光信号的主动式设备位置感知 ··· 211
9.7.1　显色偏振 ·· 212
9.7.2　基于光学标签显色结果的相机定位算法 ··· 214

参考文献 ·· 215

第 10 章　无线追踪 ·· 217

10.1　基于多普勒效应的追踪方法 ··· 217

  10.1.1 多普勒追踪的原理 ·········· 217
  10.1.2 多普勒追踪的实现 ·········· 218
 10.2 基于 FMCW 的追踪方法 ·········· 220
 10.3 基于信号相位的追踪方法 ·········· 221
  10.3.1 相位追踪的实现 ·········· 222
  10.3.2 基于声波信号相位的高精度设备追踪 ·········· 224
 10.4 案例：基于 FMCW 的二维追踪 ·········· 228
  10.4.1 系统设计 ·········· 228
  10.4.2 实验结果 ·········· 230
  10.4.3 实验代码 ·········· 232
 参考文献 ·········· 236

第 11 章　无线和智能感知 ·········· 237

 11.1 声波手势识别 ·········· 237
  11.1.1 主要原理 ·········· 238
  11.1.2 示例代码与数据 ·········· 238
  11.1.3 结果展示 ·········· 242
 11.2 声波设备认证 ·········· 243
 11.3 定位与追踪 ·········· 245
  11.3.1 基于神经网络的无线定位精度增强方法 ·········· 245
  11.3.2 基于神经网络的无线定位泛化性增强方法 ·········· 246
 11.4 动作识别 ·········· 248
  11.4.1 摔倒检测方法 ·········· 248
  11.4.2 基于神经网络的无线感知特征增强方法 ·········· 249
 11.5 成分识别 ·········· 251
  11.5.1 基于神经网络的细粒度液体感知 ·········· 251
  11.5.2 基于回归模型的水果成熟度感知方法 ·········· 253
 11.6 基于扩散模型的无线感知信号生成 ·········· 254
 参考文献 ·········· 256

第一篇　物联网基础理论

第1章

物联网概述

一般来说,物联网被认为是传统的互联网向物理世界的一个延伸,它通过连接物理世界,使得网络能够更好地为人类服务。维基百科上对物联网的定义为:

"The Internet of things (IoT) is the extension of Internet connectivity into physical devices and everyday objects. Embedded with electronics, Internet connectivity, and other forms of hardware (such as sensors), these devices can communicate and interact with others over the Internet, and they can be remotely monitored and controlled."

简单而言,通过物联网,各种不同的设备都能够互相连接起来,这些设备能够感知物理世界、互相交流和沟通,连接起来提供不同的服务。物联网能够广泛应用在生产和生活的各个方面,产生了智慧家庭(smart home)、智慧城市(smart city)、智慧农业(smart agriculture)、智慧医疗(smart medical and healthcare)、环境监测(environmental monitoring)等一系列相关的应用场景。

在探索物联网发展历史的过程中,会发现它包含的很多不同的技术其实能够追溯到很久以前。感知技术是物联网技术的重要组成部分,最早的感知物理世界的设备是传感器,几乎所有的传感器都能够通过将外界物理世界的信号转化为电信号(通常是电压信号)来精确地感知外部世界,例如温度传感器,它能够通过将温度信号转化为电压信号来感知温度的变化(注:到本书成书时为止,用来测量温度的传感器都是通过间接的方式来获取温度)。再例如气体传感器($PM_{2.5}$,甲醛等),它通过光化学或者电化学的方法将气体的含量转化为电压信号,通过电压信号的高低来表示气体浓度。传感器的出现使得物理世界可以数字化,极大提高了生产和生活中处理物理世界信息的效率,因此传感器成为物联网的基础。

不过仅有传感器本身还不是完整的物联网。最初传感器出现时并没有网络的概念,它仅仅作为物理世界数字化的手段。1991年,施乐研究中心(XEROX Palo Alto Research Center)的Mark Weiser提出了通用计算(ubiquitous computing)的概念:系统能够通过无处不在的计算,提高计算的随时随地的可用性(availability),降低计算的可见性(visibility)来提供服务。通俗来说,就是让技术在不知不觉中提供服务。

"The most profound technologies are those that disappear. They weave themselves into the fabric of everyday life until they are indistinguishable from it. " —Mark Weiser

要想实现不知不觉中提供无所不在的服务,还需要对设备的控制和信息的互联。感知、控制、互联,这些概念描绘出了物联网的基本蓝图。

无线传感网(wireless sensor networks)的发展是物联网发展历史中重要的一环。当时伯克利大学的一个研究小组要在某个海岛上做生态监测的实验,但小岛并没有基础的网络设施可以用。为了采集岛上的实验数据,研究小组部署了多个不同的小型无线传感器网络节点,这些节点上面有传感器能够感知外部世界的环境,同时这些节点能够互相通信,以自组网的方式构成网络并完成通信、数据处理和任务分发等工作,这就是最早的无线传感网。传感网的出现拓展了传统传感器的使用范围,将传感器向物理世界进行了延伸;同时也拓展了传统网络的概念,不再需要专用的网络设施,而是通过网络节点自组织通信构成网络。

无线传感网的出现引起了大量关注,受到了各方面的重视,人们希望能够将无线传感器网络用在森林监控、城市监控、环境监控等领域。无线传感网也成为当时研究的热点,由此开展了大量的研究工作,并涌现了一大批杰出的研究人员。虽然无线传感网在后来并没有太多的直接应用,但是在研究过程中出现的一系列技术,如低功耗技术、自组网技术等,却成为现在物联网应用的基础。

还有一个重要的应用场景就是无线射频识别(Radio Frequency IDentification,RFID)的应用。研究人员对物联网还有另外一个方向的发展愿景:让物联网朝着物流网络的方向进行发展,通过 RFID 的应用提高物流的效率,基于当时的互联网、无线通信、RFID 技术和 EPC 标准等,实现全球物品的实时信息共享网络。

由于物联网领域涌现出上述技术,以及它的出现给人们带来了美好愿景,物联网技术在 2003 年一度成为非常有前景的技术,还被评为未来改变人们生活的十大技术之一。

在 2005 年,国际电信联盟的 2005 年报告(ITU Internet reports 2005:https://www.itu.int/net/wsis/tunis/newsroom/stats/The-Internet-of-Things-2005.pdf)更是以"The Internet of Things"作为标题报道了物联网,这可能是物联网概念第一次在 ITU 官方正式报告中出现。这个报告的信息量很大,推荐大家去阅读一下。虽然这个报告是在 2005 年写成的,但里面的很多信息直到现在为止依然适用。这个报告指出,随着物联网的发展,最终每一个颗粒和尘埃都可以被标记和联网,这样的技术能够连接每一个设备,能够使得看起来静态不变的物体变得动态并具备智能;虚拟世界能够映射物理世界,每一个物体都有其地址,人和物体之间能够交流,同时物体和物体之间也能够交流。

In this way, the "virtual world" would "map" the "real world", given that everything in our physical environment would have its own identity (a passport of sorts) in virtual cyberspace. This will enable communication and interaction between people and things, and between things, on a staggering scale.

这个 2005 年的报告已经为物联网提供了基本的定义,也畅想了物联网应用的美好前景。

物联网为传统网络提供了一个新的维度,即在"随时互联、随地互联"之外,提供了"万物互联"的可能,如图 1-1 所示。

ITU 报告描述了一个对物联网应用进行畅想的例子,在一个技术报告中展现了一个有

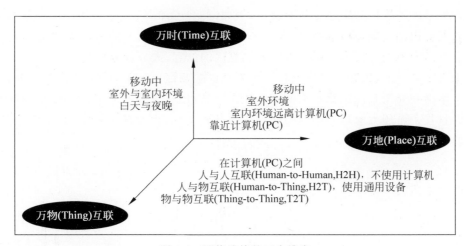

图 1-1　网络连接的三个维度

技术、爱情、浪漫等不同元素的未来应用畅想故事。

推荐大家都来读一读这个故事,感受当时对物联网的应用畅想。现在看来,这是一个不那么科幻的科幻故事,这一点恰恰证明,这个近 20 年前形成的报告中,提到的很多技术正在慢慢走向现实。

2009 年,时任美国总统的奥巴马与美国工商界领袖举行了一次圆桌会议。在这次会议上,IBM 首次提出了"智慧地球"的概念:将计算机技术应用到各行各业,将感知功能嵌入工业生产的方方面面。IBM 前首席执行官郭士纳曾提出一个重要的观点,即计算模式每隔 15 年发生一次变革。这一判断像摩尔定律一样准确,人们把它称为"十五年周期定律"。1965 年前后发生的变革以大型机为标志,1980 年前后以个人计算机的普及为标志,而 1995 年前后则发生了互联网革命。每一次这样的技术变革都引起了企业间、产业间甚至国家间竞争格局的重大动荡和变化。同样在 2009 年,物联网被正式列为国家的五大新兴战略产业之一,并写入了政府工作报告,从此物联网在中国也受到了前所未有的关注。

近些年来,物联网在不同场景应用,例如物联网在工业生产的工业互联网,体现了物联网技术的巨大潜力,有很多行业通过物联网和工业相结合来提高生产效率。同时物联网和人工智能(AI+IoT)的结合也成为产业的重要发展目标,有不少的公司开始以 AI+IoT 为主打的方向。

在这些繁华的背后,本书抛开应用五花八门的畅想,来透过现象看到物联网本质,理解物联网技术。

物联网一般包含感知层、连接层、网络层、应用层。感知层主要来进行物理世界的感知,可以通过专用的传感器设备来进行感知,而现有的研究前沿工作也发现即使不用专用的传感器,也能够实现感知的目的,例如,利用物体不同的位置和人的动作对无线信号的影响,通过分析无线信号的变化来实现对物体的定位和人的行为的感知;连接层需要考虑如何将大量的物理设备接入网络,这里既要结合传统网络技术(WiFi、蓝牙等),也需要解决物联网应用场景下新的问题,例如,物联网中要支持大量计算能力比较低的设备的连接,需要支持低功耗的连接、远距离的连接和并发的大量连接等;网络层是指如何将物联网中的数据和指令等传输到指定的地方,这里面既包括传统的互联网应用的基本架构,也出现了物联网领域大量设备连接起来之后新的特征,例如,群智感知应用等;应用层是指基于前面三层的物联网应用的实现,在物联网数据的基础之上,构建物联网的应用需要应用到不同维度的信息和结合不同的技术,例如,人工智能算法的处理、大数据分析技术等。

纸上得来终觉浅,绝知此事要躬行。想要掌握物联网的知识,除了理论部分外,实践同样重要。本书在介绍基础的物联网概念性知识之外,还有各种实验案例来反映物联网学习中的实践过程。希望大家在阅读本书的过程中既要动脑,也要动手,理论与实践相结合,定会有所收获!

第2章

物联网无线信号处理基础

2.1 信号的生成、发送和接收

在物联网组网传输的过程中,不可避免地要接触到各种无线信号,其中电磁信号和声波信号是比较有代表性的两种。为了实现无线传输的基本功能及在上面发展出来的各种技术,首先需要了解信号的基本处理方法和相关的理论知识,并且最好还能够实际动手尝试。

在真实场景中,一般使用电磁波信号进行通信和感知,现在市面上有了能够进行信号处理的设备,例如,通用软件无线电设备(universal software radio peripheral,USRP)可以对电磁波进行发射、接收等处理。但是,除了可见光之外,常用作通信的电磁波本身难以被人的感官所感知,因此对于刚开始接触无线信号的人来说,电磁波不够直观。

为了使大家能够更加直观地感受和学习信号的特点、更加直观地看到信号、更加直接地处理和分析信号,本书后面的材料中如果没有特殊声明,都将使用声波信号来模拟物联网连接过程中的各种技术,这样做有以下好处:

- 声波信号可以较好地模拟电磁波的特点,大部分的处理方法都是通用的,可以使大家比较容易地理解基本方法。
- 声波信号对硬件的要求较低,现有的手机等设备就能够进行声波信号处理,方便大家直接做实验,也降低了硬件门槛。
- 声波信号可以比较直观地画图展示,便于大家进行分析对比。同时声波信号能够被人听到,可以有更加直观的感受。
- 有了声波信号的基础,学习其他信号会非常方便,可以方便地扩展到电磁波等其他信号。

通过后面的学习,大家能够熟悉信号处理的基本方法,以及物联网通信和感知的基本思路。本章内容将介绍信号处理的基本方法和理论知识,为之后的物联网传输、通信、感知技术奠定基础。

在介绍信号的生成、发送和接收之前,先来了解一下声波信号的基本特征。声波是一种机械波,是由发声体振动并在介质中传播产生的。声波每秒钟振动的周期数称为声波的频率,单位是赫兹(Hz)。一般来说,人耳可以听到的声波频率在20Hz到20kHz之间,频率超过20kHz的声波称为超声波,低于20Hz的声波称为次声波。

由于声波的传播是由物体的振动引起了空气的振动,因此声波也可以带动其他物体振动,出现了类似超声波洗龙虾、超声波洗眼镜、超声波洗牙等应用。

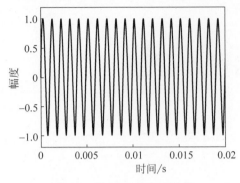

图 2-1 1kHz 正弦声波信号

图 2-1 展示了一个频率为 1kHz 的正弦声波信号,图中横轴为时间,纵轴为信号的幅度。信号的幅度在 1 和 −1 之间周期性变化,变化的频率为 1kHz,即一秒钟内有一千个周期。

接下来,本书会介绍一段样例代码,来解释这段声音是如何生成的。为了产生这段声音,只需要在 MATLAB 中运行如下代码就可以。大家可以用 MATLAB 的 sound() 函数将这段声音播放出来(代码第 5 行播放声音),代码最后会将生成的声波保存成本地文件 sound.wav,用电脑上的音频播放器播放该文件的效果应与 sound() 函数在代码中直接播放的效果一致。

```
Fs = 48000;                          % 采样频率(单位:Hz)
T = 4;                               % 时间长度(单位:s)
f = 1000;                            % 信号频率(单位:Hz)
y = sin(2*pi*f*(0:1/Fs:T));          % 产生声音
sound(y,Fs)                          % 播放声音
audiowrite('sound.wav',y,Fs);        % 保存声音
```

上面的代码完整地实现了声波的生成、发送(播放)和保存成本地文件的功能。大家可以注意,这里出现了采样这一概念,其中还涉及两个频率:采样频率和信号频率。这些概念及它们之间的联系与区别将在之后的章节介绍。

这个材料里面很多代码是基于 MATLAB 来写的,如果没有使用过,网上有很多参考资料。

MATLAB 同样可以实现声波的接收功能,代码如下:

```
Fs = 48000;                          % 采样频率(单位:Hz)
Rec = audiorecorder(Fs,16,1);        % 定义录音对象
T = 4;                               % 录音时长(单位:s)
record(Rec,T);                       % 开始录音
pause(T);                            % 等待录音结束
y = getaudiodata(Rec);               % 从录音对象中取出音频数据
audiowrite('sound.wav', y, Fs);      % 保存声音
```

上面的代码录制一段时间的声波信号并保存成本地文件。在定义录音对象时调用了函数 audiorecorder,这个函数有 3 个参数,从前到后依次是采样频率、采样位数和声道数。理解这个函数,要理解信号处理的几个关键概念,包含采样、量化等。在这个例子中,设置采样频率为 48kHz,采样位数为 16 位,声道数为 1(即单声道)。这 3 个参数从 3 个不同的维度确定了所接收声波的格式。声道数一般指的是该声音有几路(例如,是几个麦克风录制的)。在 MATLAB 代码中,如果声道数为 1,则录制得到的音频数据是一个列向量;如果声道数为 2,则录制得到的音频数据是两个列向量组成的矩阵,每一列分别代表从一个麦克

风录制的结果。麦克风就是信号的采样设备,在电磁波场景中,就使用电磁波采样设备对电磁波信号进行采集。

这就是信号发送和接收的基础,大家可以动手来尝试一下。在这个例子中,用声波来模拟信号的发送和接收,而在真实场景的无线信号平台上,经历的也是类似的过程,只不过用来发送、采样的硬件设备不一样,这里使用声波更加直观。

2.2 模拟信号与数字信号介绍

日常生活中能看到的信号大部分都是模拟信号。如果要将日常生活中的信息,比如看到的风雨雷电、听到的声音、感受到的温度变化等,存入电脑中,就需要经过一系列的处理,其中一个重要的步骤就是模拟信号到数字信号的转换(简称模/数转换),它的核心思想可以概括为"从连续到离散"。

如果物理世界中真实存在着一个 1kHz 的声波信号,需要接收并使用计算机处理这个信号,就先要对信号进行模/数转换。真实存在的光信号或者其他无线信号,在使用计算机处理时,也需要将它们模/数转换。进行模拟信号到数字信号的转化是所有计算机处理数据和信号的基础。

计算机中模/数转换是通过采样和量化来实现的。具体来说,先将模拟信号转化为电信号(比如电压信号),然后对电信号采样并量化转成数字信号。注意,这里面实际上经过了两个步骤,第一步是将物理信号转变为电信号,这是处理的基础,转变为电信号后仍然是连续信号,所以第二步就需要对电信号进行采样,然后对采样到的结果进行量化。具体到声音信号的处理中,首先需要麦克风来接收声波,这里的接收过程具体是指麦克风能够将模拟的声波信号转化为电压信号。如图 2-2 所示,麦克风上面有一个可以随着声音振动而振动的薄膜,薄膜振动引起了产生电压的不断变化,因此电压的变化就代表了声波信号的变化。

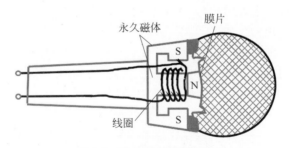

图 2-2 麦克风的简化原理

需要注意的是,麦克风转化后成电压信号后,这个时候的电压信号在时间和幅度上仍然是连续的,在时间上可以取任意时刻的电压值,电压值在理论上可以取到任意的实数值。显然,这样连续的数据是无法在电脑上存储的,平时在电脑上处理的声音信号也不是这种格式。如果要全部存储下来,需要的存储空间将是无穷大的。

思考:为什么时间连续的信号需要的存储空间是无穷大的?

为了保存这样的数据,先要对数据进行处理。第一个处理就是把时间上连续的信号转化为时间上离散的信号,这一步是通过采样来实现的。采样是指设备定时地对电压信号进行采集。"定时地采集"一般情况下是指按照固定的时间间隔进行采集(如果时间间隔并不固定,可以参考"非均匀采样"这个概念),一秒钟采集的样本数称为采样频率,简称采样率,单位是赫兹(Hz)。

这里出现了一个关键问题:采样率设置为多大,或者说如何确定最合适的采样频率?在后面信号采样和采样定理一节中有具体阐述。

可是采样后的电压值仍然没有办法直接保存,因为电压值在可能的取值范围内是连续的。因此即便是采样后的电压值,存储起来理论的开销也是无穷大。

思考: 为什么取值连续的信号需要的存储空间是无穷大的?

为了解决这个问题,需要对信号进行量化。简单来说就是将数值上连续的电压取值转化为离散的电压取值,将电压值从无限多种取值转化为有限多种取值。经过了采样和量化,才能够真正地保存声音信号。平时说的模拟/数字转换器(analog to digital converter, ADC)其实做的就是这样的事情,与之对应的是数/模转换器,即 DAC。DAC 的用途在于,如果要把电脑中存储的声波播放出来,就需要跟模/数转换相反的操作:数/模转换。这里以扬声器(喇叭)举例,扬声器从电脑处接收到需要播放的音频数据,通过数/模转换器转换为电信号,电信号驱动电磁铁的运动,进而带动喇叭上的薄膜振动,最终将声波播放出去。真实的无线数据发送过程也是类似的,数据通过通信设备转化为电磁波信号,然后将电磁波传播出去。

如何进行量化,量化的影响如何,将在后面信号量化一节进行阐述。

2.3 信号采样与采样定理

关于采样有两个核心的问题:①采样具体是如何实现的。②采样后得到的信号,会不会与原来的信号不一样。也就是说,是否能够通过采样后的信号来完全恢复原始信号。先来看采样具体是怎么实现的。

为了更形象地说明这一点,首先通过简单的仿真实验来展示采样,然后再通过实际的信号让大家体会这一过程。假设存在一个正弦的声波信号,频率为 5Hz。假设采样率为 200Hz,即 1 秒内有 200 个采样点,这个正弦波信号的采样点在 MATLAB 下可以使用如下的代码生成并画图。

```
%% 信号的产生过程
%% 产生一个频率为5Hz、时长为1s的信号;
t = 0:1/200:1;                  % 1s内200个采样点
f = 5;                          % 频率 f = 5Hz
y = sin(2*pi*f*t);
plot(t, y);
```

在图 2-3 中,取的采样点比较密集,因此图像看上去是一条连续的曲线,然而实际上它是不连续的。这条看上去是曲线的图形实际上是折线,利用 MATLAB 绘图界面的放大镜可以看到,这条折线是由很多离散的采样点组成的,在相邻的采样点之间用直线连接,由于相邻采样点的时间间距很小,因此整体上看上去像是一条光滑的曲线。代码中,信号频率为 5Hz,而采样频率为 200Hz,这种设置下看到的信号很正常,符合正弦信号的特点。

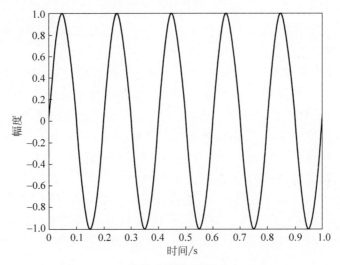

图 2-3　5Hz 信号时域图(采样率为 200Hz)

再尝试另外一组参数组合。当将信号频率稍微做一些修改后,信号的时域图像就变成图 2-4 所示的样子。

```
%% 信号的产生过程
%% 产生一个频率为 100Hz、时长为 1s 的信号;
t = 0:1/200:1;                % 1s 内 200 个采样点
f = 100;                      % 频率 f = 100Hz
y = sin(2 * pi * f * t);
plot(t,y);
```

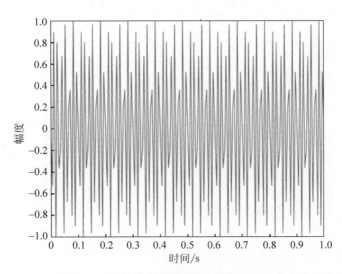

图 2-4　100Hz 信号时域图(采样率为 200Hz)

注意： 同样是正弦信号，得到的结果从图 2-4 看，和 5Hz 的信号区别很大，已经完全不是想象中的正弦图像了，而是一个杂乱无章的图像。在阅读下面的内容之前，大家可以想想这是什么原因。

从上面两幅信号时域图的对比中，需要思考为什么会有这样的不同，同样是每秒 200 个采样点，频率不同的正弦信号所画出来的图会有完全不一样的结果。

很自然地，有几个更深入的问题：对于一个给定的连续信号，是否能够通过采样的方法完整还原出原始信号？如果可以，到底应该要用多大的采样率来采样这个信号？

这里牵涉到了信号采样中的一个重要问题，本书将这个问题更加具体、形式化地进行描述。假设信号的频率为 f（一个信号可能包含多种频率，为了简化，这里先讨论只有一种频率的信号），那么应该以多大的采样频率 f_s 对信号进行采样才合理呢？这里的"合理"是指通过采样后的离散信号，可以完全恢复出原本的连续信号（举例来说，从一组数据点中恢复出原始连续信号的一个数学表达式）。不可能采用无限大的采样频率，这样在计算机上无法处理，不具备实际的可操作性。过大的采样频率会带来额外的开销，非常不经济，例如，它会占用大量的存储空间。所以问题简化为：如果信号的频率为 f，那么最小的采样频率 f_s 为多少？

奈奎斯特采样定理表明，为了进行合理的采样，保证采样后的数据能够还原出原来的信号，采样后的信号包含原来信号的所有特征，采样频率必须满足 $f_s \geq 2 \times f$，f 是给定连续信号的频率。采样过程应遵循的采样定理又称取样定理、抽样定理。采样定理说明了采样频率与信号频率之间的关系，是连续信号转换为离散信号的基本依据。

如果需要采样的信号里包含有限多种频率，则这里的 f 指的是这些频率中的最大频率。如果需要采样的信号中包含无穷多种频率，f 没有最大值的情况下，使用有限的采样率进行采样就注定会丢失一些原始信号的信息，关于这一点，可以参考第 3 章傅里叶分析的内容，会有更加详细的解释说明。

如果采样率低于信号最大频率的两倍会怎样呢？来看一组更加有意思的例子：

```
%% 信号的产生过程
%% 产生一个频率为 401Hz、时长为 1s 的信号;
t = 0:1/10000:1;              % 1s 内 10000 个采样点
f = 401;                       % 频率 f = 401Hz
y = sin(2*pi*f*t);
plot(t,y);
```

这个例子中，信号是 401Hz 的，采用远大于 401Hz 两倍的采样率 10kHz 来采样。信号如图 2-5 所示。

由于在一秒内该信号有 401 个周期，因此图 2-5 看上去非常密集，大家可以在 MATLAB 画出的图像中使用放大功能来查看时间粒度更细的图像，从而验证每个周期都是理想的正弦波信号。

如果把采样率换成比 401Hz 稍大一点的 402Hz，使用代码如下：

```
%% 信号的产生过程
%% 产生一个频率为 401Hz、时长为 1s 的信号;
```

```
t = 0:1/402:1;              % 1s内402个采样点
f = 401;                    % 频率 f = 401Hz
y = sin(2 * pi * f * t);
plot(t,y);
```

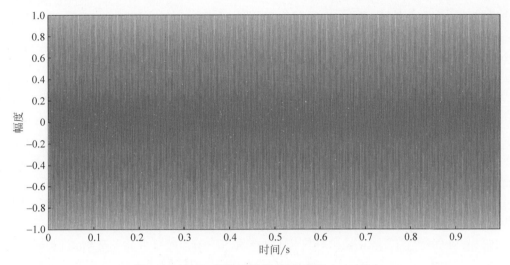

图2-5　401Hz信号时域图(采样率为10000Hz)

得到的结果如图2-6所示,看上去也是一个理想的正弦波信号,但很明显与原始401Hz的信号是不一样的。仔细观察横轴的时间刻度可以发现,这是一个频率为1Hz的正弦波。

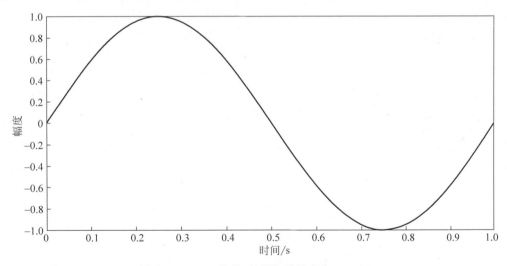

图2-6　401Hz信号时域图(采样率为402Hz)

当采样率无法满足采样定理的要求时,就称发生了混叠现象。而混叠现象为什么会导致最后的频率为1Hz,大家也可以思考一下,它跟401Hz的信号频率与402Hz的采样率有什么联系。用于演示混叠现象的经典例子之一是"车轮效应"。在影片里,当马车越走越快时,马车车轮似乎越走越慢,之后甚至朝反方向旋转,这就是由于摄像头的采样率不够导致的混叠现象。比如一般电影只需要20帧每秒左右就可以,也就是采样率为20Hz,当车轮转速增加时，采样率不够，在人眼看来，车轮的转速就会出现和实际情况不一样的频率。

思考：①假设要将最大频率为 8kHz 的歌曲信号转成数字信号，需要的采样率至少是多少？②为什么用 402Hz 的采样率去采样 401Hz 的信号，会得到 1Hz 的正弦信号？③一般地，如果原始信号频率为 f，采样频率 f_s 满足 $f<f_s<2f$，那么采样后（混叠后）的信号频率将会是多少？这样会对通信产生什么影响？

2.4 信号量化

根据采样定理，可以对一个连续的信号进行采样，保证最后能够还原出原始信号。采样后，第二个问题就跟着出现了，对于采样到的每一个数据，由于实际数据是连续的（例如，测量温度 0℃ 到 40℃ 的连续取值），理论上的取值精度是无限大的（例如，可以为 39.00000000001℃，小数点后有非常多的有效位数），保存这样的数据就需要无限大的存储空间，在实际系统处理的过程中无法存储精度这样高的数据。

如何来存储这些数据，就涉及信号处理过程中的一个重要步骤——量化。大家平时处理的信号，例如，无线信号（I/Q）数据，声音采样后的信号，都是经过量化后的结果。

在信号处理过程中，量化是指将信号的连续取值（或者大量可能的离散取值）转化为有限多个（或较少的）离散值的过程。量化主要应用于从连续信号到数字信号的转换中。连续信号经过采样成为离散信号，离散信号经过量化成为数字信号。注意离散信号指的是在时间上离散（即信号在有限多个时刻处有定义，而不是在一段连续的时间上处处有定义），但可能在值域上（即幅度）并不离散，因此需要经过量化的过程才能存储。信号的采样和量化通常都是由 ADC 实现的。

总结一下，计算机在处理连续信号时通常需要经过两个步骤——在时间上离散化和在值域上离散化，最后才能够转化成能够处理的数据，这两个步骤分别就对应到采样和量化。

图 2-7 展示了量化的基本原理过程，量化过程将值域上连续的输入信号转换为离散的输出信号，图中的虚线指的是如果不经过任何转换，输入信号和输出信号应该完全一致。但由于量化的作用，输入信号的一段连续取值只能转化成有限的几个离散值，实线的阶梯形曲线反映了这一结果，即把一小段连续区间内的输入信号值转化成同一个输出信号值。

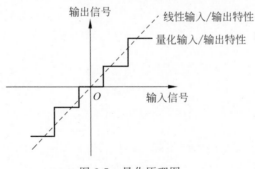

图 2-7 量化原理图

图 2-7 中"阶梯"的数量，即量化后离散取值的可能种类数，是用量化位数来衡量的。例如，8 位的 ADC 输出的数字信号在幅度上可以有 $2^8=256$ 种不同的离散取值。为了进一步

说明量化的过程,这里以 3 位(3bit)ADC 进行量化的过程为例进行说明,如图 2-8 所示。

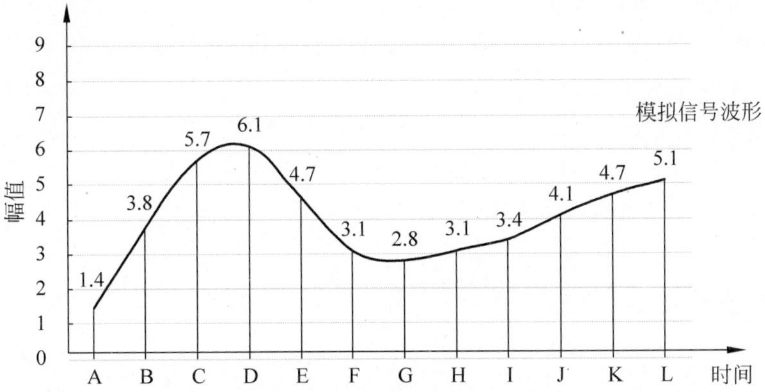

图 2-8 量化示意图

图 2-8 中,输入信号是一个模拟信号,采样点为 A～L,幅值范围为 0～9(注意:幅值是连续的),采样值、量化和编码的结果见表 2-1。

表 2-1 采样值、量化和编码的结果

采样点	A	B	C	D	E	F	G	H	I	J
采样值	1.4	3.8	5.7	6.1	4.7	3.1	2.8	3.1	3.4	4.1
量化值	1	4	6	6	5	3	3	3	3	4
编码	001	100	110	110	101	011	011	011	011	100

将采样得到的实数信号值通过一定的近似方法(这里采用"四舍五入到整数"的近似方法)转化为量化值(量化值本身可以是整数或者实数),然后再将量化值对应到 3 比特的二进制数,称为编码,这样就能在电脑中存储这一段信号了。

量化过程输出信号和原始信号显然是有差别的,这个差别就是量化噪声。量化中使用的位数越多,输出的信号就越接近原始信号,量化噪声就越小。通常说的高保真,其中有一个重要步骤就是采用足够多的量化位数,保证量化噪声足够小,这样量化出来的信号才能更接近原始信号,当然其代价就是存储和处理的开销变大。比如,大家在网上交了会员费能够听到的高保真音乐,可以看到它们占用的存储空间也会比一般的音乐文件大很多。

按照量化值的划分方式不同,可分为均匀量化和非均匀量化两种。在上面"量化原理图"中,如果每个"阶梯",即输出信号可能的离散取值是等间隔分布的,则称为均匀量化,否则就是非均匀量化。对于 n 位的均匀量化,ADC 输入动态范围被均匀地划分为 2^n 份。而对于 n 位的非均匀量化,ADC 输入动态范围的划分不均匀,一般用类似指数函数的曲线进行量化。这两种划分方式是为了满足实际需要。非均匀量化是针对均匀量化提出的,它适用于特定的使用场景,例如,在一般的语音信号中,绝大部分是小幅度的信号,且人耳听觉遵循指数规律。为了保证关键的信号能够被更精确地还原,应该将更多的量化位用于表示幅度较小的信号。

至此,已经将物理信号转化为了计算机上可以处理的数字信号,这也是通信的基础。对应于声波,可以将声波信号存储起来;对于其他的无线信号,也可以采用类似的方法将信号存储起来。

思考：

（1）假设要将最大频率为 8kHz 的歌曲信号转换成数字信号，量化位数为 8bit，则转换过程的信号码率至少是多少？（信号码率为每秒的数据量，数据量单位为字节 B、千字节 kB 等）1 分钟产生的信号大小是多少？

（2）日常生活中的 WiFi 信号有一个工作频段是在 2.4GHz 附近，这是否意味着需要 4.8GHz 的采样频率才能对 WiFi 信号进行采样？按照 8 位量化器的量化方式，在 4.8GHz 的采样率下，1 秒钟可以生成多大的数据量？

2.5 案例：实现一个录音、放音程序

来看一个真实的采样和量化的例子，这也是整个数据处理实验的开始。这个实验在手机上就能实现，来看看手机上如何进行声音的采样和量化。

在做实验之前，你需要准备好一个智能手机，并配置好基本的开发环境（这里以安卓操作系统和 Android Studio 开发平台为例）。如果你还不太熟悉，网上有很多材料可供参考。

录制声音的关键代码如下。仔细看下面代码，虽然以声波信号为例展示采样和量化的过程，但是其中的主要方法和处理电磁波及其他无线信号的方法是相通的。

```java
//采样率:48kHz
int SamplingRate = 48000;
//量化位数:16Bit
int audioEncoding = AudioFormat.ENCODING_PCM_16BIT;
//声道数:双声道(立体声)
int channelConfiguration = AudioFormat.CHANNEL_IN_STEREO;

//...其他代码...///

public void StartRecord(String name) {
    //...//
    //文件输出流
    OutputStream os = new FileOutputStream(file);
    BufferedOutputStream bos = new BufferedOutputStream(os);
    DataOutputStream dos = new DataOutputStream(bos);

    //获取在当前采样和信道参数下，每次读取到的数据 buffer 的大小
    bufferSize = AudioRecord.getMinBufferSize(SamplingRate, channelConfiguration, audioEncoding);
    //建立 audioRecord 实例,思考一下里面各个参数的意义
    AudioRecord audioRecord = new AudioRecord(MediaRecorder.AudioSource.MIC, SamplingRate,
            channelConfiguration, audioEncoding, bufferSize);

    //设置用来承接从 audiorecord 实例中获取的原始数据的数组
    byte[] buffer = new byte[bufferSize];
    //启动 audioRecord
    audioRecord.startRecording();

    //设置正在录音的参数 isRecording 为 true
    isRecording = true;
```

```
    //只要 isRecording 为 true 就一直从 audioRecord 读出数据,并写入文件输出流
    //当停止按钮被按下,isRecording 会变为 false,循环停止
    while(isRecording){
        int bufferReadResult = audioRecord.read(buffer,0, bufferSize);
        for(int i = 0; i < bufferReadResult; i++){
            dos.write(buffer[i]);
        }
    }
    //停止 audioRecord,关闭输出流
    audioRecord.stop();
    dos.close();
    //...//
}
```

上面的代码表示了如下过程:

首先有一个 ADC 不断地将声音信号转化为数字信号(采样量化过程已经由智能手机的硬件完成了,这里的代码可以不用考虑这一点;而真的要做通信前端硬件的时候,需要考虑自己实现采样和量化),这个数字信号是存储在一个缓冲区(buffer)里面的,需要从 buffer 中将数据不断读取出来,然后保存成一定格式的声音信号。

这个过程类似网络的数据处理。网络数据首先通过网卡的处理,网卡有一个很重要的功能就是将物理信号转化为数字信号。回忆一下在网络编程中(如果还没有实践过,就想象一下实际电脑上网络传输的实现),也是需要将收到的数据从某一个 buffer 中读取出来。

进一步来看,如何处理这个 buffer 中的数据也是有不同的手段的。处理数据分为非阻塞模式和阻塞模式。非阻塞模式的处理方法又分为两种:第一种是轮询,简单来说就是不断地去看 buffer 中是否有数据;第二种是中断,一旦有数据到来,就会产生一个中断通知进行数据处理。这两种处理方法都可以实现非阻塞模式,即程序无需停在一个地方等待 buffer 内容。而在阻塞模式下,用户需要等待 buffer 内容,当 buffer 中有数据时,程序才能够继续运行。上述几种处理方法各有优缺点,如何选择合理的模式,这是通信和与硬件打交道的数据处理中经常要面临的问题。如果数据处理不及时,先前的数据就会被后来的数据覆盖,导致数据丢失,这个问题在网络传输中也会遇到。

将数据读取出来之后,就有了采样和量化过后的数据,这才是真实计算机能够处理的数据,而原始的、物理世界中真实存在的声音信号是无法保存的。

接下来,还想通过一部分代码介绍几个重要概念,这也是大家在平时的网络学习过程中容易忽视的概念,因为在之前的网络学习中,大家可能较少接触最底层基础的信号处理。

下面这段代码用来播放声音,需要在代码中启动一个声音播放器,这个播放器需要设置几个参数。第一个是采样率,这里设置的是 48kHz(前面介绍了这个采样率对恢复真实信号的影响,要理解为什么这个参数很重要),如果原始声音信号中的最大频率是小于 24kHz 的,那么 48kHz 的采样率是能够完全还原出原始声音信号的,这个采样率能够将人耳能听到的声音和人说话的声音录下来(思考:人耳能听到的声音和人说话的声音大概的频率范围应该是多少?)。第二个是量化位数,这里设置的是 16 位,即每一个采样点用 16 位来量化(思考:这能将声音量化成多少种取值?)。第三个是声道数量,这里选择的是双声道,即有

两路数据。如果有一个音频文件（可以是通过录音得到的，也可以是使用代码生成的），就可以在手机上播放出来。播放声音的关键代码如下：

```java
public void StartPlay(String name){
//...//
    //文件输入流
    InputStream is = new FileInputStream(file);
    //如果要播放 wav 格式的文件,需要跳过 44 字节的文件头,后面的内容才是音频
    is.skip(44);
    //获取在当前采样和信道参数下,每次读取到的数据 buffer 的大小
    int bufferSize = AudioTrack.getMinBufferSize(SamplingRate,
            channelConfiguration, audioEncoding);
    //建立 audioTrack 实例
    AudioTrack audioTrack = new AudioTrack(AudioManager.STREAM_MUSIC, SamplingRate,
channelConfiguration, audioEncoding, bufferSize, AudioTrack.MODE_STREAM);
    //设置一个数组,用来承接从音频文件中获取的音频数据
    byte[] buffer = new byte[bufferSize];
    int readCount;
    while(is.available()>0 && isPlaying){
    //从文件中读取一段音频数据
    readCount = is.read(buffer);
    if(readCount == AudioTrack.ERROR_INVALID_OPERATION|| readCount == AudioTrack.ERROR_BAD_VALUE){
        continue;
    }
    if(readCount > 0){
        //如果读取的音频数据有效,就将数据写入 audioTrack 并进行播放
        audioTrack.write(buffer,0, readCount);
        audioTrack.play();
    }
    }
    //停止播放,关闭输入流
    is.close();
    audioTrack.stop();
    //...//
}
```

在播放声音时，指定的采样率、量化位数、声道数这些参数需要与生成音频文件时使用的参数相同，只有这些参数一一匹配，播放器才能将音频正常播放出来。注意，上述的音频播放过程在正常的无线通信的过程中也都存在，也就是无线信号的发射过程，但是大家通常都接触不到。希望大家通过这个直观的例子，理解通信中采样和量化的第一步。

大家思考并尝试一下：如果在生成音频时使用的是 48kHz 采样率，而在播放时使用 24kHz 采样率，播放出来的声音会是什么效果？同样也可以尝试不同的量化位数或者声道数的组合，并解释播放出来的声音和原本正常的声音不同的原因，相信大家可以对信号的接收、生成等过程有更加深入的了解。

参考文献

[1] 莫里斯·克莱因. 古今数学思想 第三册[M]. 上海：上海科学技术出版社，2014.
[2] 余成波. 信号与系统[M]. 2版. 北京：清华大学出版社，2007.
[3] 奥本海姆 A V. 离散时间信号处理[M]. 北京：电子工业出版社，2015.
[4] 详解音频信号量化[EB/OL]. https://baijiahao.baidu.com/s?id=1614627981206121506.

第3章

物联网时频域信号分析

3.1 信号时频分析原理

傅里叶分析是信号处理中最基本的也是最核心的内容之一。这种分析方法得名于法国数学家、物理学家——让·巴普蒂斯·约瑟夫·傅里叶男爵(Jean Baptiste Joseph Fourier,1768 年 3 月 21 日—1830 年 5 月 16 日)。实际上,傅里叶分析不仅应用于信号处理领域,作为数学分析的一个重要分支,傅里叶分析在很多工程领域(如图像处理、计量经济、振动分析、声学、光学等)都有非常广泛的应用。

傅里叶分析发源于对三角函数的研究。在傅里叶之前,人们很早就已经认识到可以用三角函数来表示复杂的周期信号。甚至在古巴比伦和古埃及时期,人们就开始用这种方法来预测天文事件。在近代科学史上,18 世纪伟大的数学家欧拉重新使这种方法走进人们的视野。当时他在研究声波传播问题的时候,发现可以将传播函数分解为多个正弦函数之和。

不过,当时的数学家们都面临着一个问题,即在不连续的情况下,信号是否还能用这种方法分解?限于当时的客观条件,拉格朗日认为无穷多个正弦信号之和必定是连续且平滑的,因而不连续的信号不能用这种方法来分解。这导致当时几乎所有的数学家都对这种方法失去了兴趣。但有一个人例外,这就是本章的主人公傅里叶。

在 1807 年,当他把自己在热传导研究中发现的关于信号的三角函数展开的方法,即现在所说的傅里叶级数,写成论文投寄给法国科学院巴黎学会期刊时,却被无情拒绝。审稿的包括他的恩师,大名鼎鼎的拉格朗日和拉普拉斯。给出的理由仍然是信号的不连续性。为此,傅里叶专门写了一本书来回答拉格朗日所提出的问题。很遗憾的是,即便是一本书,也没有对不连续的问题作出严格的数学证明。

微积分表示"从静止看运动,从有限看无限,从近似看精确,从量变看质变",现在会想当然,平滑的三角函数之和的极限是一个不连续的函数有何不妥?量变产生质变不是很正常吗?但设身处地去想,在 19 世纪之前,微积分的严密化并未完成,那时的人们还困惑于无穷小量是什么的问题,要求当时的人们接受任意函数都可展开为三角级数的想法也是有些苛刻的。

时隔 15 年,也即 1822 年,在拉格朗日逝世之后,傅里叶终于在法国科学院学报上发表了他的论文《热的解析理论》(Théorie analytique de la chaleur)。正是这篇论文,奠定了傅里叶的地位。这篇论文在物理上推导出了著名的热传导方程,并对量纲分析做出了重要贡献;在数学上,傅里叶声称,任意函数皆可展开为三角级数,并提出了傅里叶变换的概念。这个数学上的贡献真正使傅里叶声名远扬,也是接下来要讨论的重点内容。关于信号的不连续的情况,在多年之后由狄利克雷等数学家给出了完整的证明,因此傅里叶级数成立的条件也称为狄利克雷条件。

在傅里叶之前人们虽然到了发现傅里叶级数意义的边沿,但是却没有鉴别出摆在他们面前的是什么东西。傅里叶的才华表现在他讨论问题时已经运用了尚未真正建立的概念,值得学习。当别人还在讨论连续函数时,他已经在研究不连续函数;在收敛这个概念被定义之前,他已经谈到了函数级数的收敛。

傅里叶分析在信号处理领域之所以重要,是因为它打开了一扇通往频域的大门。在分析一个信号的时候,除了在时间域上观察,也能从频率域上观察,而且很多时候在频率域上往往更容易看清本质也更方便处理。为表彰傅里叶的贡献,科学界将这种数学分析方法称为傅里叶分析。对周期信号的分析称为傅里叶级数(Fourier series,FS),对非周期信号的分析称为傅里叶变换(Fourier transform,FT)。因为信号就是关于时间的函数,在不引起歧义的情况下,为表达方便,下面将混用"信号"和"函数"两个词。

对于周期为 T 的周期函数 $f(t)$,傅里叶级数可以表示为

$$f(t) = a_0 + \sum_{n=1}^{+\infty} \left[a_n \cos\left(\frac{2\pi nt}{T}\right) + b_n \sin\left(\frac{2\pi nt}{T}\right) \right]$$

其中,a_0 是直流分量(信号的平均值),a_n 和 b_n 是傅里叶系数,它们决定了正弦波和余弦波的振幅和相位。

如上述公式,任何函数皆可用三角函数展开的思想,这里以锯齿波为例来看看傅里叶级数的拟合效果。如图 3-1~图 3-4 所示,对于一个周期为 2π 的锯齿形波,通过不断叠加具有不同周期的三角函数,可以使叠加结果逐渐逼近原本的锯齿形波(如何选取拟合用的函数将在之后讲述)。用 MATLAB 仿真来更加直观地理解这一过程:

```
% % 原始信号:周期为 2pi 的锯齿形波
fs = 1e3;
t = 0:1/fs:6*pi;
y = -pi + mod(t,2*pi);
figure;
plot(t,y,'color','black','linewidth',1.5);
```

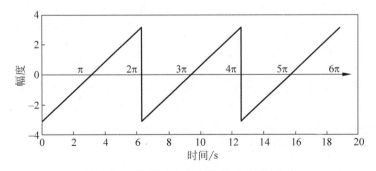

图 3-1　MATLAB 产生周期 2π 的锯齿波

```
% % 使用最小周期为 2pi 的基础正弦波 sin(x)拟合锯齿波
```

```
z = -2*sin(t);
hold on
plot(t,z,'linewidth',1.5);
plot([0,6.5*pi],[0 0],'color','blue','linewidth',1.5);
xlim([0,6.6*pi]);
ylim([-3.3 3.3]);
box on
```

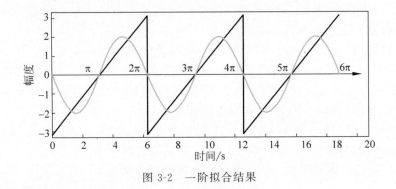

图 3-2　一阶拟合结果

```
%% 叠加最小周期为 pi 的基础正弦波 sin(2x)做二阶拟合
z = -2*sin(t) - sin(2*t);
hold on
plot(t,z,'linewidth',1.5);
plot([0,6.5*pi],[0 0],'color','blue','linewidth',1.5);
xlim([0,6.6*pi]);
ylim([-3.3 3.3]);
box on
```

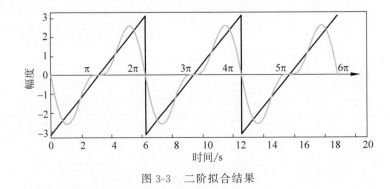

图 3-3　二阶拟合结果

继续叠加与锯齿波具有相同周期的三角函数,可使拟合的结果不断地逼近初始的锯齿形波。

```
%% 不同阶数三角函数叠加结果示意
figure;
z = -2*sin(t) - sin(2*t) - 2/3*sin(3*t);
subplot(2,2,1);fplot(t,y,z);
title('三阶拟合');
```

```
z = -2*sin(t) - sin(2*t) - 2/3*sin(3*t) - 1/2*sin(4*t);
subplot(2,2,2);fplot(t,y,z);
title('四阶拟合');

z = -2*sin(t) - sin(2*t) - 2/3*sin(3*t) - 1/2*sin(4*t) - 2/5*sin(5*t);
subplot(2,2,3);fplot(t,y,z);
title('五阶拟合');

z = -2*sin(t) - sin(2*t) - 2/3*sin(3*t) - 1/2*sin(4*t) - 2/5*sin(5*t) - 1/3*sin(6*t);
subplot(2,2,4);fplot(t,y,z);
title('六阶拟合');

function fplot(t,y,z)
hold on;
plot(t,y,'color','black','linewidth',1.5);
plot(t,z,'linewidth',1.5);
plot([0,6.5*pi],[0 0],'color','b','linewidth',1.5);
xlim([0,6.6*pi]);
ylim([-3.3 3.3]);
box on;
end
```

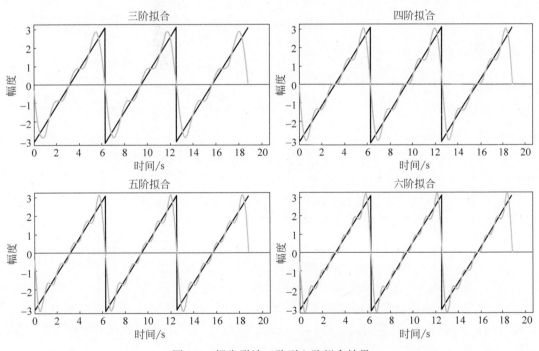

图 3-4　锯齿形波三阶到六阶拟合结果

可以看到拟合的三角函数之和逐渐逼近原始的锯齿波函数。在不连续点(锯齿尖端)处,傅里叶级数最终收敛到跳跃位置的中点,在本例中,即 $y=0$ 处。

以上只考虑了区间$[0,\pi]$或者$[0,+\infty)$上的函数表示,只使用了正弦函数来做傅里叶展开,因而傅里叶级数表示的函数是一个奇函数。对于那些定义在整个实数域上的偶函数,需要在级数展开中使用余弦函数及常数函数。对那些非奇非偶的函数,使用正弦、余弦、常数函数已经足够,因为任意一个函数 $f(x)$ 都可以被表示为一个奇函数和一个偶函数的和:

$$f(x) = \frac{f(x) - f(-x)}{2} + \frac{f(x) + f(-x)}{2}$$

其中,$\frac{f(x) - f(-x)}{2}$ 是奇函数,$\frac{f(x) + f(-x)}{2}$ 是偶函数。

一个函数能展开为傅里叶级数是有要求的,德国数学家狄利克雷证明了某些情况下的周期函数无法用傅里叶级数表示,并率先给出了周期函数可展开成傅里叶级数的充分不必要条件,即狄利克雷条件:

(1) 此函数必须是有界的,即对于任意 x,$|f(x)| < M$,M 是一正实数;
(2) 在任意区间内,除了有限个不连续点,$f(x)$ 必须是连续函数;
(3) 任意区间内,$f(x)$ 必须仅包含有限个极值;
(4) 在一周期内,$|f(x)|$ 的积分必须收敛。

在满足这些条件时,一个周期为 2π 的函数 $f(x)$ 可以展开为如下形式:

$$\frac{a_0}{2} + \sum_{n=1}^{\infty} [a_n \cos(nx) + b_n \sin(nx)], \quad a_i, b_i \in \mathbb{R}$$

若 $f(x)$ 周期为 T,通过简单的变量代换即可转换为周期为 2π 的函数 ($f\left(\frac{T}{2\pi}x\right)$ 周期为 2π)。在实际中遇到的信号形式基本都满足狄利克雷条件。

上面写下的是实数形式的傅里叶级数公式,通过欧拉公式 $e^{j\theta} = \cos\theta + j\sin\theta$ 可将该公式转换为复数形式,其中 j 表示虚数单位。将 $\cos(nx) = \frac{e^{jnx} + e^{-jnx}}{2}$,$\sin(nx) = \frac{e^{jnx} - e^{-jnx}}{2j}$ 代入,得到复数形式的傅里叶级数:

$$\sum_{n=-\infty}^{\infty} c_n e^{jnx}, \quad c_i \in \mathbb{C}$$

这里,作为初学者会有一个很大的困惑,前面三角函数用得好好的,为什么突然要在傅里叶级数中引入复数?在之后的学习中也会发现信号处理中大量采用了复数记号,这是为什么呢?

首先在事实上得承认,实际的物理量都是实数,也就是测量得到的各种数值都可以认为是实数。而复数的优势在于表示形式上的方便,有过信号处理经验的人应该都接触过复数,在各种场合各种软件里面都使用复数来表示信号。无论是实数表示还是复数表示,它们的物理含义是一样的,复数是一种更方便使用的"记号"。选用复数至少有以下两点原因:

(1) 在数学上,复数理论通常比实数理论更简单更优美。例如,关于一元二次方程,从实数角度说,它有两个解、一个解或没有实数解,而从复数角度,它永远有两个复根。我想起微积分老师曾经说过,"在我们平常的研究中遇到一个问题,如果最终它跟复数有关系,那理论通常会很漂亮,而如果只能用实数来表达,结果就要'丑陋'许多"。体现在傅里叶级数上,对比一下实数形式和复数形式的公式。

$$\text{实数形式：} \frac{a_0}{2} + \sum_{n=1}^{\infty} [a_n \cos(nx) + b_n \sin(nx)]$$

$$\text{复数形式：} \sum_{n=-\infty}^{\infty} c_n \mathrm{e}^{jnx}$$

你会选择哪一个公式进行学习呢？恐怕大家会倾向于长度更短也更简洁的复数形式。建议大家自己推导的时候可以从三角函数出发,这样相对更加直观和更好理解。但是如果使用熟练后,会发现使用复数形式在实际应用时更加方便。事实上,正是因为傅里叶分析的公式里充满了求和号、积分号与众多变量符号,让各种公式都显得庞大繁杂,不免让人望而却步,以致即使学习完也记得零零落落。为了让大脑更好地抓住傅里叶分析的本质,何不记一个复数形式的公式呢？

（2）一个复数同时包含了幅度和相位的信息,这是单纯一个实数无法表示的。而相位信息在信号处理中非常重要,能更容易地表达出相位是复数的一个优势。

因此在后面的讨论中,使用复数形式,这使表达更清晰简洁。接下来的一个问题是如何确定展开式中的系数 c_n。不同于傅里叶当时复杂的想法,从另外一个角度思考问题。先将思绪脱离傅里叶级数,来做一些别的事。

回忆一下熟知的向量空间。想象一个 N 维欧几里得空间中的向量 $\boldsymbol{v} = (v_1, v_2, \cdots, v_N)$, 可以把它分解为 N 个基向量的线性组合。比如第一个基向量是 $\boldsymbol{e}_1 = (1, 0, \cdots, 0)$, 第二个基向量是 $\boldsymbol{e}_2 = (0, 1, \cdots, 0)$, ……, 第 N 个基向量是 $\boldsymbol{e}_N = (0, 0, \cdots, 1)$。那么 $\boldsymbol{v}$ 可以写为

$$\sum_{n=1}^{N} v_n \boldsymbol{e}_n$$

这个式子和傅里叶级数非常相似,可以采用类比的方法,把求 v_n 的方法用于求 c_n。观察基向量 $\boldsymbol{e}_n$,会发现有两个特点,它们是单位向量,并且互相之间正交。在此需要引入内积的概念以说明这两个特点。定义 N 维欧几里得空间中的两个向量 $\boldsymbol{a} = (a_1, a_2, \cdots, a_N)$ 和 $\boldsymbol{b} = (b_1, b_2, \cdots, b_N)$ 的内积为

$$\langle \boldsymbol{a}, \boldsymbol{b} \rangle = \sum_{n=1}^{N} a_n \overline{b_n}$$

这样基向量 $\boldsymbol{e}_n$ 的模长平方 $|\boldsymbol{e}_n|^2 = \langle \boldsymbol{e}_n, \boldsymbol{e}_n \rangle = 1$,因此它是单位向量。当 $m \neq n$ 时,$\langle \boldsymbol{e}_m, \boldsymbol{e}_n \rangle = 0$,代表这些基向量间互相正交。当这些基向量是单位正交基时,很容易知道 v_n 是 $\boldsymbol{v}$ 在 $\boldsymbol{e}_n$ 上的投影,即

$$v_n = \langle \boldsymbol{v}, \boldsymbol{e}_n \rangle$$

如果把指数形式的三角函数看成基向量,把傅里叶级数看成空间里的某个向量,然后再定义一个内积,让这些基向量是正交单位基向量,那么傅里叶系数就可以写成如下的形式：

$$c_n = \langle f(x), \text{三角基} \rangle$$

事实上确实可以这么做,从而定义了一个无穷维的希尔伯特空间。

在向量空间 V 上关于数域 F 定义内积 $\langle \cdot, \cdot \rangle$, $\forall x, y \in V, \forall a, b \in F$,需要满足如下条件：

（1）共轭对称：即交换向量位置后,内积的值变为其共轭,$\langle x, y \rangle = \overline{\langle y, x \rangle}$。

（2）对第一个元素线性：$\langle ax + by, z \rangle = a \langle x, z \rangle + b \langle y, z \rangle$。

(3) 正定：$\forall x \neq 0, \langle x, x \rangle > 0$。

设 $f(x), g(x)$ 是周期为 2π 的函数，考虑如下对函数内积的定义：

$$\langle f(x), g(x) \rangle = \frac{1}{2\pi} \int_0^{2\pi} f(x) \overline{g(x)} \mathrm{d}x$$

可以验证该定义符合内积的三个条件。选取基向量为 $\{1, \mathrm{e}^{\pm \mathrm{j}x}, \mathrm{e}^{\pm \mathrm{j}2x}, \cdots\}$，可以验证在上述的内积定义下它们是单位正交基。因而有

$$c_n = \langle f(x), \mathrm{e}^{\mathrm{j}nx} \rangle = \frac{1}{2\pi} \int_0^{2\pi} f(x) \mathrm{e}^{-\mathrm{j}nx} \mathrm{d}x$$

系数 c_n 还可以理解为 $f(x)$ 和基向量之间的相似度，比如定义如下余弦相似度：

$$\frac{|\langle f(x), \mathrm{e}^{\mathrm{j}nx} \rangle|}{\sqrt{\langle f(x), f(x) \rangle \langle \mathrm{e}^{\mathrm{j}nx}, \mathrm{e}^{\mathrm{j}nx} \rangle}} = \frac{|c_n|}{\sqrt{\langle f(x), f(x) \rangle}}$$

显然 $|c_n|$ 越大，说明 $f(x)$ 和基向量越相似，对应的频率分量越强。

接下来，将用一个例子，帮助大家更直观地理解傅里叶级数的计算过程。考虑一个周期为 2π 的方波

$$f(x) = \begin{cases} 1, & 0 \leqslant x < \pi \\ -1, & \pi \leqslant x < 2\pi \\ f(x \pm 2\pi), & \text{其他} \end{cases}$$

首先使用 MATLAB 构造周期为 2π 的方波函数（图 3-5）：

```
%% 方波的傅里叶级数展开
% 构造周期为 2pi 的方波
fs = 1e3;
t = 0:1/fs:6*pi;
y = square(t,50);
figure;
plot(t,y,'color','black','linewidth',1.5);
ylim([-2 2]);
```

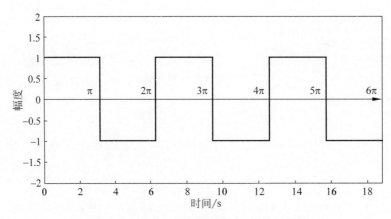

图 3-5　MATLAB 构造周期为 2π 的矩形波

现在需要将其展开为三角函数表示的无穷级数形式。根据傅里叶系数公式，可以计算

每一阶三角函数对应的傅里叶系数：

$$c_n = \frac{1}{2\pi}\int_0^{2\pi} f(x) \cdot \mathrm{e}^{-\mathrm{j}nx}\,\mathrm{d}x$$

$$= \frac{1}{2\pi}\int_0^{\pi} 1 \cdot \mathrm{e}^{-\mathrm{j}nx}\,\mathrm{d}x + \frac{1}{2\pi}\int_\pi^{2\pi}(-1) \cdot \mathrm{e}^{-\mathrm{j}nx}\,\mathrm{d}x$$

$$= \begin{cases} 0, & n = 0 \\ \dfrac{1-(-1)^n}{\mathrm{j}n\pi}, & \text{其他} \end{cases}$$

可以看到，c_n只在n取奇数的时候不为0。基于这个傅里叶级数的结果，可以来看由不同数量的系数叠加后的结果。在MATLAB中用傅里叶级数拟合方波的代码如下，可以看出，使用越多的系数进行叠加，结果就越接近最后的方波形式（图3-6）。

```
% 计算傅里叶系数
z = zeros(1,length(y));
for n = 1:2:11
    % exp(jnt)与exp(-jnt)的傅里叶系数
    cn1 = 2/(1j*n*pi);
    cn2 = -2/(1j*n*pi);
    
    z = z + cn1*exp(1j*n*t) + cn2*exp(-1j*n*t);
    % 绘图
    subplot(3,2,ceil(n/2)); hold on
    plot(t,y,'color','black','linewidth',1.5);
    plot(t,z,'color','b','linewidth',1.5);
    ylim([-2 2]);
end
```

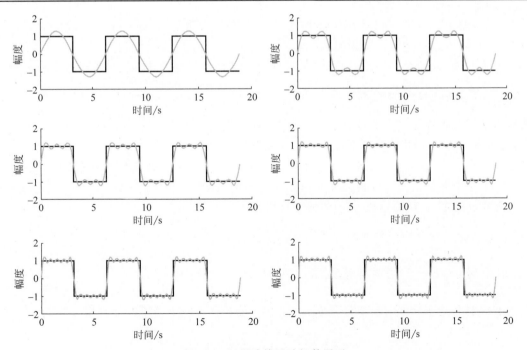

图3-6　矩形波傅里叶级数展开

可以将任意满足狄利克雷条件的周期函数展开成傅里叶级数。由于展开式中的每一项仅包含单一的频率,因此可以从中提取信号中各频率分量的强度——信号频谱。至此,利用傅里叶级数,最终实现了信号从时域到频域的转换(图 3-7)。

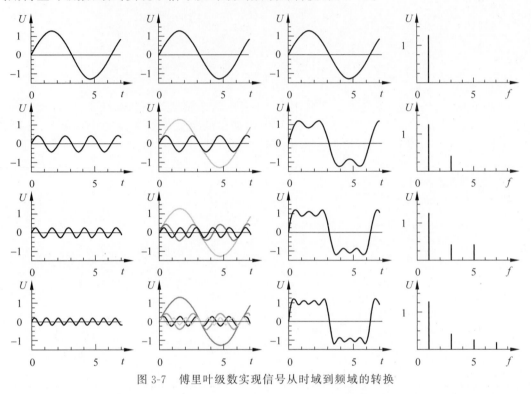

图 3-7 傅里叶级数实现信号从时域到频域的转换

但是,傅里叶级数仅仅适用于满足狄利克雷条件的周期函数,对于更一般的非周期函数,又该如何将它从时域转换到频域呢?

事实上,时域信号的周期 T 决定了频域上相邻两个输出之间的距离,即频率的分辨率 $\Delta f = \dfrac{1}{T}$,周期信号的频谱是离散的。如图 3-8 所示,当输入信号的周期不断增大时,得到频域输出之间的距离随之不断减少。当周期 T 不断增加直至趋近于 ∞,这时频率间隔会非常小。此时周期信号退化为非周期性的一般时域信号,而相应的该信号对应的频域输出距离也趋近于 0,即一个连续的频域输出。从直观上来看,非周期的信号对应着连续的信号频谱。

一个非周期的信号可以视为周期信号 $T \to \infty$ 的极限。

先写出周期为 T 的函数 $g(t)$ 的傅里叶级数:

$$g(t) = \sum_{n=-\infty}^{\infty} c_n \cdot e^{j\frac{2\pi n t}{T}} = \sum_{n=-\infty}^{\infty} \left(\frac{1}{T} \int_{-\frac{T}{2}}^{\frac{T}{2}} g(\xi) e^{-j\frac{2\pi n \xi}{T}} d\xi \right) \cdot e^{j\frac{2\pi n t}{T}}$$

注意到 $g(\xi)e^{-j\frac{2\pi n \xi}{T}}$ 是周期函数,所以积分区间是 $[0, T]$ 或 $\left[-\dfrac{T}{2}, \dfrac{T}{2}\right]$ 并不影响 c_n 的值。

频谱上的频率是 $f_n = \dfrac{n}{T}$,频率分辨率 $\Delta f = \dfrac{1}{T}$。重新整理一下傅里叶级数展开式,有

$$g(t) = \sum_{n=-\infty}^{\infty} \left(\int_{-\frac{T}{2}}^{\frac{T}{2}} g(\xi) e^{-j 2\pi f_n \xi} d\xi \right) e^{j 2\pi f_n t} \Delta f$$

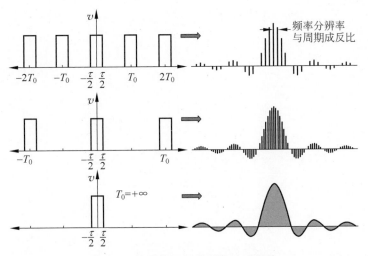

图 3-8 从傅里叶级数到傅里叶积分

接下来令 $T \to +\infty$，那么 $\Delta f \to 0$，求和号变为积分号，于是得到：

$$g(t) = \int_{-\infty}^{\infty} \left(\int_{-\infty}^{+\infty} g(\xi) e^{-j2\pi f \xi} d\xi \right) e^{j2\pi f t} df$$

上式称为 $g(t)$ 的傅里叶积分表示。相比于傅里叶级数使用无穷求和来展开一个函数，傅里叶积分用连续的频率 f 展开了 $g(t)$。特别地，对应于离散谱中的频率分量 c_n，有连续形式的频率分量：

$$\hat{g}(f) = \mathcal{F}(g(t)) = \int_{-\infty}^{+\infty} g(t) e^{-j2\pi f t} dt$$

称 $\hat{g}(f)$ 为 $g(t)$ 的傅里叶变换（Fourier transform，FT）。从傅里叶积分表达式中可以看到，还有从 $\hat{g}(f)$ 回到 $g(t)$ 的逆傅里叶变换（inverse Fourier transform，IFT）：

$$g(t) = \int_{-\infty}^{\infty} \hat{g}(f) e^{j2\pi f t} df$$

读者可能在其他文献上看到与上面形式不同的傅里叶变换公式，比如多了个常数因子 $\frac{1}{2\pi}$，或者使用角频率 ω 而非频率 f。这仅仅是记号不同，并不影响 FT 本质。

下面计算一个非常经典的傅里叶变换——矩形函数的傅里叶变换，注意如果要理解信号处理的很多功能，必须要好好理解矩形函数的变换，反过来说，如果理解清楚了矩形函数的变化，那么很多功能就很好理解了。矩形函数为

$$g(t) = \begin{cases} 1, & -\frac{1}{2} < t < \frac{1}{2} \\ 0, & \text{其他} \end{cases}$$

则

$$\hat{g}(f) = \int_{-\frac{1}{2}}^{\frac{1}{2}} e^{-j2\pi f \xi} d\xi = -\frac{1}{j2\pi f} e^{-j2\pi f \xi} \Big|_{-\frac{1}{2}}^{\frac{1}{2}} = \frac{\sin(\pi f)}{\pi f}$$

这个结果又叫 sinc 函数，其图像如图 3-9 所示，在 0 处呈现一主瓣，距离中心越远旁瓣越小。大家要记住这个函数图像，未来很多地方都会碰到，对后面理解很多地方都很重要。

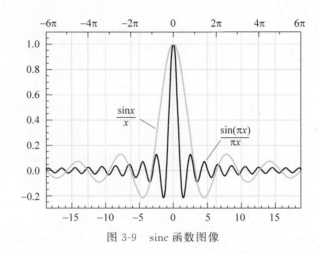

图 3-9 sinc 函数图像

由于矩形函数和 sinc 函数酷似动画里的海绵宝宝和派大星,因此又有人戏称海绵宝宝和派大星是一对傅里叶变换。

这一对傅里叶变换因为太过知名而经常在许多地方出现,如 2019 年计算机网络顶级会议 SIGCOMM 就采用了它们作为 logo 的设计元素,可谓设计精妙。

一般来说,傅里叶变换针对的是非周期信号,通常意义下周期信号的傅里叶变换不存在(因为积分结果是无穷大)。但如果引入广义函数,也能够对诸如 $\sin t$ 这样的信号做傅里叶变换,其结果则是大名鼎鼎的狄拉克 δ 函数。从这个角度讲,傅里叶变换是包含傅里叶级数的,在此不继续探讨,感兴趣的读者可以自行探究。

傅里叶变换除了给出信号频谱外,其实还引出了一类重要的数学方法——积分变换。在上面的介绍中,是说傅里叶变换求解出了时域信号的频域,其实还可以说它是把一个函数变成了另一个函数(也即函数的函数),其具体做法是把原来的函数乘上一个核函数再做积分。如果把核函数换成别的形式,就可以得到其他积分变换,如拉普拉斯变换、希尔伯特变换、梅林变换等。这些积分变换有着重要的作用,例如,可用来解偏微分方程。

3.2 离散傅里叶分析

3.2.1 离散傅里叶级数

从傅里叶级数到傅里叶变换,从离散频域变到了连续频域,但它们处理的都是连续时间信号,而在实际信号处理中并不会处理连续的信号,更多地会面对通过采样而在时间上离散的信号。这些信号的频谱也需要关心。因此可以仿照前面的做法,从研究离散的周期序列开始,推导离散傅里叶级数。也就是假设能够采样到一个周期信号,怎么根据采样的结果来分析这个信号。

设有一个离散的周期序列 $x[n]$(用方括号表示里面的变量是离散的),其周期为 N。按照傅里叶的思想,可以将它展开为一系列三角波的和。在之前的傅里叶级数展开中,选择的频率是基频的 0 倍、1 倍、2 倍、……,周期为 N 的序列其基频是 $\frac{1}{N}$,那么应选取的三角波是 $e^{j2\pi\frac{0}{N}n}$,$e^{\pm j2\pi\frac{1}{N}n}$,$e^{\pm j2\pi\frac{2}{N}n}$,……,但稍加观察会发现,并非像连续情形下出现了无穷多种频率，离散情况下这些三角波事实上只有 N 种，因为 $\mathrm{e}^{\mathrm{j}2\pi\frac{k+N}{N}n}=\mathrm{e}^{\mathrm{j}2\pi\frac{k}{N}n}$。离散情况下只存在 $\frac{0}{N}$，$\frac{1}{N}$，$\cdots$，$\frac{N-1}{N}$ 这些频率，这样散傅里叶级数对应可表示为

$$x[n]=\sum_{k=0}^{N-1}c_k e_k$$

可以看到，该表达式与有限维欧几里得空间上向量的展开更为相似，可以用与连续傅里叶级数中相似的做法来确定 c_k 与 e_k。首先要定义一个内积，令无穷长周期 N 的离散序列 $a=(\cdots,a_0,a_1,\cdots,a_{N-1},\cdots)$ 和 $b=(\cdots,b_0,b_1,\cdots,b_{N-1},\cdots)$ 的内积为

$$\langle a,b\rangle=N\sum_{n=0}^{N-1}a_n\overline{b_n}$$

可以验证该定义满足内积三条件（右边的系数 N 只是为了让记号与后面章节更贴合，其选取本身可以是任意的，如设为 1）。选取单位正交基向量 $e_k=\left(\frac{1}{N}\mathrm{e}^{\mathrm{j}2\pi\frac{k}{N}\cdot 0},\frac{1}{N}\mathrm{e}^{\mathrm{j}2\pi\frac{k}{N}\cdot 1},\cdots,\frac{1}{N}\mathrm{e}^{\mathrm{j}2\pi\frac{k}{N}(N-1)}\right)$，$k=0,1,\cdots,N-1$。那么有离散傅里叶级数(discrete Fourier series, DFS)的展开式

$$x[n]=\frac{1}{N}\sum_{k=0}^{N-1}c_k\mathrm{e}^{\mathrm{j}2\pi\frac{k}{N}n}$$

系数 c_k 可如下确定：

$$c_k=\langle x,e_k\rangle=N\sum_{n=0}^{N-1}x[n]\mathrm{e}^{-\mathrm{j}2\pi\frac{k}{N}n}$$

读者可能在其他地方看到形式类似但略有差别的 DFS 公式，再次强调这只是记号不同，并不影响 DFS 本质，如把 $\frac{1}{N}$ 拆成两个 $\frac{1}{\sqrt{N}}$ 分别放到以上两个公式里。

同样以矩形波为例，计算 DFS 展开。设矩形波

$$x[n]=\begin{cases}1, & 0\leqslant n<4 \\ -1, & 4\leqslant n<8 \\ x[n\pm 8], & 其他\end{cases}$$

则

$$c_k=\sum_{n=0}^{3}1\cdot\mathrm{e}^{-\mathrm{j}\frac{2\pi k}{8}n}+\sum_{n=4}^{7}(-1)\cdot\mathrm{e}^{-\mathrm{j}\frac{2\pi k}{8}n}$$

用 MATLAB 展示矩形波的展开过程，如图 3-10 和图 3-11 所示：

```
% % 矩形波的离散傅里叶级数展开
% 构造周期为 8 的离散矩形波
N = 8;
xn = [ones(N/2, 1); -1 * ones(N/2,1)];
figure;
stem(repmat(xn,2,1),'color','black','linewidth',1.5);
ylim([-1.5 1.5]);
% 计算离散傅里叶系数
figure;
z = zeros(length(xn), 1);
```

```matlab
for k = 0:N-1
    % 向量 e_k 的系数
    ek = zeros(length(xn), 1);
    for ii = 1:8
        ek(ii) = exp(1j*2*pi*ii*k/N)/N;
    end
    ck = N * sum(xn .* conj(ek));
    
    z = z + ck * ek;
    if mod(k, N/4) == 1
        % 绘图
        subplot(2,2,ceil(k/(N/4)));
        % 画出序列的实部
        stem(real(repmat(z,2,1)),'color','b','linewidth',1.5);
        title(strcat(['前' num2str(k+1) '项求和']));
        ylim([-1.5 1.5]);
    end
end
```

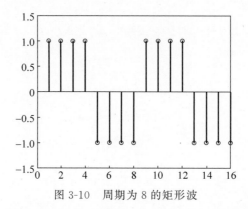

图 3-10　周期为 8 的矩形波

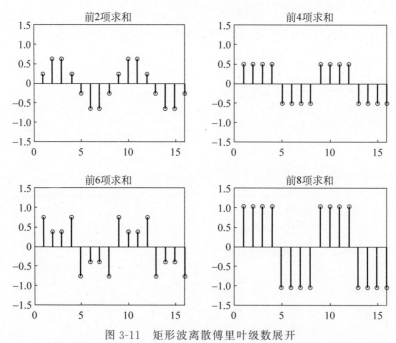

图 3-11　矩形波离散傅里叶级数展开

3.2.2 离散时间傅里叶变换

上面讨论了周期序列的离散傅里叶级数,按照之前的逻辑,当把周期信号推向非周期信号时,离散的频域会变成连续的频域,离散傅里叶级数就应该变成"离散傅里叶变换"? 不过由于种种原因,本书把这样推导出来的变换称为离散时间傅里叶变换。而离散傅里叶变换是另一个概念,它不仅时域离散,频域也是离散的,后面会讨论。

对于一个非周期的序列 $x[n]$,考虑截取其中从 N_1 到 N_2 长为 N 的一段作周期延拓,于是得到一个周期为 N 的序列 $\tilde{x}[n]$。

$\tilde{x}[n]$ 有离散傅里叶级数

$$\tilde{x}[n] = \frac{1}{N} \sum_{k=N_1}^{N_2} c_k \mathrm{e}^{\mathrm{j}2\pi\frac{k}{N}n}$$

DFS 的系数 c_k 为

$$c_k = \sum_{n=N_1}^{N_2} \tilde{x}[n] \mathrm{e}^{-\mathrm{j}2\pi\frac{k}{N}n}$$

令 $N_1 \to -\infty, N_2 \to +\infty$,则 $\tilde{x}[n]$ 变为 $x[n]$。若求和式收敛,则

$$c_k = \sum_{n=-\infty}^{+\infty} x[n] \mathrm{e}^{-\mathrm{j}2\pi\frac{k}{N}n}$$

令 $\omega = 2\pi \frac{k}{N}$,当 $N \to +\infty$ 的时候 ω 将表示一个连续的频率。把 c_k 换成另一个记号 $X(\omega)$,则有

$$X(\omega) = \sum_{n=-\infty}^{+\infty} x[n] \mathrm{e}^{-\mathrm{j}\omega n}$$

称 $X(\omega)$ 为 $x[n]$ 的离散时间傅里叶变换(discrete-time Fourier transform,DTFT)。对于它的逆变换,可以考察 $\tilde{x}[n]$ 的表达式,$\frac{1}{N} = \frac{\Delta\omega}{2\pi}$ 在 $N \to +\infty$ 时成为 $\frac{\mathrm{d}\omega}{2\pi}$,求和号转为积分号,得到:

$$x[n] = \frac{1}{2\pi} \int_0^{2\pi} X(\omega) \mathrm{e}^{\mathrm{j}\omega n} \mathrm{d}\omega$$

上式称为逆离散时间傅里叶变换(inverse discrete-time Fourier transform,IDTFT)。

与之前一样,仍旧来计算一下矩形波的 DTFT。令

$$x[n] = \begin{cases} 1, & -N \leqslant n \leqslant N \\ 0, & \text{其他} \end{cases}$$

则

$$X(\omega) = \sum_{n=-N}^{N} \mathrm{e}^{-\mathrm{j}\omega n} = 1 + 2\sum_{n=1}^{N} \cos(n\omega) = \frac{\sin\left[\left(N+\frac{1}{2}\right)\omega\right]}{\sin\frac{\omega}{2}}$$

上面的结果是著名的狄利克雷核(Dirichlet kernel),其图像(图 3-12)和 sinc 函数极为相似,不同点在于狄利克雷核是一个周期函数。

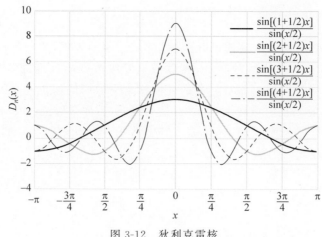

图 3-12 狄利克雷核

从另一个角度来说,对一个连续信号进行离散的采样就是希望从采样结果也能获得连续信号的频谱,所以狄利克雷核与 sinc 函数相似也是理所当然的。当采样率无穷高时,DTFT 的结果与 FT 相同。在使用满足采样定理所定义的采样率进行采样的情况下,可以由 DTFT 完全恢复出原来的连续函数。

3.2.3 离散傅里叶变换

最初傅里叶分析被提出并不是为了做信号处理,而是解偏微分方程,但是现在傅里叶分析应用最广的地方便是信号处理。依信号的连续性和周期性分类,分别导出了 FS、FT、DFS 和 DTFT,如下所示:

连续的周期信号 $\Rightarrow$ 傅里叶级数(FS)

连续的非周期信号 $\Rightarrow$ 傅里叶变换(FT)

离散的周期信号 $\Rightarrow$ 离散傅里叶级数(DFS)

离散的非周期信号 $\Rightarrow$ 离散时间傅里叶变换(DTFT)

不过在信号处理中最常用的却是一个称为离散傅里叶变换的方法,这又是从何而来呢?注意到,在 FS、FT、DFS 和 DTFT 中,讨论的都是无穷长信号的分析。在实际系统中,往往只能得到有限长的离散信号,如何分析一个它的频谱呢?

首先想一想,什么是离散有限长信号的频谱?离散和有限都只是现实施加的限制,希望这个"频谱"能反映真实信号的频谱。设离散有限长信号 $x[n]$ 的长度为 N,$n \in \{0,1,\cdots,N-1\}$。那么,有三种情况:

(1) 真实信号是周期的,有限长信号恰好截断了整数个周期;

(2) 真实信号是周期的,有限长信号并非截断了整数个周期;

(3) 真实信号是非周期的。

1. 第一种情况

对于第一种情况,很简单,只要把这一段信号复制多遍放到首尾做周期延拓即可,于是便得到了一个离散的周期信号。用 DFS 就能得到信号频谱,也即 DFS 的系数 c_k。把 c_k 换成另一个记号 $X[k]$,因此有

$$X[k] = \sum_{n=0}^{N-1} x[n] \mathrm{e}^{-\mathrm{j}2\pi \frac{k}{N}n}, \quad k = 0, 1, \cdots, N-1$$

称 $X[k]$ 为 $x[n]$ 的离散傅里叶变换(discrete Fourier transform, DFT)。由 DFS 展开式,还有逆离散傅里叶变换(inverse discrete Fourier transform, IDFT):

$$x[n] = \frac{1}{N}\sum_{k=0}^{N-1} X[k] \mathrm{e}^{\mathrm{j}2\pi \frac{k}{N}n}, \quad n = 0, 1, \cdots, N-1$$

这里再次强调,DFT 和 IDFT 变换式内部和前面的归一化系数并不重要。在上面的定义中,DFT 和 IDFT 前的系数分别为 1 和 $\frac{1}{N}$,有时会将这两个系数都改成 $\frac{1}{\sqrt{N}}$。

所以 DFT 就是 DFS 中的系数公式,IDFT 就是 DFS 展开式,相当于从另外一个角度把离散周期信号重新理解了一遍。继而可以把上面的分类修改为:

连续的周期信号 $\Rightarrow$ 傅里叶级数(FS)

连续的非周期信号 $\Rightarrow$ 傅里叶变换(FT)

离散的周期信号 $\Rightarrow$ 离散傅里叶级数(DFS)& 离散傅里叶变换(DFT)

离散的非周期信号 $\Rightarrow$ 离散时间傅里叶变换(DTFT)

这时读者会问,那第二、第三种情况怎么办呢?

2. 第二、第三种情况

先来看第二种情况,问题来了,怎么知道它截断的是不是整数个周期呢? 唯一知道的只有那个有限长的序列,没有任何证据证明它实际上是一段无穷长周期性信号的一部分。所以说,一般意义下的情况二无解,只能给情况二加上一个限定条件,即默认截断的是整数个周期。但由于现实中很难正好截断整数个周期,因此会导致用 DFT 计算得到的频谱可能与连续信号有差别,这种现象被称作"频谱泄露"。

第三种情况是类似的,信号本身就是非周期的,如何确定小于 0 或大于 N 的时候信号是什么样子呢?合理的假设是,采样时间足够长,长度 N 的序列已经包含了有效信号的全部,之外的部分都是 0。如此一来,得到了一个无穷长非周期离散序列,自然可以用 DTFT 来处理它,于是有信号频谱

$$X(\omega) = \sum_{n=-\infty}^{+\infty} x[n] \mathrm{e}^{-\mathrm{j}\omega n} = \sum_{n=0}^{N-1} x[n] \mathrm{e}^{-\mathrm{j}\omega n}$$

细心的读者会发现,DFT 表达式跟上式好像差不多。没错,DFT 只是 $X(\omega)$ 进行离散取值 $\omega = \frac{2\pi k}{N}$ 时的情况。或者换种说法,对有限长信号而言,DFT 是 DTFT 在频域主值区间上的抽样。在信号处理中,为方便数字电路计算,不仅需要时域离散,还需要频域离散,因此即使真实信号是非周期的,也需要对 DTFT 的连续频谱进行抽样以存储频谱。既然总归要抽样,DFT 也是对 DTFT 的一种抽样,何不就用 DFT 来对付这第三种情况呢?

善于思考的读者会想到,就算 DFT 能抽样,但它的频域分辨率只是固定的 $\frac{2\pi}{N}$,如果想要更细粒度的频谱,DFT 是否还能实现?

答案是可以实现,应用 DFT 有一个常用的辅助操作——时域补零(zero padding),比如将 $x[n]$ 添上长度为 N 的 0 序列,记为 $y[n]$,即

$$y[n] = \begin{cases} x[n], & 0 \leqslant n < N \\ 0, & N \leqslant n < 2N \end{cases}$$

那么 $y[n]$ 的 DFT 为

$$Y[k] = \sum_{n=0}^{2N-1} y[n] \mathrm{e}^{-\mathrm{j}2\pi \frac{k}{2N} n} = \sum_{n=0}^{N-1} x[n] \mathrm{e}^{-\mathrm{j}2\pi \frac{k}{2N} n}$$

与

$$X[k] = \sum_{n=0}^{N-1} x[n] \mathrm{e}^{-\mathrm{j}2\pi \frac{k}{N} n}$$

相比之下,显然得到的频谱 $Y[k]$ 和之前的频谱 $X[k]$ 相同,但分辨率却成为 $\frac{\pi}{N}$,比原来提高了一倍。如果还想要更高的分辨率,添加更多的零即可。要注意不管补多少零,DFT 的结果总是 DTFT 的一个抽样,因此可以认为,补了无穷多零时的 DFT 频谱就是 DTFT 频谱。

以上,总结三种情况,对于离散的有限长信号,只需要 DFT(辅以时域补零)就可求出需要的频谱。

3.2.4 快速傅里叶变换

DFT 虽然可以计算有限时间内的频谱,但它的计算复杂度是 $O(N^2)$ 的,计算量过大,限制了在实际中的应用。20 世纪 60 年代中期,一种称为快速傅里叶变换(fast Fourier transform,FFT)的算法被引入,它是快速计算序列的 DFT 或 IDFT 的方法。这一算法在 1965 年被库利(Cooley)和图基(Tukey)独立地发现。其实 FFT 也有相当长的历史,FFT 之所以成为重要的近代发现,是由于它被证明非常适合于高效的数字实现,并且它将计算变换所需要的时间减少了几个数量级。在过去有许多利用 DFT 的有趣想法,却因为该算法较高的计算复杂度而显得不太现实,有了这一算法,这些不切实际的想法突然变得实际起来,并且使离散时间信号与系统分析技术的发展加速向前迈进。1994 年美国数学家吉尔伯特·斯特朗把 FFT 描述为"我们一生中最重要的数值算法",它还被 IEEE 科学与工程计算期刊列入 20 世纪十大算法。

以长度 $N = 2^r$ 的序列来讲解 FFT 算法原理(其他非 2 的幂的 FFT 算法也已存在,感兴趣的读者可以自行探究)。FFT 的核心思想是分治算法,把一个计算长为 N 的序列的 DFT 转化为计算两个长为 $\frac{N}{2}$ 的序列的 DFT,以此降低计算量。DFT 的公式如下:

$$X[k] = \sum_{n=0}^{N-1} x[n] \mathrm{e}^{-\mathrm{j}2\pi \frac{k}{N} n}$$

为表示方便,记 $W_N = \mathrm{e}^{-\mathrm{j}2\pi \frac{1}{N}}$。那么 DFT 的公式就可以写为

$$X[k] = \sum_{n=0}^{N-1} x[n] W_N^{kn}$$

按照 n 取值的奇偶性,把序列 $x[n]$ 分为两部分 $x_{\mathrm{odd}}[m]$ 和 $x_{\mathrm{even}}[m]$ $\left(m = 0, 1, \cdots, \frac{N}{2} - 1\right)$,因

而上式可写为

$$X[k] = \sum_{n=2m} x[n] W_N^{kn} + \sum_{n=2m+1} x[n] W_N^{kn}$$

$$= \sum_{m=0}^{\frac{N}{2}-1} x_{\text{even}}[m] W_N^{2km} + \sum_{m=0}^{\frac{N}{2}-1} x_{\text{odd}}[m] W_N^{k(2m+1)}$$

简单计算后知道 $W_N^{2km} = W_{N/2}^{km}$,所以

$$X[k] = \sum_{m=0}^{\frac{N}{2}-1} x_{\text{even}}[m] W_{N/2}^{km} + W_N^k \sum_{m=0}^{\frac{N}{2}-1} x_{\text{odd}}[m] W_{N/2}^{km}$$

$$= Y_1[k] + W_N^k Y_2[k]$$

当 $k < \frac{N}{2}$ 时,$Y_1[k]$ 和 $Y_2[k]$ 分别是 $x_{\text{odd}}[m]$ 和 $x_{\text{even}}[m]$ 的 DFT;当 $k \geqslant \frac{N}{2}$ 时,$Y_1[k] = Y_1\left[k - \frac{N}{2}\right]$,$Y_2[k] = Y_2\left[k - \frac{N}{2}\right]$,可以重复利用 $x_{\text{odd}}[m]$ 和 $x_{\text{even}}[m]$ 的 DFT 结果。

于是可以成功地将一个长为 N 的 DFT 计算转化为两个长为 $\frac{N}{2}$ 的 DFT 计算。设 FFT 的算法时间复杂度为 $T(N)$,因为最后合并结果消耗 $O(N)$ 的时间,有

$$T(N) = 2T(N/2) + O(N)$$

根据主定理,上述算法的时间复杂度为 $O(N \log N)$。读者可以尝试自己计算一下这个过程的复杂度。类似的思路,对 IDFT 也有对应的逆快速傅里叶变换(inverse fast Fourier transform,IFFT)。

以上阐述了一种递归的 FFT 算法,在实际实现中,常常把递归算法转为迭代算法。尤其为了在硬件上实现,常见的 FFT 算法还要引入一种蝶式计算结构。为了增强计算性能,还要做很多的优化。此处不再详述。

3.3 短时傅里叶变换

将信号做傅里叶变换后得到的结果并不能给出关于信号频率随时间改变的任何信息,准确的说是不能从图中看出来信号频率随时间变化的情况。因此一种傅里叶变换的变形——短时傅里叶变换(short-time Fourier transform,STFT)被提出,用于决定随时间变化的信号在局部时间内的频率和相位。实际上,计算 STFT 的过程是将长时间信号分成数个较短的等长信号,然后再分别计算每个较短段的傅里叶变换。STFT 通常拿来描绘频域与时域上的变化,是时频分析中一个重要的工具。

以下的例子作为说明:

$$x(t) = \begin{cases} \cos(440\pi t), & t < 0.5 \\ \cos(660\pi t), & 0.5 \leqslant t < 1 \\ \cos(524\pi t), & t \geqslant 1 \end{cases}$$

傅里叶变换后的频谱和短时傅里叶变换后的结果如图 3-13 和图 3-14 所示。

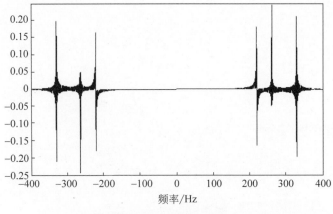

图 3-13 傅里叶变换

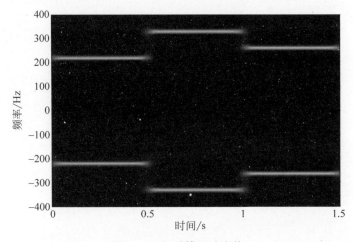

图 3-14 短时傅里叶变换

在 STFT 过程中：
- 窗的长度决定频谱图的时间分辨率和频率分辨率。
- 窗长越长，截取的信号越长。
- 信号越长，傅里叶变换后的频率分辨率越高，时间分辨率越差。
- 相反，窗长越短，截取的信号就越短，频率分辨率越差，时间分辨率越好。

STFT 中时间分辨率和频率分辨率之间不能兼得，应该根据具体需求进行取舍。

简单来说，短时傅里叶变换就是先把一个函数和窗函数进行相乘，然后再进行一维的傅里叶变换。并通过窗函数的滑动得到一系列的傅里叶变换结果，将这些结果竖着排开得到一个二维的图像。

短时傅里叶变换的公式为

$$X(t,f) = \int_{-\infty}^{\infty} w(t-\tau) x(\tau) e^{-j2\pi f\tau} d\tau$$

以 MATLAB 举例 STFT 的使用。首先利用压控振荡函数 vco 生成两个频率随时间正弦振荡的信号，然后计算该信号的 STFT。STFT 的参数中，使用形状参数 $\beta=5$ 且长度为 256 的 Kaiser 窗，重叠长度设为 220 个采样点，DFT 的长度设为 512（图 3-15）。

```
fs = 10e3;
t = 0:1/fs:2;
x = vco(sin(2*pi*t),[0.1 0.4]*fs,fs);
stft(x,fs,'Window',kaiser(256,5),'OverlapLength',220,'FFTLength',51 2);
```

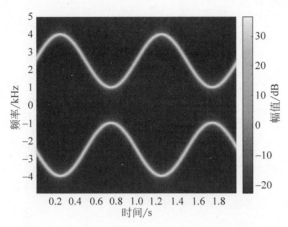

图 3-15　短时傅里叶变换结果（见文前彩图）

还可以从三维角度看一下变换结果（图 3-16）。

```
view(-45,65)
colormap jet
```

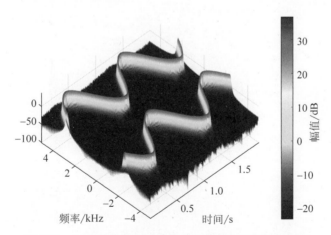

图 3-16　三维视角的短时傅里叶变换结果（见文前彩图）

3.4　案例：应用傅里叶变换分析物联网信号

接下来以 MATLAB 代码的形式介绍如何用 FFT 分析信号频谱。以四个信号为例，分别是：

（1）整周期截断的正弦波；

（2）非整周期截断的正弦波；

（3）复数三角波；

（4）方波。

1. 整周期截断的正弦波

```matlab
fs = 1e3;                           % 采样率1000Hz

% 构造频率为100Hz的正弦波
f0 = 100;
t = (0:1/fs:1/f0 - 1/fs)';          % 采样一个周期
% t = (0:1/fs:5/f0 - 1/fs)';        % 采样五个周期
xn = sin(2 * pi * f0 * t);
N = length(xn);
figure('Position', [400 400 1400 300]);
subplot(131);
stem((0:N - 1)',real(xn),'color','black','linewidth',1.5);
ylim([ - 1.5 1.5]);
xlabel('时间(ms)');
ylabel('强度');

% 不补零的FFT
yn = fft(xn);
% 将负频率放到左侧
yn = [yn(N/2 + 1:end); yn(1:N/2)];

% 补零的FFT
r = 16;                             % 补零倍数
yn2 = fft(xn, r * N);
% 将负频率放到左侧
yn2 = [yn2(N * r/2 + 1:end); yn2(1:N * r/2)];

subplot(132);
f1 = ( - r * N/2:r * N/2 - 1)'/(r * N) * fs;
f2 = ( - N/2:N/2 - 1)'/N * fs;
plot(f1, abs(yn2),'color','black','linewidth',1.5); hold on
stem(f2, abs(yn),'color',[0,118,168]/255,'linewidth',1.5,'linestyle ','none');
xlabel('频率(Hz)');
xticks( - 500:100:500);
ylabel('强度');
ylim([0 1.25 * max(abs(yn2))]);
legend('补零', '不补零', 'Location', 'NorthEast');

subplot(133);
f1 = ( - r * N/2:r * N/2 - 1)'/(r * N) * fs;
f2 = ( - N/2:N/2 - 1)'/N * fs;
plot(f1, angle(yn2),'color','black','linewidth',1.5); hold on
stem(f2, angle(yn),'color',[0,118,168]/255,'linewidth',1.5,'linestyle','none');
```

```
xlabel('频率(Hz)');
xticks(-500:100:500);
ylabel('相位');
ylim([-5 5]);
legend('补零', '不补零', 'Location', 'NorthEast');
```

图 3-17 和图 3-18 分别展示了采样长度为一个周期和五个周期的 100Hz 正弦波的时域、频域。在图 3-17 和图 3-18 中画出了负的频率,这是很正常的,因为一个实数总能写成两个共轭复数的和,因而具有一个正频率和与之对应的负频率。总的来说,实数信号的频谱总是对称的,通常仅看其中的一半。FFT 的结果是复数,因而既有幅度也有相位信息,图 3-17 和图 3-18 除了展示 FFT 幅度谱外,还展示了 FFT 相位谱。一般来说幅度谱较为常用,因为它可以说明信号中某个频率占有多少比例,相位谱也是很重要的,如在正交频分复用调制(OFDM)中非常关注 FFT 相位。同样地,在很多定位感知的方法中也非常关注相位。

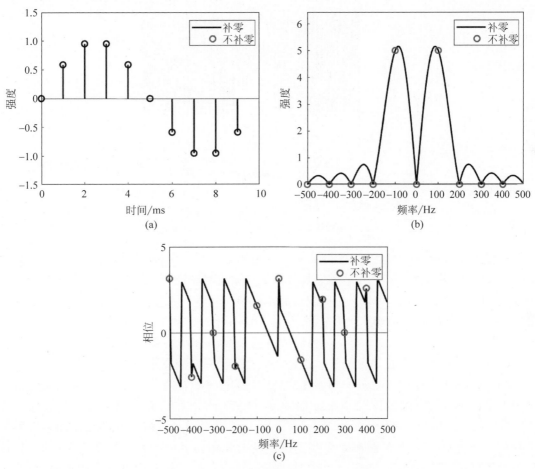

图 3-17 采样一个周期的 100Hz 正弦波
(a) 时域图像;(b) FFT 幅度谱;(c) FFT

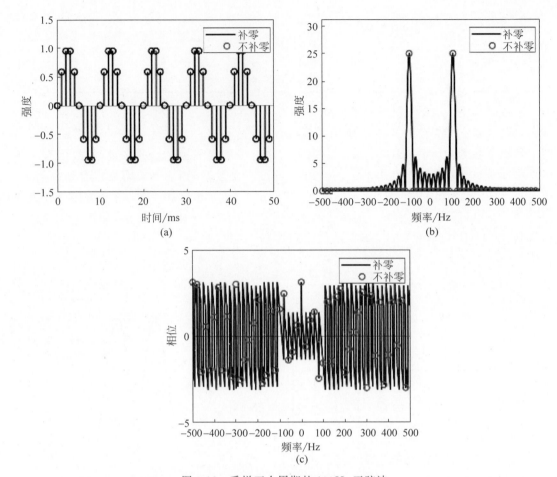

图 3-18　采样五个周期的 100Hz 正弦波
(a) 时域图像；(b) FFT 幅度谱；(c) FFT

这里有一个奇怪的现象是，当只采样了一个周期的信号时，未补零的频谱表明信号中只含有 100Hz 的频率，补了 16 倍零后能看到更细粒度的频谱，从中能发现最大成分的频率并非 100Hz(图 3-18 中圆圈与黑色曲线最高点明显不重合)。这是为什么呢？因为在 FFT 看来，一个实数正弦波包含两个频率，分别是 100Hz 和 −100Hz，由于信号是有限长度的，无法完美还原原始信号的频率性，同时信号的两个频率会产生旁瓣从而互相干扰，于是原本应指向 100Hz 的峰被扰动偏移了。这个效应会随着旁瓣的变小而趋弱。

抑制旁瓣在实际信号处理中非常重要，一般抑制旁瓣有两种方法，一种方法是给信号乘上一个窗函数，俗称"加窗"。"加窗"过程在很多工作中和论文中都被有意无意地忽略了，要不就是不用或者用了根本就不提及，实际上在很多情况下窗函数的使用能够极大地简化信号处理的难度，甚至能对效果起到决定性的作用。另一种方法是延长采样时间(让信号变得更长，更接近真实信号)。由图 3-18 可知，在加长采样时间到五个周期时，黑线的尖峰终于近似和圆点重叠，终于从频谱读到了 100Hz 频率。

思考：这两种操作为什么能够使得频率的结果更加精确？

2. 非整周期截断的正弦波

```
fs = 1e3;                              % 采样率1000Hz

% 构造周期为100Hz的正弦波
f0 = 100;
t = (0:1/fs:1.6/f0-1/fs)';             % 采样一个半周期
% t = (0:1/fs:5.6/f0-1/fs)';           % 采样五个半周期
xn = sin(2*pi*f0*t);
N = length(xn);
figure('Position', [400 400 900 300]);
subplot(121);
stem((0:N-1)',real(xn),'color','black','linewidth',1.5);
ylim([-1.5 1.5]);
xlabel('时间(ms)');
ylabel('强度');

% 不补零的FFT
yn = fft(xn);
% 将负频率放到左侧
yn = [yn(N/2+1:end); yn(1:N/2)];

% 补零的FFT
r = 16;                                % 补零倍数
yn2 = fft(xn, r*N);
% 将负频率放到左侧
yn2 = [yn2(N*r/2+1:end); yn2(1:N*r/2)];
subplot(122);
f1 = (-r*N/2:r*N/2-1)'/(r*N)*fs;
f2 = (-N/2:N/2-1)'/N*fs;
plot(f1, abs(yn2),'color','black','linewidth',1.5); hold on
stem(f2, abs(yn),'color',[0,118,168]/255,'linewidth',1.5,'linestyle ','none');
xlabel('频率(Hz)');
xticks(-500:100:500);
ylabel('强度');
ylim([0 1.25*max(abs(yn2))]);
legend('补零', '不补零', 'Location', 'NorthEast');
```

不同于整周期截断的信号,非整周期截断的信号会出现"频谱泄露"或者"失真"现象。如图 3-19 和图 3-20 所示,圆圈不再处于峰顶。无论怎么增加采样时间,不补零的频谱始终表明还有很多其他不同于 100 Hz 的频率存在,且强度不小。在这种情况下,用补零提高频谱分辨率是必要的。

从这个例子可以看出 FFT 的作用,也可以看出如何使用好 FFT 也是一个很大的挑战,即便对于这么简单的一个信号,如果使用方法不对,得到的效果将会有很大的差别。在实际信号处理或者论文实验的过程中发现结果不理想,很多时候要从最小最基础的地方找原因,这也是在本书中把傅里叶这一部分介绍得如此详细的原因之一。

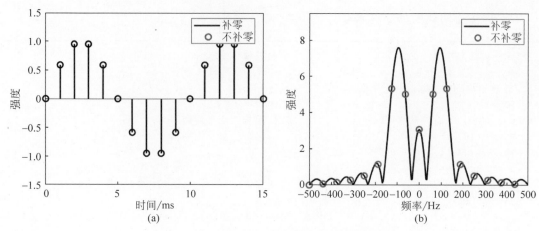

图 3-19 采样一个半周期的 100Hz 正弦波
(a) 时域图像；(b) FFT 幅度谱

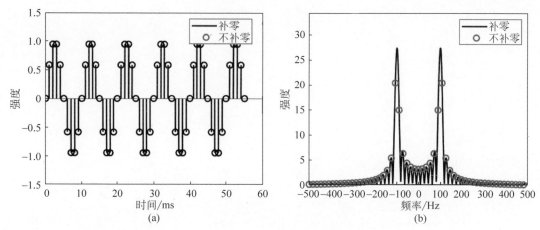

图 3-20 采样五个半周期的 100Hz 正弦波
(a) 时域图像；(b) FFT 幅度谱

3. 复数三角波

```
fs = 1e3;                              % 采样率 1000Hz

% 构造频率为 100Hz 的复数三角波
f0 = 100;
t = (0:1/fs:5/f0-1/fs)';               % 采样五个周期
xn = exp(1j*2*pi*f0*t);
N = length(xn);
figure('Position', [400 400 900 300]);
subplot(121);
stem((0:N-1)',real(xn),'color','black','linewidth',1.5);
ylim([-1.5 1.5]);
xlabel('时间(ms)');
ylabel('强度');
```

```
% 不补零的FFT
yn = fft(xn);
% 将负频率放到左侧
yn = [yn(N/2 + 1:end); yn(1:N/2)];

% 补零的FFT
r = 16;                                    % 补零倍数
yn2 = fft(xn, r * N);
% 将负频率放到左侧
yn2 = [yn2(N * r/2 + 1:end); yn2(1:N * r/2)];

subplot(122);
f1 = (-r * N/2:r * N/2 - 1)'/(r * N) * fs;
f2 = (-N/2:N/2 - 1)'/N * fs;
plot(f1, abs(yn2),'color','black','linewidth',1.5); hold on
stem(f2, abs(yn),'color',[0,118,168]/255,'linewidth',1.5,'linestyle ','none');
xlabel('频率(Hz)');
xticks(-500:100:500);
ylabel('强度');
ylim([0 1.25 * max(abs(yn2))]);
legend('补零', '不补零', 'Location', 'NorthEast');
```

图 3-21 展示了 $e^{j2\pi \cdot 100t}$ 这个复信号的时域和频域图像,不同于实数三角波,该信号具有单一的频率 100Hz。

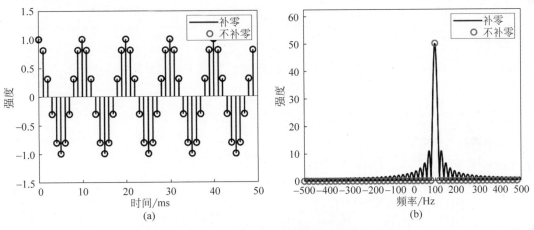

图 3-21 采样五个周期的 100Hz 复数三角波

(a) 时域实部图像;(b) FFT 幅度谱

4. 方波

```
fs = 1e3;                                  % 采样率1000Hz

% 构造周期为10ms的方波
T = 10e-3;
num = 4;                                   % 4个周期采样
```

```
N = num * fs * T;
xn = repmat([ones(fs * T/2, 1); -1 * ones(fs * T/2,1)], num, 1);
figure('Position', [400 400 900 300]);
subplot(121);
stem(xn,'color','black','linewidth',1.5);
ylim([-1.5 1.5]);
xlabel('时间(ms)');
ylabel('强度');

% 不补零的 FFT
yn = fft(xn);
% 将负频率放到左侧
yn = [yn(N/2 + 1:end); yn(1:N/2)];

% 补零的 FFT
r = 32;                              % 补零倍数
yn2 = fft(xn, r * N);
% 将负频率放到左侧
yn2 = [yn2(N * r/2 + 1:end); yn2(1:N * r/2)];
subplot(122);
f1 = (-r * N/2:r * N/2 - 1)'/(r * N) * fs;
f2 = (-N/2:N/2 - 1)'/N * fs;
plot(f1, abs(yn2),'color','black','linewidth',1.5); hold on
stem(f2, abs(yn),'color',[0,118,168]/255,'linewidth',1.5,'linestyle ','none');
xlabel('频率(Hz)');
xticks(-500:100:500);
ylabel('强度');
ylim([0 1.25 * max(abs(yn2))]);
legend('补零','不补零','Location','NorthEast');
```

图 3-22 展示了一个周期为 10ms 的方波信号及其频谱，可以看到，频谱中最主要的频率是 100Hz，与周期 10ms 对应。当然读者也能明显看出来，频率不只是 100Hz，大家也可以思考这是为什么。

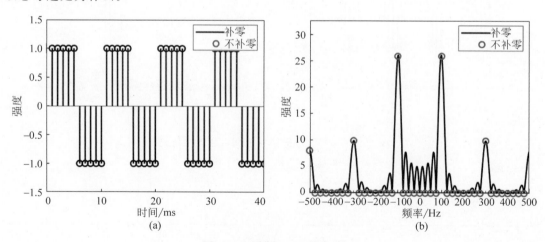

图 3-22 周期 10ms 的方波
(a) 时域图像；(b) 频域幅度谱

参考文献

[1] 莫里斯·克莱因. 古今数学思想[M]. 上海：上海科学技术出版社, 2003.
[2] 武娜. 傅里叶级数的起源和发展[D]. 石家庄：河北师范大学, 2008.
[3] 约瑟夫·傅里叶[EB/OL]. https://zh.wikipedia.org/wiki/%E7%BA%A6%E7%91%9F%E5%A4%AB%C2%B7%E5%82%85%E9%87%8C%E5%8F%B6.
[4] 奥本海姆 A V. 离散时间信号处理[M]. 北京：电子工业出版社, 2015.
[5] 科曼 T H. 算法导论[M]. 北京：机械工业出版社, 2006.

第4章

物联网信号传播模型

4.1 无线信道

4.1.1 信道定义

就像车辆运输需要道路一样,信号的传输也需要通过信道。根据维基百科的定义,信道又称为通道、频道或者波道,是信号在通信系统中传输的通道,由信号从发射端到接收端所经过的所有传输媒质所构成,广义的信道定义还包括传输信号的相关设备。理解信道是理解数据传输的重要基础,在物联网领域的前沿研究工作——从物联网通信到物联网感知——都是以通信信道为基础的,它们或要解决信道带来的问题,或要利用信道的特点。

在学习这一部分的过程中,始终要关注下面的问题:

- 什么是信道?
- 怎样表示信道?

首先要知道传输目的,本质上来说就是基于接收到的信号计算出发送的信号。而在这个过程中,首先要搞清楚如何表示信号(调制)及如何表示信道(传输的影响)。假设发送信号为 s,那么经过信道后接收到的信号为 $f(s)$,其中函数 f 就是信道对信号的影响,传输的目的就是基于接收到的 $f(s)$ 计算出 s。最理想的情况下,大家都希望信道不会对信号产生任何影响,那么接收到的 $f(s)=s$。然而在实际场景中,这种情况不可能出现。

通俗地来理解信道,一个信号从发送端通过媒介到达接收端。这个典型通信过程包括发射端、信道、接收端三个部分。例如,你晚上写的作业第二天交到老师的手上,你就是发送端,作业就是你的数据,作业本及交的这个过程就是信道,老师就是接收方。所以要保证老师看到你的作业,首先至少要保证你写的内容没有问题,你会想尽办法保证写的东西是正确的,怕老师看不清会把字写大一些,为了让老师知道是谁的作业会把名字写上,作业里面的重点会标记好,这些都是传输端做的保证发送稳定性的方法。同时你也会尽量保证作业本能够稳定地交到老师手上,这是减少信道的影响,下雨了你会将作业小心地保护起来等,确保老师看到作业的时候能够知道你写了什么内容。

信道可以分为狭义信道和广义信道两类。

狭义信道:按照传输媒质来划分,可以分为有线信道、无线信道和存储信道三类。值得注意的是,磁带、磁盘等数据存储媒质也可以被看作一种通信信道。将数据写入存储媒质的过程即等效于发射机将信号传输到信道的过程,将数据从存储媒质读出的过程即等效于接收机从信道接收信号的过程。

广义信道:按照信道功能进行划分,可以分为调制信道和编码信道两类。调制信道是指信号从调制输出传输到解调输入的部分。对于调制和解调来说,信号在调制信道上经过的传输媒质和设备都对信号做出了某种形式的变换,调制解调只关心这些变换对输入和输出的关系,并不关心实现这一系列变换的具体物理过程。编码信道是指数字信号由编码器输出端传输到解码器输入端经过的部分。对于编解码的研究者来说,编码器输出的数字序列经过编码信道上的一系列变换之后,在解码器的输入端成为另一组数字序列,研究者只关心这两组数字序列之间的变换关系,如图4-1所示。

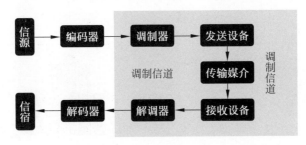

图 4-1 信道示意

理解信道是理解物联网通信和感知的重要基础。因为很多通信处理和感知方法都要处理或者利用信道的影响,理解信道的过程首先需要理解信道对信号的基本影响(如衰减、多径效应等),以及这些影响如何进行科学地表示。这就是本章要介绍的内容。理解这些之后,就能理解通信过程中碰到的大部分问题了,例如,之前说过理解信道是物联网感知的基础,对于理解物联网无线定位和感知也比较方便。

4.1.2 信道冲击响应

信道研究的第一步是建立对信道的描述,即表示出任意输入信号通过该信道后的响应信号。实际应用中可能的输入信号有成千上万种,针对某个特定信道,不可能在该信道上对每一种波形的响应都进行研究,因此必须要找到通用的信道描述方法,以及那个可以用于构造任意波形的"单位1"。

幸运的是,在信道描述方面,单位脉冲信号就是一种非常理想的"单位1":可以将任意信号分解成若干不同时延(延迟一段时间)的单位脉冲信号的线性叠加。这样一来,通过研究单位脉冲通过信道后的响应,可以计算出任意信号通过信道后的结果。例如,假设发送端不是单位脉冲信号,而是两倍高度的脉冲信号,那么很自然地,接收方的信号也会变成两倍高度。这里需要假设信道的影响是线性的,非线性的信道暂时不考虑,在大部分的分析中,线性信道的假设是足够且合理的,本书后面的部分也都是基于线性信道进行介绍的,大家看到的绝大部分论文也都是基于线性信道这一假设,后面除非特别说明,都假设线性信道。

除此之外,还有一个有关信道的重要假设,即假设信道在一段特定的时间内保持不变,反映在物理世界中,就是假设信道的物理环境在一定时间内保持不变。尽管在真实场景中,信道经常因环境的改变发生变化,但是只要将"一段特定时间"定义在合理的范围内,保证在这段时间内信道无明显变化还是可以做到的。满足此条件的信道被称作时不变信道，与之对应的、不满足此条件的信道被称作时变信道。在很多的研究和实际协议中，都是假设信道在一段时间保持不变的，例如一次信道测量后，就可以在后面的一段时间内使用。

用一个例子来说明如何用单位脉冲信号的信道冲击响应（channel impulse response，CIR）来表示任意信号通过信道后的响应输出。为方便表示，以下说明将使用离散信号形式。离散形式的单位脉冲信号可以表示为

$$\delta[n] = \begin{cases} 1, & n = 0 \\ 0, & n \neq 0 \end{cases}$$

即只在 0 时刻输出为"1"，其他时刻输出为"0"。通过采样，任意信号可以表示为离散形式，如图 4-2 所示。

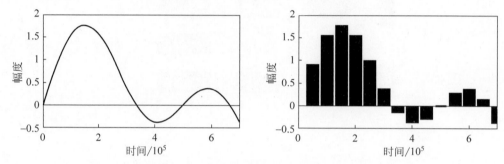

图 4-2 通过采样，任意信号可以表示为若干单位脉冲信号的组合

每一个信号采样点可以看作一个具有特定时延和幅度缩放的单位冲击信号。例如，在时刻 1 幅度为 0.9 的采样点可以表示为 $0.9\delta[n-1]$。类似地，可以将整段信号所有 N 个采样点表示为 N 个单位脉冲的和，即

$$x[n] = \sum_{k=0}^{N-1} \text{Ampl}[k] \times \delta[n-k]$$

注意类似的公式大家会在技术资料、教材和论文中经常看到，这是信号的一种重要的描述方法，它还有一个重要的作用就是把一个序列数据转化为一个数据求和的形式，方便了很多计算过程。大家慢慢地就能体会这个表示形式的巧妙了。

对于线性时不变信道，如果知道单位脉冲信号 $\delta[n]$ 通过该信道后的响应 $\delta'[n]$，则可以直接计算得到任意信号 $x[n]$ 通过该信道后的响应信号：

$$x'[n] = \sum_{k=0}^{N-1} \text{Ampl}[k] \times \delta'[n-k]$$

在连续域上来看单位脉冲信号，该信号在除时刻零以外的点上都等于零，且在整个时间域上的积分等于 1。其函数定义如下：

$$\delta(t) = 0, \quad t \neq 0$$

且满足函数值在从负无穷到正无穷区间内积分为 1：

$$\int_{-\infty}^{\infty} \delta(t) \mathrm{d}t = 1$$

在数据分析过程中，兼顾离散和连续两种形式，注意符号的细节，离散信号用方括号，连续

信号用的是圆括号。从工程角度来说,建议大家着重从离散角度来理解这一过程就可以了。

接下来,回到 CIR,探究单位脉冲信号通过信道后通常会发生怎样的变化。信道对单位脉冲信号的影响通常体现在两方面:一是衰减,二是多径。衰减是由于路径损耗和阴影衰落造成的脉冲信号能量发生衰减;多径是由于信道中存在多个传播路径导致在接收端先后收到多个不同脉冲信号副本的叠加。

图 4-3 直观地展示了信道对单位冲击信号的影响:一个单位冲击信号在通过信道到达接收端的过程中,由于可能经过不同的传播路径,因此在接收端将产生不同传播时延的信号副本。这些时延副本分别具有不同的信号衰减和频率相位变化。在接收端看来,收到的信号(信道冲击响应)就是这些不同时延的信号副本的叠加。

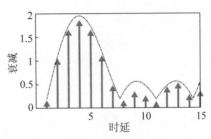

图 4-3 信道响应示意

图中箭头代表了单位冲击信号经过信道后产生了不同的延迟和衰减的信号副本

如图 4-4 和图 4-5 所示,通过不同时延、不同衰减的线性叠加,可以表示出任意输入信号 $x[n]$ 的信道响应输出。

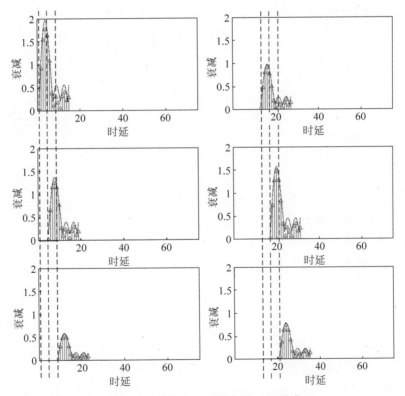

图 4-4 不同时延、不同衰减 CIR 示意

下面来思考如何在数学上表示上述这一系列过程,这里就涉及 CIR 的数学表示了。

通过前面的介绍可知,一个单位脉冲信号通过信道后得到的响应是多个不同时延、不同衰减、不同相位的脉冲信号副本的叠加。用 $h[n]$ 代表单位冲击响应通过信道后的结果,

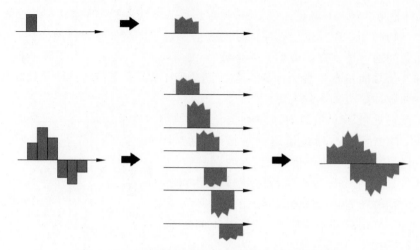

图 4-5　CIR 的线性叠加可表示任意信号的信道响应

$h[n]$ 中的每一个值表示单位脉冲经过对应时延后的衰减和相位变化,例如,$h[1]=0.9\mathrm{e}^{\mathrm{j}\varphi}$ 表示单位脉冲通过信道后在时刻 1 产生一个幅度为 0.9、相位变化为 φ 的信号副本。

对于离散时间系统来说,在输入为 $\delta[n]$ 时,系统的脉冲响应 $h[n]$ 包含了系统的所有信息。所以对于任意输入信号 $x[n]$,可以用离散域卷积求和的方法得出所对应的输出信号 $y[n]$。$x[n]$ 可以表示为 $x[n]=\sum_{k=0}^{\infty}x[k]\delta[n-k],k=0,1,\cdots,+\infty$,由于 $\delta[n]$ 通过信道后的结果为 $h[n]$,基于线性时不变信道的特点,$\delta[n-k]$ 通过信道后的结果为 $h[n-k]$,进一步 $x[k]\delta[n-k]$ 通过信道后的结果是 $x[k]h[n-k]$。因此,对于信号 $x[n]$,通过信道后的结果为

$$y[n]=\sum_{k=0}^{\infty}x[k]h[n-k]$$

假设脉冲通过一个信道产生的最大时延为 M,即在 0 时刻发送的信号通过信道中最长的传播路径后,可以在时刻 M 到达接收端,这个最大时延又被称为信道时延拓展。这样,可以从另外一个角度看接收信号,接收端在任意时刻收到的信号实际上是其之前 M 个时刻内发送信号的叠加,即

$$y[n]=x[n]\times h[0]+x[n-1]\times h[1]+\cdots+x[n-M]\times h[M]$$

上面这个式子可以写成卷积的形式:

$$y[n]=\sum_{k=0}^{M}x[n-k]h[k]=x*h$$

即如果已知信道的单位脉冲响应 h 和任意输入信号 x,输出信号可以直接表示为脉冲响应和输入信号的卷积。注意这里 * 是卷积符号,不是平时常见的一般乘法。上述公式在教材和论文中经常出现,在学习的过程中很快就会熟悉这种形式。

在连续域上来看,对于单位脉冲信号 $\delta(t)$,在线性时不变的假设下,经过信道后在接收端收到的信号为

$$y(t)=\int_{-\infty}^{\infty}\delta(\tau)h(t-\tau)\mathrm{d}\tau=h(t)$$

对于任意输入信号 $x(t)$，可以用连续域卷积的方法得出所对应的输出 $y(t)$：

$$y(t) = \int_{-\infty}^{\infty} x(\tau) h(t-\tau) \mathrm{d}\tau = x(t) * h(t)$$

思考：为什么信道对信号的作用体现在数学上是卷积运算？

实际上，卷积运算也表明了信道的一个特点，即任意时刻在接收端收到的信号受其之前若干时刻发送信号的影响。用网上的一个例子来类比，别人打你一拳是脉冲输入，但你的身体会疼几个小时，不是瞬间疼痛；多给你几拳，即多个脉冲，你的疼痛感再连续叠加，很直观地说明了信道对信号传输的影响。

思考：给定一个信道，直接路径和两条反射路径衰减分别为 0.9、0.5 和 0.8，时延分别为 $15\mu s$ 和 $40\mu s$，相位偏移分别为 35rad 和 70rad，则信道冲击响应 h 应该如何表示？在此信道中发送一个正弦信号 $x(t) = \sin(t)$，则接收端收到的信号如何表示？若发送一个任意信号 $s(t)$，接收端收到的信号如何表示？如果存在噪声 $N(t)$，对收到的信号会产生怎样的影响？

根据上述建模过程，在数据传输中，一个重要的研究问题就是通过接收到的 y 和测量的 h 来计算传输的 x。其中的关键在于如何来测量信道冲击响应 h。

理想情况下，可以在发送端发送一个单位冲击信号，然后在接收端接收该信号对应的响应作为信道冲击响应 h。但实际上，发送一个理想的冲击信号是很困难的，因此在实际操作中，一般通过发送其他的已知信号来测量信道冲击响应，比如在无线通信技术中常用的前导码(preamble)或导频信号(pilot signal)，就可以用来计算信道冲击响应。

4.1.3 信道频率响应

之前从时域上分析了信道对信号传播的影响，信号的衰减和多径传播在时域上表现为时延扩展，CIR 通常就代表了这一信息。如果换一个角度，从频域上来分析，信道对信号在频域上带来的影响是频率选择性衰落。直观上看这是由于信道中有不同时延的路径，通过不同路径的信号在接收端叠加增强或相消，使不同频率的信号发生不同的衰减。例如，当两路多径信号到达接收端的时间差恰好为某频率的半周期时，则对应频率的信号在接收端发生明显衰减；如果正好是整数倍的周期，则对应频率的信号是叠加增强的。

在频域上，通常用信道频率响应(channel frequency response, CFR)从幅频特性和相频特性来分别描述信道对信号传播的影响。在带宽无限的条件下，CIR 与 CFR 互为时域和频域的等效参数，也就是通过傅里叶变换和逆变换能够转化这两个结果，图 4-6 展示了具有频率选择性衰落特征信道的频率响应。

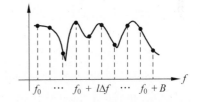

图 4-6 信道频域响应示意：单位信号经过信道后不同频率的影响

在实际通信系统中，可以将时域上的 CIR 变换到频域的 CFR，通过比较输入信号和输出信号的频域特征，就可以计算出相应频域上的冲击响应，进而计算出相应信道的时域参数。信道的时域响应和频域响应是等价的，只不过一个是时间域上的表示，一个是频率域上的表示，两者可以互相转化。频域的信道响应也是大量物联网定位和感知研究工作的重要信息来源，借助特定信号的 CFR，可以计算不同多径路径的传播特征，从中分析出对定位和感知有用的信息。

4.1.4 信道状态信息

理解了 CIR 和 CFR,就比较容易理解信道状态信息了。信道状态信息(channel state information,CSI)与 CFR 一样,都从频域描述信道对传输信号的影响,它们的差异在于,CFR 作为一般化的参数可以描述任意频率处的信道影响,而 CSI 通常用于 OFDM 系统中描述各个子信道的信道属性,即信道增益矩阵 $\boldsymbol{H}$(有时也称为信道矩阵、信道衰落矩阵)中每个元素的值。假设发送端装备 M 根天线,接收端装备 N 根天线,通信时使用 K 个子载波,则每次采样得到 CSI 矩阵的元素数量为 $M \times N \times K$,每个元素以复数形式 $a_i e^{-j\theta_i}$ 出现,对应每个子载波的幅度和相位。对应单天线发单天线收的系统,CSI 就对应到每一个子载波相应的幅度和相位。CSI 可以看作 CFR 的一种离散采样的形式,采样的频率点为 OFDM 对应的不同载波频率。

如果暂时不能理解 OFDM 的具体内容,可以不用着急,后面会有具体的介绍,同时还有相应的样例代码实现。

CSI 可以分为瞬时 CSI(instantaneous CSI)和统计 CSI(statistical CSI)。瞬时 CSI 表示当前信道的瞬时状态;统计 CSI 表示信道的统计特性,如衰落分布的类型、平均信道增益、空间相关性等。为了衡量"瞬时"的时间粒度,通信系统中常常采用 3 种时间级别,从精细到粗糙依次为采样点(sample)级别、符号(symbol)级别和信号(signal)级别。在某些快衰落系统中,信道状态在符号级别的时间粒度上都会发生变化。在慢衰落系统中,可以在合理精度内得到瞬时 CSI 估计,并使用这个估计来进行数据传输优化。

如果把单位冲击响应的每一个时间点信号都看作一个值,对于任意信号,用 $h = [h_1, h_2, \cdots, h_k]$ 表示信道给单位信号带来的延迟和衰减,那么给定任意发射信号 x,通过带有可加性噪声 noise 的信道后变成的接收信号应该为 $y = x * h + \text{noise}$。

4.1.5 信道状态估计

由于无线环境复杂多变,信号传播到达接收端时,其幅度、相位和频率都会发生很大的改变。因此,为了尽可能恢复出原始信号,需要进行信道估计。一个良好的估计算法对于接收性能来说至关重要,决定了信号能否最终被解码出来。

根据是否借助导频信息,信道估计算法可以分为盲信道估计、半盲信道估计和非盲信道估计三种。盲信道估计无需借助导频符号,也不占用频谱资源,只利用接收信号本身固有的特征来获取信道信息。实际上,在具体使用时,因为盲信道估计计算量大,收敛较慢,不适合实时交互通信系统。针对盲信道估计的缺陷,半盲信道估计在发射端的调制信号中插入了少量导频,即在特定频率处发射固定的信号(和需要传输数据、不断发生变化的信号相对应)。相较于盲信道估计而言,半盲信道估计可以借鉴少量导频信号的频率响应来进行信道估计,因此,其性能要好于盲信道估计。非盲信道估计则是使用一段特殊设计的导频信号来辅助信道估计,基于导频辅助的非盲信道估计算法可以分为两部分:一是导频位置处的信道估计算法;二是非导频位置处的插值算法。非盲信道估计是目前通信系统常用的信道估计方式。

1. LS 算法

下面介绍一种基于最小二乘(LS)算法的非盲信道估计方法。信道估计的本质是表示出信道的单位脉冲响应 CIR。按照前面的定义,最直接的办法当然是直接发送一个单位冲击信号,然后接收方分析收到的信号是什么样子。但是实际中,没有完美的硬件,无法发射出理想的单位脉冲响应信号,也就无法利用这样的信号来测量信道。在真实场景下,一般的做法为发送已知内容的信号 $x(t)$,分析收到的信号 $y(t)$,理论上 $y(t)=x(t)*h(t)$。通过这个公式,可以算出 $h(t)$ 的值,从而得到信道参数。在真实的数据包发送中,这个 $x(t)$ 可以为数据包中的前导码,前导码一般内容是固定的,所以对于任何接收者来说都是已知的,这样通过分析接收到的信号和发送信号的变化,计算出 h。这也是为什么很多材料中说前导码可以起到信道估计的作用。

思考:在原始信号 $x(t)$ 和接收信号 $y(t)$ 已知的情况下,利用 $y(t)=x(t)*h(t)$,如何将信道冲击响应 $h(t)$ 还原出来?注意这里 $*$ 是卷积操作。

由于在时域的卷积操作效果等价于在频域做乘积,因此通过傅里叶变换将信号变换到频域后,假设发送端参考信号为 X,Y 为接收参考信号,信道表示为 H,噪声为 N,关系表达式为

$$Y = XH + N$$

LS算法的基本原理就是使接收信号和无噪声数据之差的平方达到最小:

$$\tilde{H} = \text{argmin}\,|Y-XH|^2 = \text{argmin}[(Y-XH)(Y-XH)^T]$$

令 $\tilde{H}$ 等于其极限值,即当 $\text{argmin}|Y-XH|^2$ 等于 0 时,可以得到:

$$[(Y-XH)(Y-XH)^T] = 0$$

对上式中的 H 求导,得到:

$$(X^T X)^{-1} X^T Y = X^{-1} Y = H + N/X$$

因此,LS算法的信道响应可以表示为

$$\tilde{H} = \begin{bmatrix} \dfrac{Y(0)}{X(0)} & \dfrac{Y(1)}{X(1)} & \cdots & \dfrac{Y(N-1)}{X(N-1)} \end{bmatrix}^T$$

由上式可见,LS 利用发送端的导频信息,即可以对信道矩阵进行估计,结构简单,计算量小,但它没有考虑接收信号中的噪声及子载波间的干扰,所以估计精度有限。在信噪比高的时候,LS 算法的效果比较好,当信道噪声较大时,估计性能会大大降低。

下面代码展示了如何使用 LS 算法估计信道频率响应 H。

```
% % Rx_data1 为收到信号
% % pilot_seq 为原始前导码

% % 提取前导码信号
Rx_data2 = Rx_data1(N_cp + 1:end,:);

% % FFT
Rx_pilot = fft(Rx_data2);
pilot_fft = fft(pilot_seq);

% % 信道估计
h = Rx_pilot./pilot_fft;
% 分段线性插值:
%     插值点处函数值由连接其最邻近的两侧点的线性函数预测。
```

```
%   对超出已知点集的插值点用指定插值方法计算函数值。
H = interp1(1:numel(h), h, 1:0.1:numel(h),'linear','extrap');
```

2. LMMSE 算法

如果要求更高的估计精度，LS 算法可能就达不到要求了，所以可以采用这种使线性均方误差最小的方式，在平方和的基础上再进行平均。LMMSE 算法是在 LS 算法的基础上发展的，主要目的是消除噪声的影响。但 LMMSE 算法的缺点是计算量大，特别是矩阵的求逆过程相当复杂，这在实际应用中较难实现。

3. 基于 LS 的 DFT 算法

该算法利用快速傅里叶变换算法将计算过程大大简化，还消除部分噪声的干扰。已知，信号在通过信道的时候对信道的响应通常只有一小段，而实际上，有很多能量较小的点可以被当作多余的部分，只考虑集中的几个能量大的点。如果选择性地来选取响应点，将其他点的响应当作零来处理，一定程度上就能补偿原本 LS 算法中噪声的影响。

4.2　路径损耗和阴影衰落

本节介绍由路径损耗(path loss)和阴影(shadowing)效应所引起的接收信号随距离变化的规律。路径损耗是由电磁信号在空间中的辐射传播特性造成的，一般认为路径损耗与传播距离直接相关，在相同的传播条件下，信号经过相同的传播距离产生的路径损耗相同。阴影效应是由发射机和接收机之间的障碍物造成的，这些障碍物通过吸收、反射、散射和绕射等方式衰减信号功率，严重时甚至会阻断信号。本节将首先介绍基础的信号传播模型——自由空间路径损耗模型；然后给出基于大量障碍物的对数正态阴影衰落模型；最后介绍信号质量估计最常使用的一个指标——信噪比。

4.2.1　路径损耗模型

路径损耗，或称传播损耗，指电波在空间传播所产生的损耗，是由发射功率的辐射扩散及信道的传播特性造成的，反映宏观范围内接收信号功率均值的变化。如图 4-7 所示，在三维自由空间中，电磁辐射的强度根据平方反比定律随着距离的增加而减小，因为同一时刻的能量分布在一个球面上，单位面积上的能量与距离源的距离平方成反比。

路径损耗具有以下特点：由发射功率的辐射扩散和信道的传播特性造成，一般认为对于相同的收发距离，路径损耗相同，引起长距离(100～1000m)上的功率变化。

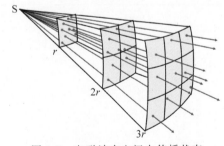

图 4-7　电磁波在空间中传播状态

假设信号经过自由空间到达距离 d 处的接收机，发射机和接收机之间没有任何障碍物，信号沿直线传播。这样的信道称为视距(line-of-sight,LOS)信道，相应的接收信号称为 LOS 信号。自由空间路径损耗使接收信号相对于发送信号引入了一个复数因子，产生接收信号：

$$r(t) = \text{Re}\left\{\frac{\lambda\sqrt{G_l}\,\mathrm{e}^{-\mathrm{j}2\pi d/\lambda}}{4\pi d} \cdot u(t)\mathrm{e}^{\mathrm{j}2\pi f_c t}\right\}$$

其中，$\sqrt{G_l}$ 是在视距方向上发射天线和接收天线的增益之积，$\mathrm{e}^{-\mathrm{j}2\pi d/\lambda}$ 是由传播距离 d 引起的相移(相位偏移)。

设发射信号 $s(t)$ 的功率为 P_t，由接收信号 $r(t)$ 的表达式可得到接收功率和发射功率的比为

$$\frac{P_r}{P_t} = \left(\frac{\sqrt{G_l}\lambda}{4\pi d}\right)^2$$

可见接收功率与收发天线间距离 d 的平方成反比、与信号波长的平方 λ^2 成正比。因此，载波频率越高、信号波长越短，则接收功率越小。接收功率与波长 λ 有关是因为接收天线的有效面积和波长有关。

对应的路径损耗可以表示为

$$P_L(\mathrm{dB}) = 10\lg\frac{P_t}{P_r} = -10\lg\frac{G_l\lambda^2}{(4\pi d)^2}$$

自由空间传播时，将接收功率表示为分贝毫瓦(dBm)的形式：

$$P_r(\mathrm{dBm}) = P_t(\mathrm{dBm}) + 10\lg G_l + 20\lg\lambda - 20\lg(4\pi) - 20\lg d$$

衰减曲线如图 4-8 所示。

相应的自由空间路径增益(free-space path gain)为

$$P_G = -P_L = 10\lg\frac{G_l\lambda^2}{(4\pi d)^2}$$

思考：有一室内无线局域网，载波频率 $f_c = 900\mathrm{MHz}$，使用全向天线。在自由空间路径损耗模型下，如果要求 10m 内所有终端的最小接收功率为 $10\mu\mathrm{W}$，问发射功率应该是多大？如果工作频率变成 5GHz，相应所需的发射功率又为多少？

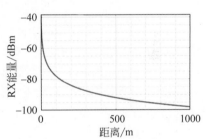

图 4-8 自由空间中电磁波能量随距离的衰减曲线

4.2.2 阴影衰落

阴影衰落造成信号在无线信道传播过程中变化，传播路径上的反射面和反射体变化，导致给定距离处接收信号的功率的存在随机性。造成信号衰减的因素，一般包括障碍物的位置、障碍物大小、障碍物材料的介电特性，以及反射面和散射体的变化情况。在实际传输场景中，这些因素一般都是未知的，因此常用统计模型来表征这种随机衰减，最常用的模型是对数正态阴影模型，它已经被实测数据证实，可以用来建模室外和室内无线传播环境中接收功率的变化。

当阴影衰落主要由阻挡衰减决定时，分贝平均接收功率的高斯模型可以用下面的衰减模型来分析。信号穿过宽度为 d 的物体时，其衰减近似为

$$s(d) = \mathrm{e}^{-ad_t}$$

其中，α 是依赖于障碍物材料和介电性质的衰减常数。若第 i 个障碍物的衰减常数是 α_i、障碍物宽度为随机值 d_i，那么信号穿过该区域时的衰减为

$$s(d_t) = \mathrm{e}^{-\alpha \sum_i d_i} = \mathrm{e}^{-\alpha d_t}$$

如果发射机和接收机之间有多个障碍物，那么由中心极限定理，$d_t = \sum_i d_i$ 可近似为高斯随机变量，即 $\log s(d_t) = \alpha d_t$ 是一个均值为 μ、方差为 σ 的高斯随机变量（σ 的值由传播环境决定）。

4.2.3 信噪比

从上文的介绍中能够看出来，如果能够完美地测量出信道的影响，那么在接收端就能够完全还原出来发送的信号。但是实际通信过程远没有这么美好，首先完美测量出来信道是很难的，同时即便是能够完美测量出来，接收端也还是会受到外界噪声的影响。如何衡量噪声的影响，有一个很重要的指标是信噪比（signal-to-noise ratio，SNR 或 S/N），用于衡量信号强度与噪声强度的关系，定义为信号功率与噪声功率之比。

$$\mathrm{SNR} = \frac{P_{\mathrm{signal}}}{P_{\mathrm{noise}}} = \frac{A_{\mathrm{signal}}^2}{A_{\mathrm{noise}}^2}$$

由于信号强度差别通常都会很大，SNR 常使用分贝（dB）作为单位。

$$\mathrm{SNR(dB)} = 10\lg\left(\frac{P_{\mathrm{signal}}}{P_{\mathrm{noise}}}\right) = 20\lg\left(\frac{A_{\mathrm{signal}}}{A_{\mathrm{noise}}}\right)$$

其中，P_{signal} 为信号功率，P_{noise} 为噪声功率，A_{signal} 为信号振幅，A_{noise} 为噪声振幅。

很显然，SNR 越高，信号越强，解码起来就越方便，实验中经常需要计算不同 SNR 下性能，或者产生不同 SNR 下的数据，MATLAB 提供了 awgn 函数（图 4-9）用于向目标信号按规定的信噪比加入高斯白噪声，调用示例如下：

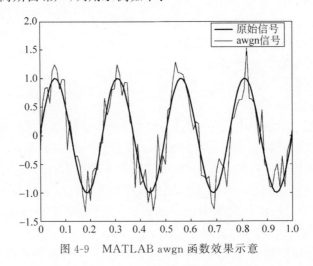

图 4-9 MATLAB awgn 函数效果示意

```
fs = 100;                    % sampling frequency
t = 0:1/fs:1;
```

```
x = sin(2 * pi * 4 * t);
% Add white Gaussian noise to signal
% SNR = 10dB
y = awgn(x, 10, 'measured');
plot(t, [x, y]);
legend('Original Signal', 'Signal with AWGN');
```

动手试一试 生成具有不同信噪比的声波信号,从时域、频域分别观察它们的区别,实际听一下不同 SNR 的声波信号有什么区别。

4.3 多径信道模型

4.3.1 多径效应

电磁波在传播过程中当通信环境比较复杂时,在接收端收到的信号是通过不同路径传播过来的叠加结果。通常来说,这些信号副本的传播路径可以大致分为视距路径(line of sight,LOS)和非视距路径(none-line-of-sight,NLOS)两类。如图 4-10 所示,由不同传播路径到达的信号副本具有不同的延迟和能量衰减。如果第一个到达的信号和最后一个到达的信号时间之差(多径时延扩展)非常小,相当于所有的信号都是在叠加相长(波峰和波峰叠加,波谷和波谷叠加),则这样的多径叠加对信号的解码影响不大。但是当多径时延扩展比较大时,有可能出现信号的叠加相消现象(即波峰和和波谷叠加),这样就会造成信号的失真,使接收机无法解码信号。

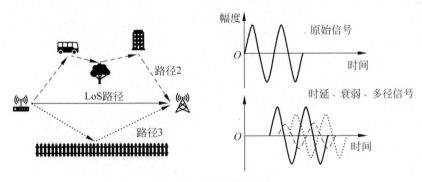

图 4-10 多径效应示意

由多径效应带来的信号衰落在时间尺度上和信号的周期为同一数量级,在距离尺度上和信号波长为同一数量级,所以多径效应是快衰落,也叫小尺度衰落;与之对应的,阴影效应和路径损耗是慢衰落,也叫大尺度衰落。

下面介绍通信过程中数据多径带来的影响和数学表达式,假设要发送的基带信号为 $u(t)$,通过将发送信号与高频载波相乘,并取结果的实部,即为发送端最终发送的信号。乘载波的过程可以表示为

$$s(t) = \Re\{u(t)e^{j2\pi f_c t}\}$$
$$= \Re\{(\Re\{u(t)\} - j\Im\{u(t)\}) \times (\cos(2\pi f_c t) - j\sin(2\pi f_c t))\}$$
$$= \Re\{u(t)\}\cos(2\pi f_c t) + \Im\{u(t)\}\sin(2\pi f_c t)$$

该信号的多个副本经过不同传播路径后在接收端叠加，叠加后信号可以表示为

$$r(t) = \text{Re}\left\{\sum_{n=0}^{N(t)} \alpha_n(t) u(t-\tau_n(t)) e^{j[2\pi f_c(t-\tau_n(t))+\phi_{D_n}(t)]}\right\}$$

从上面这个表示可以看出来，$\alpha_n(t)$ 是不同路径信号幅度时变衰减，由路径损耗和阴影衰落确定；$\tau_n(t)$ 是不同路径的信号路径传输时延，$\tau_n(t) = r_n(t)/c$；$\phi_{D_n}(t)$ 是不同路径的多普勒相移。从上式可以看出，相比于原始信号，第 i 路多径信号的相位变化量为

$$\phi_n(t) = 2\pi f_c \tau_n(t) - \phi_{D_n}(t)$$

将 $\phi_n(t)$ 代入 $r(t)$ 的表达式，有

$$r(t) = \text{Re}\left\{\left[\sum_{n=0}^{N(t)} \alpha_n(t) e^{-j\phi_n(t)} u(t-\tau_n(t))\right] e^{j2\pi f_c t}\right\}$$

上式可以转换成输入信号和信道响应相互卷积的形式：

$$r(t) = \text{Re}\left\{\left[\sum_{n=0}^{N(t)} \alpha_n(t) e^{-j\phi_n(t)} u(t-\tau_n(t))\right] e^{j2\pi f_c t}\right\}$$

$$= \text{Re}\left\{\left[\sum_{n=0}^{N(t)} \alpha_n(t) e^{-j\phi_n(t)} \left(\int_{-\infty}^{\infty} \delta(\tau-\tau_n(t)) u(t-\tau) d\tau\right)\right] e^{j2\pi f_c t}\right\}$$

$$= \text{Re}\left\{\left[\int_{-\infty}^{\infty} \sum_{n=0}^{N(t)} \alpha_n(t) e^{-j\phi_n(t)} \delta(\tau-\tau_n(t)) u(t-\tau) d\tau\right] e^{j2\pi f_c t}\right\}$$

$$= \text{Re}\left\{\left[\int_{-\infty}^{\infty} c(\tau,t) u(t-\tau) d\tau\right] e^{j2\pi f_c(t)}\right\}$$

直观地来理解一下上面的卷积形式的接收信号：对于任意的发射时刻 $(t-\tau)$，都有可能对 t 时刻的接收信号产生贡献。但是究竟是哪几个时刻发射信号会产生贡献，又会产生什么样的贡献呢？$c(\tau,t)$ 回答了这个问题，通过与 $c(\tau,t)$ 卷积，确定了发射时刻和接收时刻的时间差等于路径传输时延的信号，并赋予了幅度衰减和相位变化。$c(\tau,t)$ 表示"$t-\tau$ 时刻发出的信号并在时刻 t 收到"这一过程对应的信道系数。$c(\tau,t)$ 体现了时变信道的两个特点：①通信时间不同（t 不同），对应信道状态不同；②传播时延不同（τ 不同），对应信道状态不同。

在最简化的情况下，信道响应 $c(\tau,t)$ 不随时间发生变化，这样一来信道响应就只与多径时延有关，即

$$c(\tau) = \sum_{n=0}^{N} \alpha_n e^{-j\phi_n} \delta(\tau-\tau_n)$$

4.3.2 多径衰落模型

在介绍多径衰落模型之前，先回顾一下多径时延扩展的定义：维基百科对多径时延扩展的定义是最长多径路径与最短多径路径之间的传播时间差，即上文使用的第一个到达的信号和最后一个到达的信号时间之差。根据多径时延扩展不同，可以将多径衰落模型分为窄带衰落和宽带衰落。图 4-11 形象地展示了窄带衰落和宽带衰落的差异，图 4-11 中，右上角是窄带衰落，右下角是宽带衰落。

窄带衰落：时延扩展远远小于发射信号带宽倒数 $\left(T_m \text{ 远小于 } \dfrac{1}{B}\right)$ 的信道引起的衰落叫

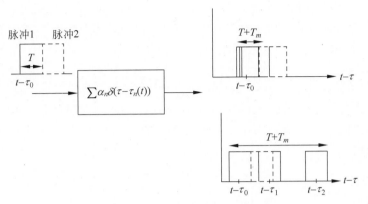

图 4-11 窄带衰落与宽带衰落示意

作窄带衰落。简单理解,由于基带的带宽和码元的周期有着千丝万缕的关系(通常码元周期是基带带宽倒数的整数倍),可以认为窄带衰落发生时,信号的时延扩展远远小于一个码元周期。在这种情况下,从不同路径到达的信号可以认为只有相位和振幅的差异,而调制内容包括频率完全相同,即 $u(t-\tau_i) \approx u(t)$。对于窄带衰落,接收信号可以表示为

$$r(t) = \mathrm{Re}\left\{u(t)\mathrm{e}^{\mathrm{j}2\pi f_c t}\left(\sum_{n=0}^{N(t)}\alpha_n(t)\mathrm{e}^{-\mathrm{j}\phi_n(t)}\right)\right\}$$

上式中,α_n 与路径损耗和阴影效应有关,是一个随机变量;相位 ϕ_n 受多普勒、时延、初相影响,也可以看作一个随机量。假设多径数量 $N(t)$ 足够大,则根据大数定理,系数 $\sum_{n=0}^{N(t)}\alpha_n(t)\mathrm{e}^{-\mathrm{j}\phi_n(t)}$ 可以看作一个随机过程(前提是直视路径不存在,否则 α_n 随机的假设不成立)。窄带衰落的最终结果为多径叠加后在时域上服从零均值高斯分布,即与噪声效果类似,当然这里的前提是多径数量足够多或多径系数 α_n 服从瑞利分布。

思考:single tone 是最常见的窄带信号,假设有一单频信号 $s(t) = \Re\{\mathrm{e}^{\mathrm{j}(2\pi f_c t+\phi_0)}\} = \cos(2\pi f_c t+\phi_0)$ 将在信道中传播,考虑以下问题:信号经信道传播到达接收端,不考虑 LoS,其余多径分量的叠加将产生怎样的结果?

接收端多径叠加信号可表示为 $r(t) = \Re\left\{\left(\sum_{n=0}^{N}\alpha_n(t)\mathrm{e}^{-\mathrm{j}\phi_n(t)}\right)\mathrm{e}^{\mathrm{j}2\pi f_c t}\right\}$,由欧拉公式 $\mathrm{e}^{\mathrm{j}\phi} = \cos(\phi) + \mathrm{j}\sin(\phi)$ 得:

$$r(t) = \Re\left\{\left[\sum_{n=0}^{N}\alpha_n(t)(\cos(\phi_n(t)) - \mathrm{j}\sin(\phi_n(t)))\right] \times [\cos(2\pi f_c t) + \mathrm{j}\sin(2\pi f_c t)]\right\}$$
$$= r_\mathrm{I}(t)\cos(2\pi f_c t) + r_\mathrm{Q}(t)\sin(2\pi f_c t)$$

这里的 Φ 与 t 有关,是考虑了多普勒效应。上式中的 $r_\mathrm{I}(t)$ 和 $r_\mathrm{Q}(t)$ 分别表示多径叠加系数(指不同多径相位和振幅的叠加)的 In Phase 和 Quadrature Phase 成分:

$$r_\mathrm{I}(t) = \sum_{n=1}^{N(t)}\alpha_n \times \cos(\phi_n(t))$$

$$r_\mathrm{Q}(t) = \sum_{n=1}^{N(t)}\alpha_n \times \sin(\phi_n(t))$$

当 N 趋向于无穷大时，根据中心极限定理，$r_I(t)$ 和 $r_Q(t)$ 分别服从零均值高斯分布。也就是说，多径叠加的结果在时域上服从零均值高斯分布，即与噪声效果类似，当然这里的前提是多径数量足够多或多径系数 α 服从瑞利分布。

宽带衰落：当 T_m 远小于 $\frac{1}{B}$ 这个条件不成立时，发射信号会在接收端产生很宽的时延扩展，这样会导致前一时刻的码元的时延扩展侵占后面码元的时间，从而对其他时刻的码元产生干扰，即码间串扰。消除码间串扰的办法有很多，例如，OFDM 中的循环前缀，感兴趣的读者可以自行了解。

4.3.3 多径测量

多径问题是很多困难的来源，如果没有多径，测距、定位等难度会极大降低甚至可以做到任意精度了。因此很多工作中，只提到最后测距、定位结果，而不提环境不讲多径情况，这样的结果本质上是没有意义的，可能效果好跟方法也没有关系。因此脱离环境物联网中方法的性能通常都是没有意义的，大家在看各种工作的时候，一定要看到本质。本节介绍如何测量多径信息，即测量多径信道中不同信号副本的到达时间和能量衰减。由于多径效应的存在，同一信号的不同副本在以不同延迟和衰减在接收端混叠。直观上看，为了准确地提取混叠信号中各信号副本的信息，可以令发送端传输一特定格式的信号 $x(t)$，然后在接收端使用 $x(t)$ 与收到的多径混叠信号 $y(t)$ 计算相关性。通过设计 $s(t)$ 的格式，可以使 $x(t)$ 只在与多径信号副本完全对齐时产生相关性波峰（线性调频连续波即为满足此要求的一种常用信号）。最后，通过提取 $x(t)$ 与 $y(t)$ 的相关性波峰，可分离并测量各多径信号分量。

上述多径测量方法是大家比较容易能够直观想到的方法，能够工作的前提是将收到信号 $y(t)$ 与原始信号 $x(t)$ 计算相关性后，可以准确地分离各相关性波峰。理想情况下，如果对 $x(t)$ 的信号长度不做限制，则当 $x(t)$ 与 $y(t)$ 中信号副本完全对齐时可产生一无限窄的相关性波峰，$y(t)$ 中任意两个信号副本的相关性波峰互不影响。但实际上，由于 $y(t)$ 的持续时间并非无限长，通过相关性计算后得到的是具有一定宽度的波峰（大家可以尝试一下，这就是理想中的方法和实际效果的差异），由此 $y(t)$ 计算相关性过程中波峰可能互相重叠，甚至无法区分。

另外，SIGCOMM'16 的工作 R2F2 提出通过测量接收信号中不同多径副本的到达角来区分不同多径信号。如图 4-12 所示，信号经过不同传播路径到达接收端通常产生不同的入射角。

R2F2 提出使用多天线接收端，通过分析不同天线接收信号的差异，准确提取多径信号分量的到达角。R2F2 的优势在于，尽管不同多径信号的到达时间差异非常微小，但它们的到达角可能存在明显差别，由此相比于直接对接收信号计算相关分离多径，R2F2 可以更好地提取不同多径信号之间的差异。但 R2F2 在实现过程中仍然面临许多挑战，其中最核心的挑战在于如何在接收端有限的天线数量下，尽可能精确地分离不同多径信号的到达角。R2F2 提出了一种基于最优化波峰拟合的方法，迭代地优化各波峰

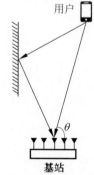

图 4-12 多径到达角示意

参数,从而尽可能精确地恢复不同到达角方向上的波峰。

4.4 案例:信道模拟与测量

4.4.1 信道衰落模拟

电磁波在空间的传播过程中存在能量衰减。在自由空间中,信号没有散射、折射、反射等导致能量损失的情况。因此在通信系统中得到系统的损耗表达式为

$$L_f = \frac{P_t}{P_r} = \left(\frac{4\pi d}{\lambda}\right)^2 G_t G_r$$

其中,λ 为信号传输波长;P_t 与 P_r 分别为发射端和接收端的功率;d 表示信号发射端与接收端之间的距离;G_t 与 G_r 分别是发射端和接收端的天线增益。根据上式,在已知信号的发射功率、传播距离、天线增益和信号波长的情况下,可以对接收信号的强度及衰落情况进行估计。

```
% ----------- Parameters Setting -------------
LightSpeedC = 3e8;
BlueTooth = 2400 * 1000000; % hz
Zigbee = 915.0e6; % hz
Freq = BlueTooth;
TXAntennaGain = 1; % db
RXAntennaGain = 1; % db
PTx = 0.001; % watt
sigma = 6; % Sigma from 6 to 12  % Principles of communication systems simulation with wireless
application P.548
mean = 0;
PathLossExponent = 2; % Line Of sight

% ------------ FRIIS Equation --------------
% Friis free space propagation model:
%         Pt * Gt * Gr * (Wavelength^2)
% Pr = --------------------------
%         (4 * pi * d)^2 * L

pr_set = [];
for Dref = 0:1:1000
    Wavelength = LightSpeedC/Freq;
    PTxdBm = 10 * log10(PTx * 1000);
    M = Wavelength / (4 * pi * Dref);
    Pr0 = PTxdBm + TXAntennaGain + RXAntennaGain - (20 * log10(1/M));
    pr_set = [pr_set, Pr0];
end

figure;
fg = plot(pr_set);
set(fg,'Linewidth',2);
ylabel('RX Power (dBm)');
```

```
xlabel('Distance (m)');
grid on;
set(gca, 'XMinorGrid','on');
set(gca, 'YMinorGrid','on');

set(gcf, 'position', [600 500 500 320]);
set(gca, 'FontSize', 18, 'FontName', 'Arial', 'FontWeight', 'normal ');
```

考虑噪声对信道中传输信号的影响,可以在接收到信号的基础上叠加高斯噪声。

```
% log normal shadowing radio propagation model:
% Pr0 = friss(d0)
% Pr(db) = Pr0(db) - 10 * n * log(d/d0) + X0
% where X0 is a Gaussian random variable with zero mean and a variance in db
%       Pt * Gt * Gr * (lambda^2)   d0^passlossExp  (X0/10)
% Pr = --------------------------- * ---------------- * 10
%       (4 * pi * d0)^2 * L          d^passlossExp
% get power loss by adding a log-normal random variable (shadowing)
% the power loss is relative to that at reference distance d0
% reset rand does influcence random
rstate = randn('state');
randn('state', DistanceMsr);
% GaussRandom = normrnd(0,6)       % mean + randn * sigma; % Help on randn
GaussRandom = (randn * 0.1 + 0);
% disp(GaussRandom);
Pr = Pr0 - (10 * PathLossExponent * log10(DistanceMsr/Dref)) + GaussRandom;
randn('state', rstate);
```

最终在接收端收到的信号强度与传播距离的关系如图 4-13 所示。

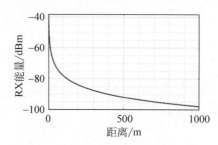

图 4-13　自由空间衰落模型仿真

4.4.2　多径模拟

无线信号经过两条以上的路径抵达接收天线,在接收端信号会叠加到一起。大气层对电波的散射、电离层对电波的反射和折射,以及山峦、建筑等地表物体对电波的反射都会造成多径传播。

在模拟多径信号时,可以根据不同多径的传播延迟,计算各传播路径上信号的能量衰减及相位变化。

```
function sout = sim_multi_path(sig, delay, Fs)
    ts = 1 / Fs;

    % attenuation
    d = delay * 3e8;
    f = 470e6;
    PL = -147.56 + 20 * log10(d * f);
    att = sqrt(10.^(-PL/10));
    att = att * 1e4;

    fprintf('Attenuation:');
    for a = att
        fprintf(', %.6f', a);
    end
    fprintf('\n');
    % interp
    factor = 100;
    sig = interp(sig, factor);
    its = ts / factor;

    % delay taps
    taps = round(delay / its);

    fprintf('Delay(taps of %d):',factor);
    for i = taps
        fprintf(', %d', i);
    end
    fprintf('\n');
    sout = [zeros(1, length(sig) + max(taps))];
    for i = 1:length(delay)
        sout(1:taps(i) + length(sig)) = sout(1:taps(i) + length(sig)) + att(i) * [zeros(1, taps(i)), sig * exp(1i * 2 * pi * rand)];
    end
    sout = sout(1:factor:end);
end
```

以下代码为调用上述多径生成函数模拟多径效应的影响,多径叠加仿真结果如图 4-14 所示。

```
% generate multi-path signal
Fs = 1e6;                        % sample rate
t = 0:1/Fs:0.1;                  % time
symb = exp(1i * 2 * pi * 13e3 * t);

delay = [1e3, 1.3e3, 1.5e3] / 3e8;
msymb = sim_multi_path(symb, delay, Fs);

snr = -10;
an = 1/10^(snr/20);
```

```
noise = an * randn(1, length(msymb));
msymb = msymb + noise;

figure; hold on
plot(real(symb));
plot(real(msymb));
```

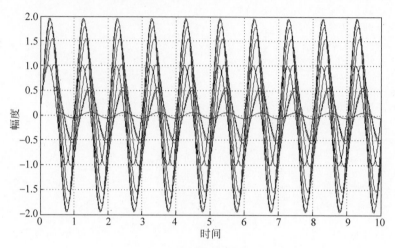

图 4-14　多径叠加仿真结果

4.4.3　衰落叠加综合

下面综合看传播路径衰落、遮挡、多径对接收信号的影响(图 4-15)。路径衰落造成的信号衰减是均匀、单调的；遮挡造成的衰减相对更快(和路径衰落对比)，呈现出断崖式下跌的情况；多径造成的衰减是快速变化的(由于频率高)，基本呈现零均值高斯分布。

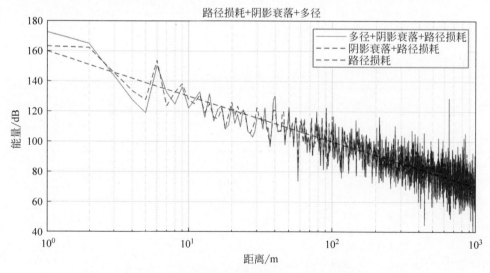

图 4-15　路径损耗、阴影衰落和窄带衰落的结合

参考文献

[1] YANG Z,ZHOU Z,LIU Y. From RSSI to CSI: Indoor localization via channel response[J]. ACM Computing Surveys,2013,46(2): 1-32.
[2] XIE Y,LI Z,LI M. Precise power delay profiling with commodity WiFi[J]. IEEE Transactions on Mobile Computing,2019,18(6): 1342-1355.
[3] Communication channel[EB/OL]. https://en.wikipedia.org/wiki/Communication_channel.
[4] Multipath propagation[EB/OL]. https://en.wikipedia.org/wiki/Multipath_propagation.
[5] Fading[EB/OL]. https://en.wikipedia.org/wiki/Fading.
[6] Channel state information[EB/OL]. https://en.wikipedia.org/wiki/Channel_state_information.
[7] GOLDSMITH A. Wireless communications[M]. Cambridge University Press,2005.

第5章 物联网信号噪声处理

5.1 数字滤波器简介

在数字信号处理的广阔领域中,"滤波"不仅是一个历史悠久的概念,更是一个经典且核心的话题。设计和优化滤波器是该领域的一个关键研究方向。在物联网系统中,滤波技术发挥着至关重要的作用,无论是感知还是通信信号处理,滤波都是其基础。本章将向读者展示滤波器的基本理论和功能,特别强调理解不同类型滤波器的特性及其适用性,以便根据具体的应用需求选择最合适的滤波器,以满足物联网实际应用和研究的广泛需求。在介绍过程中,将采用一些通俗易懂的语言来简化理解。

滤波技术主要分为模拟滤波和数字滤波两大类。模拟滤波涉及对实际物理信号的处理,通过电路设计直接对信号进行频率处理,目的是滤除特定频率范围之外的信号。例如,利用电阻、电容和电感构成的 RLC 电路,可以有效地过滤掉某些信号成分。而数字滤波则是对经过采样和量化的数字信号进行处理。在现实的通信系统中,通常结合使用模拟滤波和数字滤波,以实现更优的滤波效果。由于篇幅限制,本书将不深入介绍模拟滤波。

数字滤波器的功能简单来说就是对特定频率的信号做处理,一般情况下可以用于下面两个重要场景:信号恢复和信号分离。信号恢复指的是滤波器能够对失真的信号进行修正,恢复其原始波形特征。例如,在处理由低质量录音设备采集的音频信号时,数字滤波器可以去除噪声或直流干扰,使滤波后的信号更接近原始声音。信号分离则是指滤波器能够从混杂、干扰或噪声中提取出目标信号。例如,在胎儿心电图检测中,心电信号同时包含胎儿和母体的心跳特征,数字滤波器可以将胎儿的信号与母体的信号分离,实现信号的有效分离。

5.2 滑动平均滤波器

5.2.1 简介

为了理解滤波器,本章以大家最常用的滑动平均滤波器为例进行说明。滑动平均是大家在处理数据中经常用到的操作,其实滑动平均这个操作就是一个经典的滤波器,能够感受到通过滑动平均数据变平滑了。如果滑动平均是一个滤波器,大家可以先来思考两个问题:①滑动平均是低通还是高通滤波器,为什么?②滑动平均是否是一个很好的滤波器,为什么?

直观上来看,滑动平均滤波器非常适合用于减少随机噪声,同时保持清晰的阶跃响应,这使其成为时域编码信号的首选滤波器。但是从频域看,滑动平均滤波器是对频域编码信号最不友好的滤波器,它几乎没有能力将一个频带与另一个频带分开。由滑动平均滤波器发展来的滤波器还包括高斯滤波、布莱克曼滤波和多次滑动平均滤波,这些改进的滑动平均滤波器在频域中具有稍好的性能。

5.2.2 滑动平均的卷积实现

说起滑动平均,大家应该都很熟悉,这种利用滑动窗口计算数据集中不同子集平均数的数据分析方法,广泛应用在数据分析和财务统计中。例如,利用滑动平均分析股票价格、交易量、研究国内生产总值、就业或其他宏观经济时间序列等,滑动平均的主要特点是可以消除短期波动,突出长期趋势或周期。接下来将通过一个实际的例子,带领大家回顾滑动平均的实现过程。

考虑一组长度有限的非零输入,滑动平均滤波器首先确定一个长度固定的滑动窗口。以表5-1中的数据为例,使用一个长度为5的滑动窗口,计算某桥梁在5min的跨度内,每分钟通过汽车数量的平均值。表5-1的第二列是每分钟实际通过汽车数,滑动平均操作从第5个数开始,计算这个数与其前4个数的平均值(如表5-1第三列的27),该平均值就是滑动平均算法的第一个输出。然后移动滑动窗口,计算下一个数与其前4个数的平均值(如表5-1第三列的第二个输出40.4)。以此类推,直至所有输入的数都参与过平均值计算。

表 5-1 滑动平均法计算示例

序 号	过去1min通过汽车数量/辆	过去5min平均通过汽车数量/辆
1	10	—
2	22	—
3	24	—
4	42	—
5	37	27
6	77	40.4
7	89	53.8
8	22	53.4
9	63	57.6
10	9	52

可以使用MATLAB的movmean()函数用于计算滑动平均:

$M = \text{movmean}(A, k)$ 返回由局部 k 个数据点的均值组成的数组,其中每个均值是基于 A 的相邻元素的长度为 k 的移动窗口计算得出。当 k 为奇数时,窗口以当前位置的元素为中心。当 k 为偶数时,窗口以当前元素及其前一个元素为中心。当没有足够的元素填满窗口时,窗口将自动在端点处截断。当窗口被截断时,只根据窗口内的元素计算平均值。M 与 A 的大小相同。

movmean()的第 n 个输出对应的窗口默认以第 n 个输入为中心,当然,也可以指定第 n

个窗口在输入序列中的具体位置。例如，$M=\text{movmean}(A,[k_b\ k_f])$ 通过长度为 k_b+k_f+1 的窗口计算均值，其中包括当前位置的元素、后面的 k_b 个元素和前面的 k_f 个元素。下面展示利用 movmean() 函数计算车辆数量滑动平均的代码：

```
% computes a moving average by sliding a window of length len_win.
din = [10 22 24 42 37 77 89 22 63 9 0 0 0 0];
len_win = 5;
dout = movmean(din,len_win);
% the kth output uses the kth input as the center of the window
dout = dout(ceil(len_win/2):end);
disp(dout);
% Display the Result of Slide Average
figure; hold on
plot(len_win + (0:length(dout) - 1),dout,'- o','LineWidth',1.5,'Color', 'k');
plot(1:length(din),din,'- ^','LineWidth',1.5);
xlim([1 len_win + length(dout) - 1]);
legend('Filtered', 'Original');
set(gcf, 'Position', [800 800 550 300]);
xlabel('Time');
ylabel('Number of Cars');
set(gca, 'FontSize', 16);
box on
```

使用滑动窗口计算平均的结果如图 5-1 所示，在输入数据中原本存在许多突变的点，这些点在滑动平均操作后都变得更加平滑了。

在上面的这个例子中，直到输入前 5 个点后，滑动窗口才在时刻 5 输出了第一个滑动平均的结果，即

$$y_{\text{avg}}(5) = \frac{1}{5}[x(1) + x(2) + x(3) + x(4) + x(5)]$$

图 5-1 滑动窗口计算平均的结果

对于更一般的情况，时刻 n 的输出 $y_{\text{avg}}(n)$，可以将其表示为

$$y_{\text{avg}}(n) = \frac{1}{5}[x(n-4) + x(n-3) + x(n-2) + x(n-1) + x(n)] = \frac{1}{5}\sum_{k=n-4}^{n} x(k)$$

从上式可以看出，每个滑动窗口内的平均计算可以理解为对窗口内所有输入值求和后再除以窗口长度，如图 5-2 所示。

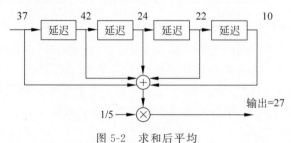

图 5-2 求和后平均

如果根据乘法分配律，将乘系数的操作移到求和之前，在滑动窗口内的平均计算就变成了对输入数据的加权求和，如图 5-3 所示。只不过在这个例子中，所有输入的权重都是相同的$\left(即\frac{1}{5}\right)$。

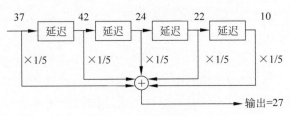

图 5-3　加权求和

显然，上述滑动平均的过程本质上等同于一个卷积运算，其卷积核为一个简单的矩形脉冲，即[1/5,1/5,1/5,1/5,1/5]。

5.2.3　噪声抑制与窗口选择

仅从滑动平均滤波器的实现方法看，也许很多人会质疑它的实际效果，因为它的实现实在是过于简单。但正因为滑动平均滤波器实现非常简单，它通常是遇到问题时首先要尝试的方法。事实上，滑动平均滤波器不仅对许多应用非常有效，而且对于一些常见问题，它的滤波效果是可以的——它可以减少随机白噪声，同时保持清晰的阶跃响应。

在使用滑动平均滤波器时，最关键的参数是滑动窗口的大小，也就是使用矩形函数作为卷积核时，卷积核的长度。下面用一个实际的 MATLAB 例子向大家展示使用不同长度的滑动窗口对滑动平均效果的影响。

```
x = randn(1,500) * 0.2 + [zeros(1,200), ones(1,100), zeros(1,200)];
figure;
    plot(x,'k','LineWidth',1.5);
    xlabel('Sample number');
    ylabel('Amplitude');
    set(gca, 'FontSize', 16);
    ylim([-1 2]);
    box on
    grid on

y1 = movmean(x,11);
figure;
    plot(y1, 'k','LineWidth',1.5);
    xlabel('Sample number');
    ylabel('Amplitude');
    set(gca, 'FontSize', 16);
    ylim([-1 2]);
    box on
    grid on

y1 = movmean(x,51);
figure;
    plot(y1, 'k','LineWidth',1.5);
```

```
xlabel('Sample number');
ylabel('Amplitude');
set(gca, 'FontSize', 16);
ylim([-1 2]);
box on
grid on
```

原信号及滤波后的信号如图 5-4 所示,图 5-4(a)中的信号是埋在随机噪声中的脉冲,在图 5-4(b)和图 5-4(c)中,滑动平均滤波器的平滑作用减小了随机噪声的幅度(优点),但也降低了边缘的清晰度(缺点)。可以看到滑动窗口选择得越长,随机噪声抑制效果越好,但对应的边缘清晰度(阶跃响应的过渡速度)也越差。尽管如此,相比于所有其他可能使用的线性滤波器,当给定最低需要满足的边缘清晰度时,滑动平均滤波器对随机噪声的抑制效果是很好的。

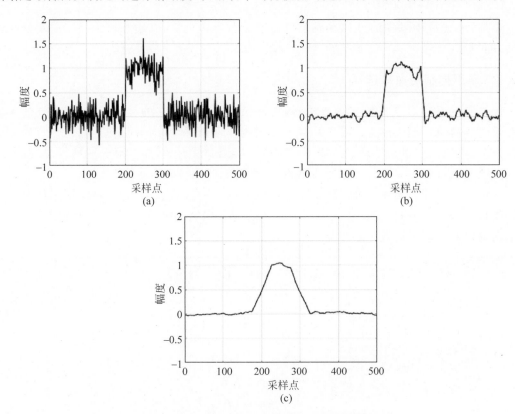

图 5-4 选择不同滑动窗口时滑动平均滤波器效果
(a) 原始信号;(b) 11-点滑动平均;(c) 51-点滑动平均

5.2.4 频率响应

之前说过,滑动平均在时域上可以提供很好的随机噪声抑制效果,那它的性能到底怎么样呢?要回答这一问题,需要从频域来仔细看看,滑动平均滤波器在频带分离任务上表现非常糟糕。先用一个 MATLAB 的仿真实例来观察滑动平均滤波器的频域响应:

```
% % Impulse Response of moving average filter
% Generating Impulse
```

```
din = zeros(1,1e4);
din(5e3) = 1;

% Impulse Response of moving average filter
dout = movmean(din,3);
z = fft(dout,100 * length(dout));
figure; hold on
    plot(abs(z),'k','LineWidth',1.5);

dout = movmean(din,11);
z = fft(dout,100 * length(dout));
    plot(abs(z),'--k','LineWidth', 1.5,'Color','#708090');

dout = movmean(din,31);
z = fft(dout,100 * length(dout));
    plot(abs(z),'-.k','LineWidth', 1.5,'Color', '#2F4F4F');

xlabel('Frequency');
ylabel('Amplitude');
xlim([0 0.5 * numel(z)]);
set(gca, 'FontSize', 16);
legend('3 point', '11 point', '31 point');
grid on
box on
```

图 5-5 展示了使用不同长度滑动窗口的滑动平均滤波器的频率响应曲线。大家可以先试着回答一个问题,滑动平均在频域上的性能是不是好。可以看到滑动平均的频域响应具有以下特点:滑动平均抑制了高频的信号,只留下了较多的低频的信号,从这个角度来说滑动平均是低通滤波器。随着滑动窗口长度的增加,能够通过的频率越来越少,通带带宽逐渐变窄,阻带抑制逐渐增强。这与实际使用滑动平均滤波器的效果相一致,取的时域窗口越长,噪声抑制效果也是越好。此外,除了左侧通过的频率之外,可以看到滑动平均滤波器均具有较长的过渡带,即右侧小的

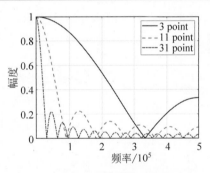

图 5-5 滑动平均滤波器的频率响应
滑动平均滤波器的过渡带较长,且阻带抑制较差,因此它是一个不太好的低通滤波器

波峰,这意味着这些频率区间内的信号不会被完全滤除,仍然会有很多残留,从这一点可以判断滑动平均在频域表现并不太好。

事实上,已知时域上的卷积等于频域上的乘积,反过来时域上的乘积等于频域上的卷积。所以要看滑动平均的滤波器的频率响应,首先要注意到滑动平均滤波器相当于将信号与一个矩形窗口做卷积(例如,[1/5,1/5,1/5,1/5,1/5])。因此要计算滑动平均滤波的频率响应,先计算矩形窗频域情况(通过快速傅里叶变换),然后就可以知道滑动平均滤波对频率的影响了。不难计算出来,滑动平均滤波器的频域响应为

$$H[f] = \frac{\sin(\pi f M)}{M \sin(\pi f)}$$

结合傅里叶变换那一节内容,思考这个公式是如何计算出来的。

$H[f]$ 的形式与 sinc 函数一致,其特点是过渡带滚降缓慢、阻带抑制不明显。因此,单纯使用滑动平均滤波无法将一个频带与另一个频带分开。简而言之,滑动平均滤波器可以非常好地起到平滑效果(时域中的作用),但是并不意味着它在频域上是一个好的低通滤波器(频域中的作用)。

考虑差异性的信号特征和多样化的应用需求,不存在一个通用的完美滤波器可以"放之四海而皆准"满足所有应用的需求。滑动平均滤波可以适用于大部分时域信号恢复场景,但其实际频域的效果则不尽如人意,无法有效分离多个不同频率信号。那么这里就留下了两个问题,第一就是如何量化衡量一个滤波器的好坏,第二就是既然滑动平均滤波器低通的效果不是很理想,那么如何设计一个较好的低通滤波器乃至一般的滤波器。

5.2.5 频域参数

首先,来看如何衡量一个滤波器的好坏质量。从频域上看,滤波器的作用是允许某些频率的信号无失真地通过,而完全阻塞另一些频率的信号。对理想数字滤波器而言,通带指频率响应等于 1 的频率范围,此频率范围内的信号可以无失真地通过滤波器;阻带指频率响应等于 0 的频率范围,此频率范围的信号被完全阻止。在实际的滤波器实现中,通常无法实现对阻带信号的完全抑制,传统模拟滤波器中将截止频率定义为振幅减小到 70.7%(即 -3dB)的地方,数字滤波器中有时也会看到将信号衰减 99%、90%、70.7% 或 50% 的幅度水平定义为截止频率。此外,实际滤波器在通带和阻带频率之间通常还有一个过渡带,过渡带频率内的信号衰减介于通带和阻带之间。根据允许通过信号频率的不同,将滤波器分为低通、高通、带通和带阻四种类型,如图 5-6 所示。

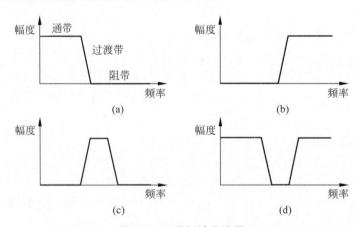

图 5-6 四种频域滤波器

(a) 低通滤波器;(b) 高通滤波器;(c) 带通滤波器;(d) 带阻滤波器

四种滤波器频域幅度特征分别如下:

(1) 低通滤波器:允许信号中的低频或直流分量通过,抑制高频分量或干扰和噪声。

(2) 高通滤波器:允许信号中的高频分量通过,抑制低频或直流分量。

(3) 带通滤波器:允许一定频段的信号通过,抑制低于或高于该频段的信号、干扰和噪声。

(4) 带阻滤波器:抑制一定频段内的信号,允许该频段以外的信号通过。

上述四种滤波器的共同特征是能够在频域分离不同频率的信号分量,在设计和选择滤波器时，需要考虑以下三个重要参数：

（1）滚降速度：为了分离间隔很近的频率，滤波器必须具有快速滚降，如图 5-7(b) 所示。

（2）通带纹波：为了使通带频率不改变地通过滤波器，必须尽可能抑制通带纹波，如图 5-7(d) 所示。

（3）阻带衰减：为了充分阻挡阻带频率，必须具有良好的阻带衰减，如图 5-7(f) 所示。

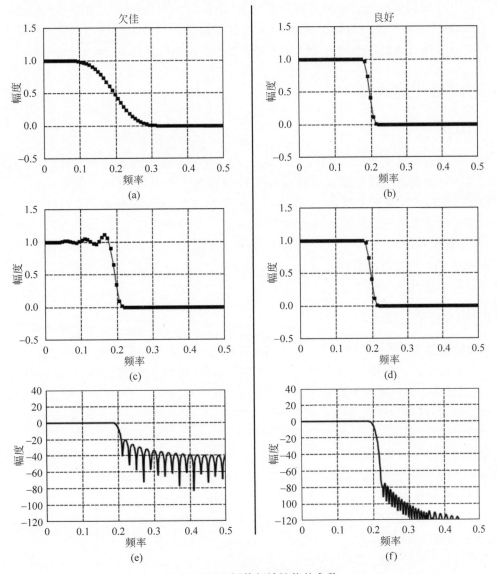

图 5-7　用于评估频域性能的参数

(a) 慢速滚降；(b) 快速滚降；(c) 通带波纹；(d) 通带(平)；(e) 欠佳阻带衰减；(f) 良好阻带衰减

所示的频率响应是针对低通滤波器的。三个重要参数如下：图 5-7(a) 和图 5-7(b) 所示的过渡带宽度，图 5-7(c) 和图 5-7(d) 所示的通带波纹，以及图 5-7(e) 和图 5-7(f) 所示的阻带衰减。

5.2.6 滤波器实现

数字滤波器可以通过卷积和递归两种方式实现。通过卷积实现的滤波器,由于卷积核长度有限,其冲击响应也具有有限长度,即当前时刻的输出取决于之前的有限输入,且对于脉冲输入信号的响应最终趋向于 0,因此基于卷积实现的数字滤波器也称为有限冲激响应滤波器或 FIR 滤波器。通过递归实现的滤波器,当前时刻的输出不仅取决于之前 N 个时刻的输入,还受之前更长时刻输出的影响(借助反馈链路),其冲击响应可以达到无限长,因此基于递归实现的滤波器也称为无限冲激响应滤波器或 IIR 滤波器。

5.3 FIR 数字滤波器

5.3.1 简介

有限冲激响应滤波器(finite impulse response)是数字滤波器的一种,简称 FIR 数字滤波器。这类滤波器对于脉冲输入信号的响应最终趋向于 0,即脉冲响应是有限的,因此得名。FIR 滤波器使用卷积实现,上文介绍的滑动平均属于一种特殊的 FIR 滤波器,其卷积核为最简单的矩形函数。在 5.2 节的内容中,介绍了滑动平均的主要目的是恢复时域信号波形,但受制于其糟糕的频域响应特性,滑动平均滤波器无法实现精准的频域信号分离。本节将介绍 FIR 滤波器的原理和设计方法,以及如何通过设计合适的 FIR 滤波器卷积核,实现不同频带信号的分离与恢复。

5.3.2 FIR 滤波器设计

FIR 滤波器通过卷积实现,因此滤波器设计的核心是如何根据应用需求构造合适的卷积核(filter kernel)。对于时域滤波,矩形脉冲卷积核(即滑动平均)可以恢复时域信号波形,在很多情况下能满足时域滤波基本需求;而对于频域滤波,简单的矩形函数卷积核显然是不够用的,其频域响应无法满足频带分离的要求,因此本节的目标是探索如何根据应用需求,设计可以满足频域滤波需求的 FIR 卷积核。

假设要设计一个低通滤波器,用于分离信号中的低频分量。图 5-8 展示了理想低通滤波器的频域响应:对低于通带频率的信号,滤波器可以无失真地通过;而高于通带频率的信号,滤波器可以将其完全抑制,过渡带宽度等于 0。

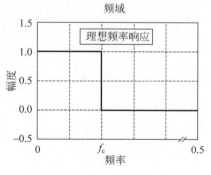

图 5-8 理想低通滤波器

看到这里,很多读者也许会疑惑,对给定信号做频域滤波,为什么要通过卷积的形式?直接将信号变换到频域,然后将阻带对应的信号分量置为零不是更直接吗?事实上,在一些对处理时间要求不严格的应用场景中,这种做法也许是可行的。考虑在实际应用中,收集到的信号都是时域信号,需要先通过傅里叶变换将信号变换到频域,然后调整频域上不同频率处信号的能量,最后将调整后的信号通过逆傅里叶变换重新恢复到频域。在上述过程中,需要实现这样的滤波效果,相当于使用了无限长的卷积核,这在实际中是无法做到的;另外信号经历了从时域到频域再到时域的多次变换,计算过程复杂,当信号需要实时处理时,上述方法很难做到实时计算。由于频域相乘等价于时域卷积,因此在实现 FIR 滤波器时,通常的做法是设计时域的卷积核(滤波器内核),通过卷积的方式对时域信号直接进行滤波。下面介绍如何设计时域卷积核。

实际上,根据信号频域和时域的关系,以及卷积和信号频域的关系,可以对理想滤波器的频率响应进行傅里叶逆变换(IFFT),产生理想的滤波器内核(即滤波器的时域响应)。如图 5-9 所示,理想低通滤波器的时域脉冲响应曲线为 sinc 函数,通常形式为 $\sin x/x$,具体表达式如下:

$$h[i] = \frac{\sin(2\pi f_c i)}{i\pi}$$

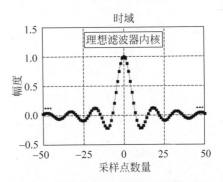

图 5-9　理想低通滤波器的时域脉冲响应

使用该滤波器内核对输入信号进行卷积可提供理想的低通滤波器。但问题是,sinc 函数分布范围从负无穷一直到正无穷,函数为无限长。虽然在数学形式上,这个无限长的滤波器内核没有问题,但对于实际信号处理,显然没有使用这么一个无限长的卷积核对信号进行卷积。

为了解决这个问题,可以对图 5-9 中的 sinc 函数做两方面的修改:首先,由于计算机能处理的信号点的数量是有限的,将理想低通滤波器的卷积核截断为 M 个点,在截断时围绕主瓣对称选择,其中 M 为偶数。这样的截断等价于将这些 M 个点之外的所有卷积核样本点都设置为零。将整个序列向右移动来表示过滤器内核,使其分布范围为从 0 到 M。经过这样处理之后的滤波器内核如图 5-10 所示。

基于这个内核与输入信号卷积实现低通滤波。那这个滤波器内核的滤波效果怎么样呢? 图 5-11 展示了这个截断后内核的频域响应曲线,可以看到由于在时域上对滤波器内核进行截断,其频域响应曲线与理想低通滤波器产生了区别:首先是通带信号的振幅发生明显波动,显著失真,而阻带信号的抑制效果也受到影响,存在能量泄露;其次,过渡带的宽度明显增大。各项指标相比于理想内核均表现不佳。

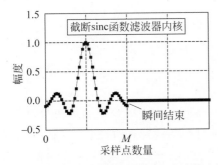

图 5-10　截断 sinc 函数得到低通滤波器内核

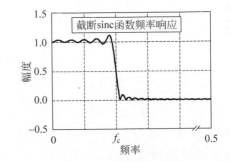

图 5-11　截断 sinc 函数后得到低通滤波器内核对应的频域响应曲线

上面的例子说明,理想滤波器的很多特性(如通带不失真、阻带全抑制、零过渡带)是我们期望的,但在实际应用中无法实现,理想和现实是存在差距的。需要通过各种方法使实际实现的滤波器性能尽可能与理想滤波器逼近。当然,除了截断标准 sinc 函数,也可以采取不同的其他的内核设计方法。下面将介绍几种滤波器内核优化方法,这些能够使实现的滤波器尽可能逼近理想滤波器的效果。

窗函数可以有效改善 FIR 滤波器的实际滤波效果。图 5-12(a)展示了布莱克曼窗函数曲线,通过将截断后滤波器内核与窗函数相乘,可以得到一个新的滤波器内核,如图 5-12(b)所示。

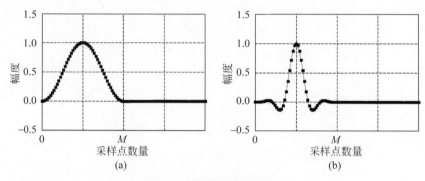

图 5-12　加窗后滤波器内核
(a) 布莱克曼或汉明窗;(b) 窗函数 sinc 滤波器内核

窗函数可以减缓滤波器内核末端的突变,从而改善频率响应。图 5-13 显示了窗函数对滤波器频域响应的改进。现在通带是平坦的,阻带衰减也变得更好。

事实上,为了优化滤波器的性能,科学家们设计了多种不同的窗函数供用户选择,其中大多数都以 20 世纪 50 年代初的开发者的名字命名。不同的窗函数具有不同的特点,例如,有的窗函数通带波动小,但过渡带较宽;有的窗函数过渡带极窄,但阻带抑制效果不好。在所有窗函数中,有两个在平时信号处理中经常使用,即汉明窗和布莱克曼窗,它们的表达式分别为

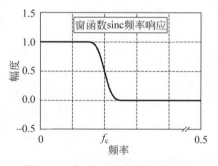

图 5-13　加窗后滤波器频域响应

$$w[i]=0.54-0.46\cos\frac{2\pi i}{M}$$

和

$$w[i]=0.42-0.5\cos\frac{2\pi i}{M}+0.08\cos\frac{4\pi i}{M}$$

图 5-14 展示了 $M=50$ 时这两个函数的形状。在实际应用中应该使用这两个窗函数中的哪个,其实是参数之间的权衡。如图 5-14 所示,汉明窗的滚降速度更快,然而,布莱克曼窗具有更好的阻带衰减。尽管在图 5-14 中看不明显,但布莱克曼窗的通带纹波仅为 0.02%,而汉明窗的通带纹波通常为 0.2%。很多情况下,布莱克曼窗是在信号处理时首先考虑的窗函数,因为与较差的阻带衰减相比,缓慢的滚降更容易处理。具体如何使用还需要根据实际情况来具体分析。

除了窗函数,滤波器内核的长度(即 M 的大小)同样影响滤波器的效果。图 5-15 展示

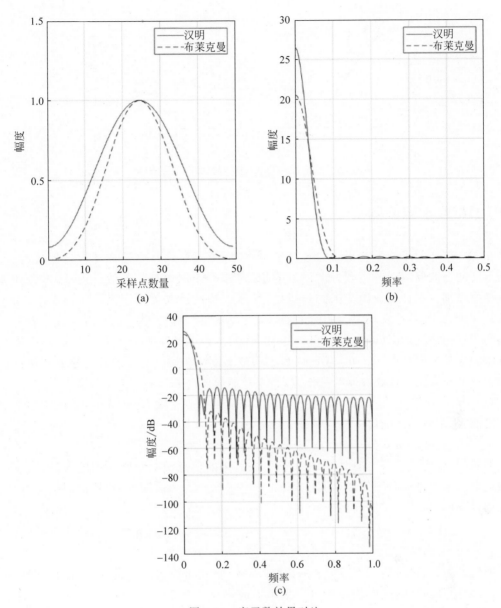

图 5-14 窗函数效果对比

(a) 布莱克曼和汉明窗；(b) 频率响应；(c) 频率响应(dB)

了不同长度的滤波器内核对频域滤波效果的影响。滤波器内核截取的采样点越多,其频域响应的过渡带越窄,对应的计算开销也越大。因此如何选择合适的滤波器内核长度是在实际应用中必须权衡的问题。大家要具体问题具体分析,多尝试看结果。有时候在做系统或者写论文时发现最后实验结果不好,很可能不是方法设计的问题,而是数据处理的细节做得不好,所以数据处理的细节大家一定要注意。

与低通滤波器类似,可以使用相同的方法得到高通滤波器、带通滤波器及带阻滤波器的滤波器内核,并通过选择合适的窗函数及滤波器内核长度优化其性能,实现定制化的滤波需求。

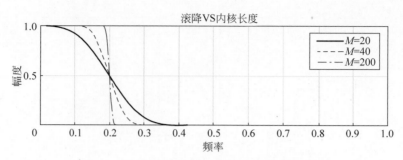

图 5-15　滤波器内核长度对滤波器效果的影响

5.4　IIR 数字滤波器

在 5.3 节介绍了基于卷积的 FIR 滤波器,实际上通过设计合适的滤波器内核,可以实现任意高的滤波要求。要实现好的滤波效果,意味着使用更长的滤波器内核,因此计算开销也相应增加。在计算资源受限的场景中,基于卷积的滤波器无法满足应用需求,为了解决这一问题,研究者们发现,使用递归滤波器可以获得长脉冲响应而无需执行长卷积。通过递归实现的滤波器,其冲击响应可以达到无限长,因此基于递归实现的滤波器也称为无限冲激响应滤波器(infinite impulse response)或 IIR 滤波器。基于递归的滤波器执行得非常快。本节将介绍 IIR 滤波器的工作方式,以及如何设计简单的 IIR 滤波器。

在 FIR 滤波器中,每一时刻的输出取决于之前的有限个输入,即时刻 n 的输出由时刻 n 及其之前 M 个时刻的输出信号与滤波器内核卷积得到,即

$$y[n]=a_0x[n]+a_1x[n-1]+a_2x[n-2]+a_3x[n-3]+\cdots$$

但实际上,为了计算当前时刻的输出,可以使用的信息源除了既往的输入信号,还可以调用输出信号在先前时刻的计算值,即 $y[n-1],y[n-2]\cdots$。因此,使用此附加信息,算法将采用以下形式:

$$y[n]=a_0x[n]+a_1x[n-1]+a_2x[n-2]+a_3x[n-3]+\cdots+\\b_1y[n-1]+b_2y[n-2]+b_3y[n-3]+\cdots$$

换句话说,通过将输入信号的值乘以"a"系数,将先前输出信号乘以"b"系数,并将乘积相加,可以计算输出信号中的每个点。由于当前输出依赖于过去的输出,形成一个递归的过程,因此上述公式又称为递归公式,使用该公式的滤波器称为递归滤波器,"a"和"b"值称为滤波器的递归系数。在实践中,通常使用十几个递归系数,更多的系数将使滤波器变得更加难稳定(例如,输出不断增加或振荡)。递归滤波器在工程实践中很有用,因为它们绕过了冗长的卷积。考虑该滤波器的脉冲响应时,输出通常是呈指数衰减的振荡。由于这种脉冲响应无限长,因此递归滤波器通常称为无限脉冲响应(IIR)滤波器。仔细分析也不难发现,当前任意一个时刻的输入信号会对未来无限长时间的滤波器输出产生影响,当然这个影响会随着时间的增长越来越小。

下面的代码展示了一阶 IIR 低通滤波器的实现示意,一阶 IIR 滤波器使用单个历史输出 $y[n-1]$ 计算当前 $y[n]$ 值。

```matlab
% % Impulse Response of single pole filter
% Generating Impulse
din = zeros(1,1e4);
din(5e3) = 1;

% IIR -- low pass
% Impulse Response
x = 0.9;
dout = din;
for i = 2:numel(din)
    a0 = 1 - x;
    b1 = x;
    dout(i) = a0 * din(i) + b1 * dout(i-1);
end
figure; hold on;
z = fft(dout,100 * length(dout));
    plot(abs(z),'-.k','LineWidth',1.5);

x = 0.7;
dout = din;
for i = 2:numel(din)
    a0 = 1 - x;
    b1 = x;
    dout(i) = a0 * din(i) + b1 * dout(i-1);
end
z = fft(dout,100 * length(dout));
    plot(abs(z),'--k','LineWidth',1.5);

x = 0.5;
dout = din;
for i = 2:numel(din)
    a0 = 1 - x;
    b1 = x;
    dout(i) = a0 * din(i) + b1 * dout(i-1);
end
z = fft(dout,100 * length(dout));
    plot(abs(z),'k','LineWidth',1.5);

xlabel('Frequency');
ylabel('Amplitude');
xlim([0 0.5 * numel(z)]);
ylim([0 1.2]);
set(gca,'FontSize',16);
legend('x = 0.9', 'x = 0.7', 'x = 0.5');
grid on;
box on;
```

图 5-16 展示了不同参数下一阶低通 IIR 低通滤波器的频域脉冲响应。一阶 IIR 滤波器的通带衰减、阻带抑制和过渡带宽度都和理想低通滤波器有较大差异,这是因为滤波器

阶数较低,对性能有较大制约。此外,在不同参数下,低通滤波器的通带带宽和阻带抑制效果都有明显的差异。

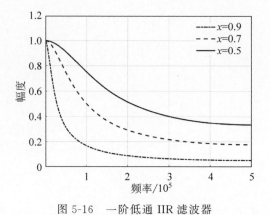

图 5-16　一阶低通 IIR 滤波器

下面的 MATLAB 代码展示了一阶高通 IIR 滤波器的实现方法。

```matlab
% % Impulse Response of single pole filter
% Generating Impulse
close all;
din = zeros(1,1e4);
din(5e3) = 1;

% IIR -- high pass
% Impulse Response
x = 0.9;
dout = din;
for i = 2:numel(din)
    a0 = (1+x)/2;
    a1 = -(1+x)/2;
    b1 = x;
    dout(i) = a0 * din(i) + a1 * din(i-1) + b1 * dout(i-1);
end
figure; hold on
z = fft(dout,100 * length(dout));
    plot(abs(z),'-.k','LineWidth',1.5);
x = 0.7;
dout = din;
for i = 2:numel(din)
    a0 = (1+x)/2;
    a1 = -(1+x)/2;
    b1 = x;
    dout(i) = a0 * din(i) + a1 * din(i-1) + b1 * dout(i-1);
end
z = fft(dout,100 * length(dout));
    plot(abs(z),'--k','LineWidth',1.5);

x = 0.5;
```

```
dout = din;
for i = 2:numel(din)
    a0 = (1 + x)/2;
    a1 = -(1 + x)/2;
    b1 = x;
    dout(i) = a0 * din(i) + a1 * din(i-1) + b1 * dout(i-1);
end
z = fft(dout,100 * length(dout));
    plot(abs(z),'k','LineWidth',1.5);

xlabel('Frequency');
ylabel('Amplitude');
xlim([0 0.5 * numel(z)]);
ylim([0 1.2]);
set(gca, 'FontSize', 16);
legend('x = 0.9', 'x = 0.7', 'x = 0.5');
grid on
box on
```

图 5-17 为不同参数下一阶高通 IIR 滤波器的频域响应,一般情况下参数 x 的值不得大于 1,否则可能出现滤波输出不收敛的情况。

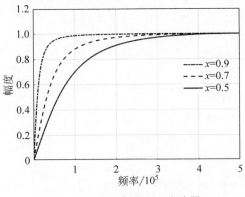

图 5-17 一阶高通 IIR 滤波器

使用上述实现的一阶 IIR 滤波器分离信号中的高频和低频分量的代码如下:

```
% % Time domain filter performance
close all;
t = 0:1/1e3:1;
x = sin(pi/3 + 2 * pi * 0.6 * t);
idx = 0.7:1/1e3:0.8;
x(round(idx * 1e3)) = 0.2 * sin(2 * pi * 100 * idx) + x(round(idx * 1e3));
figure;
plot(x,'k','LineWidth',1.5);

xlabel('Sample number');
ylabel('Amplitude');
xlim([0 numel(x)]);
```

```matlab
    ylim([-1.2 1.2]);
    set(gca,'FontSize',16);
    grid on
    box on

    din = x;
    x = 0.9;
    dout = din;
    for i = 2:numel(din)
        a0 = 1-x;
        b1 = x;
        dout(i) = a0 * din(i) + b1 * dout(i-1);
    end
    figure;
    % z = fft(dout,100 * length(dout));
    plot(dout,'k','LineWidth',1.5);
    xlabel('Sample number');
    ylabel('Amplitude');
    xlim([0 numel(din)]);
    ylim([-1.2 1.2]);
    set(gca,'FontSize',16);
    grid on
    box on

    x = 0.9;
    dout = din;
    for i = 2:numel(din)
        a0 = (1+x)/2;
        a1 = -(1+x)/2;
        b1 = x;
        dout(i) = a0 * din(i) + a1 * din(i-1) + b1 * dout(i-1);
    end
    figure;
    % z = fft(dout,100 * length(dout));
    plot(dout,'k','LineWidth',1.5);
    xlabel('Sample number');
    ylabel('Amplitude');
    xlim([0 numel(din)]);
    ylim([-1.2 1.2]);
    set(gca,'FontSize',16);
    grid on
    box on
```

从时域看,上面实现的低通和高通 IIR 滤波器效果如图 5-18 所示。图 5-18(a)为原始包含低频和高频分量的混合信号;图 5-18(b)为信号通过一阶低通 IIR 滤波器后的结果;图 5-18(c)为信号通过一阶高通 IIR 滤波器后的结果。可以看到一阶 IIR 滤波器可以一定程度地实现不同频率信号的分离,但距离理想频域滤波器效果还有相当大的差距。5.5 节将介绍更复杂的 IIR 滤波器设计,通过使用高阶滤波器输入和设计合适的滤波参数,可以实现更优的频域滤波效果。

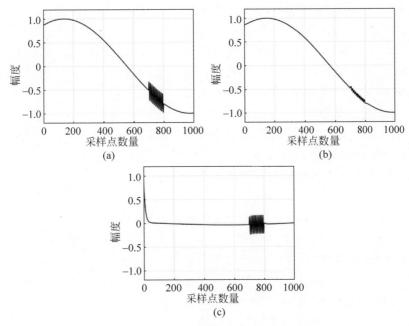

图 5-18　一阶 IIR 滤波器时域滤波效果

5.5　常见滤波器设计

本节将以切比雪夫（Chebyshev）滤波器为例，介绍高级 IIR 滤波器的使用方法。切比雪夫滤波器用于将一个频带与另一个频带分开。作为一种 IIR 滤波器，其最大的优点是计算开销低，对于大部分应用来说，其频域响应已经足够满足应用需求了。切比雪夫滤波器的计算速度通常比相同效果下基于卷积的 FIR 滤波器快一个数量级，这是因为它们是通过递归而不是卷积执行的。那么经常使用的滤波器，例如，在 MATLAB 中使用的滤波器如何来的？它们之间有什么差别？在实际应用中又应该如何选择呢？IIR 滤波器的高级设计基于 z 变换，本节将介绍切比雪夫等高级 IIR 滤波器的基本使用方法，不涉及对其数学理论的讨论和研究。来看看这些经常听到名字的滤波器如何在实际场景中使用。

5.5.1　滤波器频域响应

切比雪夫响应是一种通过允许频率响应中存在纹波来实现更快的过渡带衰减的数学策略。这些策略最早由俄罗斯数学家 Pafnuti Chebyshev 在其开发的切比雪夫多项式中提出。数学和工程都需要直觉，这位数学家就能够想到这么优美的一组系数实现好的滤波效果。使用这种数学策略实现的滤波器因此被命名为切比雪夫滤波器。图 5-19 展示了低通切比雪夫滤波器的频域响应：当允许的纹波比分别为 0%、0.5% 和 20% 时，切比雪夫滤波器的频域响应分别具有不同的过渡带衰减速度。允许的纹波比越大，过渡带衰减速度越快，所以在使用切比雪夫滤波器时需要在通带纹波比和过渡带衰减速度之间做权衡。

实际上，当纹波比设置为 0% 时，滤波器就退化成了巴特沃斯滤波器。上述切比雪夫滤波器只允许通带出现纹波，而阻带是完全平坦的。而实际上，当允许阻带也出现纹波时，滤波器的过渡带可以以更快的速度衰减。通常将前者称为Ⅰ型切比雪夫滤波器,后者称为Ⅱ型切比雪夫滤波器。另一类被称为椭圆滤波器的 IIR 滤波器也允许阻带存在纹波,椭圆滤波器在给定滤波器阶数的情况下提供了最快的过渡带衰减速度,但其设计起来要困难得多。

从上述介绍可以看出,不同的滤波器模型及不同的参数都会影响滤波器的滤波效果。下面介绍几个在滤波器设计和选择时通常需要考虑的频域响应参数:

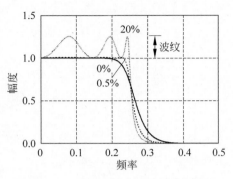

图 5-19 Ⅰ型切比雪夫滤波器频域响应

- 中心频率(center frequency):对于滤波器通带的频率 f_0,一般取 $f_0=(f_1+f_2)/2$,f_1、f_2 分别为带通或带阻滤波器左、右相对下降 1dB 或 3dB 边频点。窄带滤波器常以插损最小点为中心频率计算通带带宽。
- 截止频率(cutoff frequency):指低通滤波器的通带右边频点及高通滤波器的通带左边频点。通常以 1dB 或 3dB 相对损耗点为标准定义。
- 通带带宽:指需要通过的频谱宽度,BW=f_2-f_1。
- 插入损耗(insertion loss):由于滤波器的引入对电路中原有信号带来的衰耗,以中心或截止频率处损耗表征。
- 纹波(ripple):指截止频率范围内,随频率在损耗均值曲线基础上波动的峰值。
- 阻带抑制度:该指标越高说明对带外干扰信号抑制的越好。通常有两种提法:一种为要求对某一给定带外频率 f_s 抑制多少 dB,计算方法为 f_s 处衰减量;另一种为滤波器幅频响应与理想矩形接近程度的指标——矩形系数。滤波器阶数越多,矩形度越高——即 K 越接近理想值 1,制作难度当然也就越大。

也可以从图 5-20 中看出常见滤波器设计的一些参数。当然滤波器还有其他一些性能参数,如相位等,这里就不一一展开了。

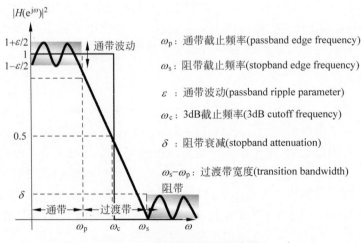

图 5-20 滤波器频域响应参数

对于经典的 IIR 滤波器,如巴特沃斯滤波器、切比雪夫滤波器、椭圆滤波器、贝塞尔滤波器等,不同滤波器分别有各自的特点,例如,巴特沃斯滤波器在通带内响应曲线极其平坦,而椭圆滤波器则旨在尽可能压缩过渡带的宽度。图 5-21 展示了几种常用滤波器的频域响应特性。

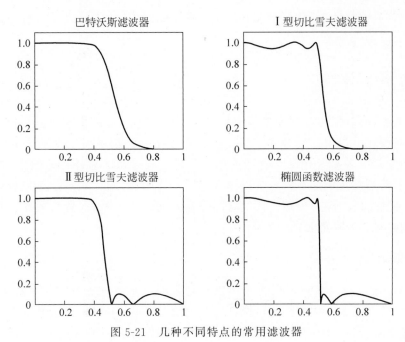

图 5-21　几种不同特点的常用滤波器

(1) 巴特沃斯滤波器

特点:通频带内的频率响应曲线最大限度平坦,没有起伏,而在阻频带则逐渐下降为零。

(2) 切比雪夫滤波器

特点:和理想滤波器的频率响应曲线之间的误差最小,但是在通带内存在幅度波动。和巴特沃斯滤波器相比,切比雪夫滤波器在过渡带衰减快,但频率响应的幅频特性不如前者平坦。

切比雪夫滤波器是在通带或阻带上频率响应幅度等纹波的滤波器。振幅特性在通带内是等波纹、在阻带内是单调的称为Ⅰ型切比雪夫滤波器;振幅特性在通带内是单调的、在阻带内是等纹波的称为Ⅱ型切比雪夫滤波器。采用何种形式的切比雪夫滤波器取决于实际用途。

(3) 椭圆滤波器

特点:在通带等纹波(阻带平坦或等纹波),阻带下降最快。

(4) 贝塞尔滤波器

特点:通带等纹波,阻带下降慢,即幅频特性的选频特性最差。但是,贝塞尔滤波器具有最佳的线性相位特性。

5.5.2 滤波器使用

理解上述滤波器设计过程需要具备较深入的数学基础知识。但实际上，对于大部分信号处理的应用来说，尤其是在课程上、在物联网研究过程中，并不需要从头开始学习这些原理（知道它们背后的数学原理对理解方法当然会有很大作用，还是要多花时间去看一下专门的书籍）。

5.6 案例：声音滤波

借助滤波器，可以保留或抑制信号中特定频率的内容。这是物联网信号处理中的常用也必不可少的操作。很多读者对这一部分基本概念有所了解，但是具体操作起来仍然比较陌生，尤其是之前很多读者并没有实际使用的经验。在理解了基本原理之后，展示使用滤波来处理真实信号的案例。本部分将以录音降噪程序为例，向大家展示如何设计并实现具有特定功能的数字滤波器。处理一段混有高频噪声的录音信号，通过低通滤波抑制噪声信号，从而达到给录音降噪的目的。

5.6.1 时域滤波

从时域看，通过滑动平均可以将高频噪声带来的毛刺波动尽可能地平滑，并保留低频信号的波形特征。滑动平均的主要可调整参数为窗口大小，下面将实现基于滑动平均信号整形，用于抑制录音信号中的噪声。滤波效果如图 5-22 所示。

```
clc; clear; close all; clear sound

% 载入录音信号
[xr,fs] = audioread('Music.mp3');
xr = xr(:,1)';
noise = 0.01 * rand(1, numel(xr));
noise = highpass(noise, 500, fs);
xr = xr + noise;
figure; subplot(3,1,1); plot(xr); title('原始时域信号');
box on; grid on;

nfft = 1e4;
t = (0:numel(xr)-1)/fs;
fidx = (0:nfft-1)/nfft * fs;

% 原始含噪信号频谱
z = fft(xr(1:nfft));
subplot(3,1,2); plot(fidx, abs(z));
grid on; box on;
title('原始含噪信号频谱');

% 滑动平均过滤高频噪声
mwin = 100;
```

```
xr = movmean(xr, mwin);

% 滤波后信号频谱
z = fft(xr(1:nfft));
subplot(3,1,3); plot(fidx, abs(z));
grid on; box on;
title('滤波后信号频谱');

sound(xr, fs);
```

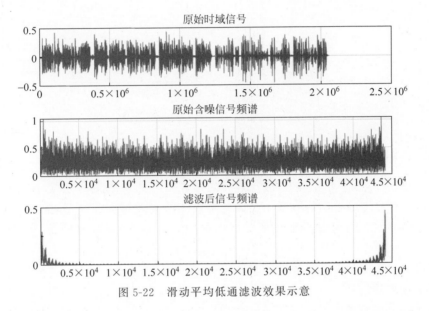

图 5-22　滑动平均低通滤波效果示意

可以看到,通过滑动平均,原始声波信号中的高频分量被明显抑制;但同时,有用声音所在频率(0～1kHz)的信号能量也产生了衰减。这是由于滑动平均滤波器在频域对通带内的信号也有所抑制。

接下来,调整滑动窗口长度(窗口长度等于 10、30、50、70),绘制不同窗口长度下滤波结果的频谱图,分析滑动窗口长度对滤波效果的影响(图 5-23)。

```
for mwin = [10,30,50,70]
    % 滑动平均过滤高频噪声
    xr = movmean(xr, mwin);

    % 滤波后信号频谱
    z = fft(xr(1:nfft));
    subplot(2,2,ceil(mwin/10/2)); plot(fidx, abs(z));
    grid on; box on;
    title(['滑动平均窗口大小 = ', num2str(mwin)]);
end
```

可以发现,滑动平均窗口越长,通带带宽越窄,对高频噪声的抑制效果越好;但同时,滑动窗口越长,也意味着通带内有用信号被抑制得越严重,失真越明显。

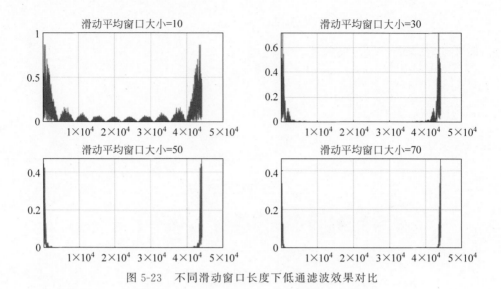

图 5-23　不同滑动窗口长度下低通滤波效果对比

5.6.2　带通滤波

在有些情况下,噪声的频率同时分布在高频区间和低频区间,只通过简单的低通或者高通都无法达到令人满意的降噪效果。因此希望能够实现对特定频带内的信号滤波,即带通滤波。带通滤波器能通过指定频率范围内的频率分量,同时尽量降低其他范围的频率分量。

下面将编写程序实现带通滤波,提取录音文件中频率范围分别在 17～18kHz 与 20～21kHz 两个频带的信号。

最直观的想法是通过信号下变频,先将目标频带的信号搬移到 0Hz 附近,然后使用低通滤波对目标频段外的信号进行抑制,如图 5-24 所示。

```
% parameters
filename = 'res2.wav';

% read data
[y, Fs] = audioread(filename);

fft_plot(y, Fs, length(y), 'without filter');

t = (0:numel(y) - 1) / Fs;
y = y .* cos(2 * pi * -17e3 * t);        % 下变频的方法
y = lowpass(y, 1e3, Fs);
```

思考:下变频的原理是什么?

当然 MATLAB 也提供了 bandpass 的带通滤波函数,供用户提取制定频带内的信号,其实现逻辑与上述代码类似。

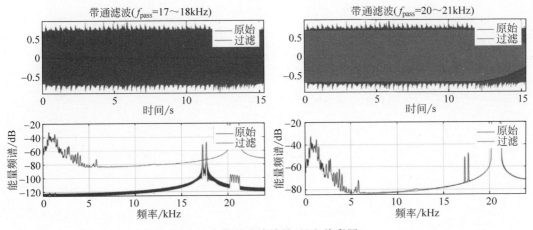

图 5-24 带通滤波效果(见文前彩图)

```
% parameters
filename = 'res2.wav';

% read data
[y, Fs] = audioread(filename);
fft_plot(y, Fs, length(y), 'without filter');

% bandpass
figure;
bandpass(y, [17000, 18000], Fs);
figure;
bandpass(y, [20000, 21000], Fs);

function fft_plot(y, Fs, NFFT, plot_title)
    fx = (0:NFFT - 1) * Fs/NFFT;
    ffty = fft(y, NFFT);
    m = abs(ffty);
    figure;
    plot(fx, m);
    title(plot_title);
    xlabel('f');
    ylabel('amplitude');
end
```

第二篇 物联网通信

第6章

数据调制和解调

6.1 调制解调介绍

无线通信过程是指从数据转化为无线信号,在接收端又由无线信号转化为数据的过程。一般包含如下几个步骤:编码、调制、传输、解调、解码,如图6-1所示。

在数据发送前,先对数据做一定的编码,用于数据的纠错检错等,例如,可以在其中加上循环校验码CRC、加上纠错码、使用格雷(Grey)码等。本节主要介绍调制和解调的过程。调制的过程是把编码后的信息(一般采用二进制串来表示)转换成需要发送的信号。解调的过程则相反,把接收到的信号转换成二进制串。

通俗来讲,要发送一个二进制串(如01011100),需要一个能够发送某种信号(例如,正弦波信号)的设备来实现。调制的过程就是怎样把二进制数据转换成信号(例如,可以通过调节参数改变正弦波的形状,或者将若干正弦波叠加在一起)发送出去。那么应该发送什么样的信号,或者说把发送的信号设计成什么样子,才能让对方知道发送的是01011100这个二进制串呢?

为了让接收方能够通过接收到的信号计算出发送方发送的二进制串,一个最朴素的想法是:用两个不同参数的正弦信号来分别代表"0"和"1",只要发送端和接收端事先约定好哪种信号代表哪个二进制符号,就可以区分发送的数据。为了使发送的正弦信号不同,先来观察图6-2中的正弦函数公式。

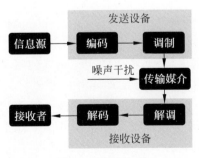

图6-1 通信过程

$$y(t) = A\sin(2\pi ft + \varphi)$$

amplitude frequency phase
幅度   频率   相位

图6-2 正弦信号的特征

可以看到,改变正弦函数的幅度、频率或者相位就可以生成不同的正弦信号。而幅度、频率、相位三个特征恰好对应了幅度调制、频率调制、相位调制三种调制方法。除此之外,还可以利用发送正弦信号的时间间隔等特征来利用信号表示二进制符号。

本章介绍调制解调的基本步骤和常见的几类调制解调方法。掌握这些方法后,就可以在代码层面上实现一个简单的无线通信系统。

6.2 幅度调制

幅度调制,简称调幅,也就是 amplitude-shift keying(ASK),是通过为信号设置不同的幅度来实现调制的调制方法。最简单的幅度调制是 on-off keying(OOK),这也是大家经常听到的一种数据调制形式,例如 RFID 的数据调制方法就是 OOK。简单来说,OOK 使用固定频率的信号代表"1",没有信号代表"0"。这种用来表示一个二进制数的信号称为码元,每种调制方式都有自己设定的一组码元,其中的每个码元都是一段互不相同的信号,代表不同的二进制数。在 OOK 中,共有 2 种码元,每个码元代表 1 位二进制数。在其他调制方式中,码元也可以代表多位二进制数。OOK 的两种码元的长度相同。图 6-3 是使用 OOK 调制的示意图。

从图 6-3 可以看出,发送数据"1"的时候是有信号的,发送数据"0"的时候是没有信号的,这样在接收端可以通过收到的信号来判断数据"0"和"1"。

思考:在接收端如何判断数据"0"和"1"。

如果要进一步提高幅度调制的效率,可以通过设置不同的振幅级别来实现,使得每个码元代表更多位数的二进制数,从而携带的信息更多,如图 6-4 所示。

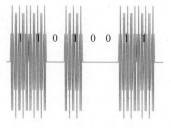

图 6-3　幅度调制

图 6-4　增加振幅级别可以提高编码效率

例如,图 6-4 中信号有 4 个不同的幅度,那么每一种幅度就可以对应两位 bit,因此同样的时间里信号就可以表示更多的位数。

采用不同的幅度会带来其他的影响。在幅度调制中,需要考虑的问题是要使得不同码元的幅度有足够大的区分度,否则解码时无法区分不同的幅度,在有噪声的情况下,不同的信号幅度可能变得更加难以区分。因此理论上来说,针对不同的噪声,应该设置不同的信号幅度来保证无线信号传输的效果。这也是为什么真实通信系统在不同的信噪比下有不同的最优发送速率。另外一点需要考虑的就是信道的特性。信道是否稳定,如果信道状态发生变化,可能减弱本来幅度较高的信号,导致解码错误。

声音信道就是一种比较容易变化的信道,周围反射环境的变化会使得信道出现明显变化。这种情况下可以通过缩短数据包的长度来折中处理。当数据包的长度足够短时,在这个数据包发送的过程中,声音信道的变化是比较小的。一般通信过程中,也假设一个数据包的传输过程中通信信道是基本保持不变的。

思考:信号经过信道传输之后,会发生强度的衰减。当接收端接收到信号时,信号幅度的绝对值已经发生了很大的改变。如何才能保证正确解码出信号中的数据?

6.3 频率调制

频率调制,简称调频,也就是 frequency-shift keying(FSK),使用的是不同的频率或不同的频率组合来调制不同的数据。最简单的频率调制也可以用类似频率上的 on-off keying(OOK)来表示,使用固定频率 $f \neq 0$ 的信号代表"1",用 $f=0$ 的信号代表"0"。一个自然的扩展是,可以使用多种不同的频率 $F=\{f_0,f_1,f_2,\cdots,f_n\}$ 来代表不同的数据。在使用的时候需要注意,不同频率之间的差异需要足够大,否则相近的频率可能会比较难以区分。

思考:相近的频率无法很好区分,在通信系统中可能会导致什么问题?

使用不同的频率组合进行调制可以大大提高编码的效率。当使用 6 种不同的频率进行单一频率调制时,最多只能产生 7 个码元:每个频率是一个码元,空白信号代表一个码元。

频率	f_1	f_2	f_3	f_4	f_5	f_6	空白
码元	f_1	f_2	f_3	f_4	f_5	f_6	空白

同样是 6 种不同的频率,若是使用两种频率的组合进行调制,就可以产生 $C_6^2+1=15+1=16$ 种码元(15 种频率组合,再加上一个空白信号码元)。

频率	f_2	f_3	f_4	f_5	f_6	空白
f_1	f_1,f_2	f_1,f_3	f_1,f_4	f_1,f_5	f_1,f_6	—
f_2	—	f_2,f_3	f_2,f_4	f_2,f_5	f_2,f_6	—
f_3	—	—	f_3,f_4	f_3,f_5	f_3,f_6	—
f_4	—	—	—	f_4,f_5	f_4,f_6	—
f_5	—	—	—	—	f_5,f_6	—
空白	—	—	—	—	—	空白

思考:如果采用这样的编码,如何对接收到的数据进行解码?

当然,即便是使用这样的方法来进行编码,编码的效率也是很低的,实际应用中很少直接采用这样的方法来进行编码和数据发送。

6.4 相位调制

相位调制,简称调相,也就是相位偏移键控(phase-shift keying,PSK),使用信号中不同的相位来调制数据。这个方法是相对没有那么直观的。根据使用的相位数量上的区别,相位调制又包括二相位偏移键控(binary PSK,BPSK)、四相位偏移键控(quadrature PSK,QPSK)和八相位偏移键控(8PSK)等。

相信大家或多或少听说过这些调制方法,但是要真正实现出来,涉及实现的种种细节,大家可能就未必熟悉了。本节希望能够通过这一部分的介绍,让大家能够完整地了解真实调制解调的过程。

在进行信号处理时，或者看到很多论文工作时，经常会听到 I 路和 Q 路的概念，这个概念对于初次接触的人可能会比较难懂。不光是通信的场景，在其他的应用，如定位等场景中也经常使用到这一概念，例如，在定位中经常用 I 和 Q 来计算相位从而计算距离等。

以 PSK 为例介绍 I 和 Q 的概念。为了生成不同信号的相位，最直接的方法是改变单路信号的相位，例如 $\sin(2\pi ft+\phi)$，其中 ϕ 就是信号的相位。可以生成一个具备不同相位的正弦波，利用这个正弦波来进行数据传输。

那么在一般的通信系统中如何来表示这一问题呢？为了更加一般化地理解这个过程，可以通过目前普遍使用 PSK 方法中的 I/Q 正交调制来说明。为了实现 PSK 调制，可以使用两路正交的信号分别编码两路数据。其中每路数据单独调制，并将两路信号直接相加，这样能生成任意相位的信号。

如何控制相加后信号的相位呢？通常选取正交的两路信号为 $\sin(2\pi ft)$ 和 $\cos(2\pi ft)$，通过改变正弦和余弦函数的幅度来得到相加后不同相位的信号。例如，$\frac{\sqrt{2}}{2}\sin(2\pi ft)+\frac{\sqrt{2}}{2}\cos(2\pi ft)=\sin\left(2\pi ft+\frac{\pi}{4}\right)$ 可以代表一个初相位为 $\frac{\pi}{4}$ 的信号，$\frac{\sqrt{2}}{2}\sin(2\pi ft)-\frac{\sqrt{2}}{2}\cos(2\pi ft)=\sin\left(2\pi ft-\frac{\pi}{4}\right)$ 可以代表一个初相位为 $-\frac{\pi}{4}$ 的信号。$\frac{\sqrt{2}}{2}$ 这个系数是为了相加后的信号幅度为 1。因此发现利用两路正交的信号，可以方便地控制生成信号的相位。这样发送端分别控制两路正交信号，最后实际达到的效果就是生成信号具有不同的相位。

剩下两个问题，如果收到一个信号，例如 $\sin\left(2\pi ft-\frac{\pi}{4}\right)$，如何来计算相位呢？如何根据计算出来的相位来编码信息呢？一个直接的方法就是不同的相位对应到不同的数据，例如，可以将相位分为 0、π/4、π/2、3π/4，分别代表 00、01、10、11 四个不同的比特序列，这样每一个相位就可以代表两个比特了。在信号传输过程中，为了让相位表示信息的方式更加直观，可以把 $\sin(2\pi ft)$ 的幅度作为横坐标，$\cos(2\pi ft)$ 的幅度作为纵坐标，就可以在一个平面直角坐标系中画出一个点，把一个 PSK 调制方法中所有的幅度组合都画在图中，则会得到一系列点，这个图像叫作该调制方法的星座映射图，或简称星座图。由于在 PSK 中，通常要求 I/Q 两路信号相加后的信号幅度为 1，所以 PSK 的星座图上所有的点都位于单位圆上。

从另外的一种角度来理解一下 I/Q 两路调制。在调制的过程中通常使用 $\sin(2\pi ft)$ 和 $\cos(2\pi ft)$ 同时调制信号，可以将这两路认为是 I 路和 Q 路信号。发送端可以在这两路信号上设置成不同的幅度的组合，那么接收端可以通过对信号组合进行分析，从而将数据解码出来。

这时的 I 和 Q 就对应到由 I 轴和 Q 轴组成的星座图上的一个点（这就是星座图的来源），以此来看，如果可以使用星座图上的任意 I 和 Q 组合（即星座图上的任意点）来编码数据，编码过程中使用的星座图上点的数量跟编码的 bit 数有直接关系。

（1）使用星座图上的 2 个点，每个点的位置对应的 IQ 组合编码就能编码 1 个比特，例如，BPSK 就属于这种形式。

（2）使用星座图上的 4 个点，每个点的位置对应的 IQ 组合编码就能编码 2 个比特，例如,QPSK。

(3) 使用星座图上的 8 个点,每个点的位置对应的 IQ 组合编码就能编码 3 个比特,例如,8PSK。

使用星座图上的 n 个点,每次能编码 $\log_2 n$ 个 bit。从理论上来说,这 n 个点都可以从接收到的信号中解码出来。当然在实际编码中不会任意选取,都会有规律的选取。

确定好点的位置后,就很容易得到编码的数据。例如,

(1) 在 BPSK 中,两个点的位置(I Q)分别为(1,0),(−1,0),可以用(1,0)编码比特 1,用(−1,0)编码比特 0。即编码数据用的是 $I*\sin(2\pi ft)+Q*\cos(2\pi ft)=1*\sin(2\pi ft)+0*\cos(2\pi ft)=\sin(2\pi ft)$ 和 $I*\sin(2\pi ft)+Q*\cos(2\pi ft)=-1*\sin(2\pi ft)+0*\cos(2\pi ft)=-\sin(2\pi ft)$。因此接收端收到的数据只能是 $\sin(2\pi ft)$ 和 $-\sin(2\pi ft)$,基于收到的数据解出 I 和 Q,从而对应到 1 和 0。

(2) 在 QPSK 中,四个点的位置(I Q)分别为 $\left(\frac{\sqrt{2}}{2},\frac{\sqrt{2}}{2}\right)$,$\left(-\frac{\sqrt{2}}{2},\frac{\sqrt{2}}{2}\right)$,$\left(\frac{\sqrt{2}}{2},-\frac{\sqrt{2}}{2}\right)$,$\left(-\frac{\sqrt{2}}{2},-\frac{\sqrt{2}}{2}\right)$,因此可以编码 2 个 bit,可以用 $\left(\frac{\sqrt{2}}{2},\frac{\sqrt{2}}{2}\right)$ 编码 bit 00,用 $\left(-\frac{\sqrt{2}}{2},\frac{\sqrt{2}}{2}\right)$ 编码 bit 10,依此类推。基于收到的数据解出 I 和 Q,从而对应到 bit。

注意从字面上来看,要实现 QPSK 这一种调制方法,从星座图上任意选取 4 个位置就可以,而一般选取的是 4 个均匀分布的对称的位置,可以保证不同的比特点之间的距离是最大的,这样不同解码结果之间的互相影响是最小的。如果其中某一个解码存在误差,那么它变动到另外一个结果的效率也是最小的。

思考:接收端如何从收到的数据计算出每个点在星座图上的位置,即如何计算 I 和 Q?这个计算过程和一直强调的 I/Q 两路信号正交性有什么关系?

6.4.1 I/Q 与相位的关系

从上面的过程能够看出,I/Q 直接决定了调制出来信号的相位。当然,从星座图也能够看出,I/Q 不只影响相位,还会影响编码出来信号的幅度。那么为什么把上面的方法都叫作 xPSK,又为什么称之为相位调制?在实际信号处理和很多论文中,都通过 I 和 Q 计算信号的相位。例如,在很多硬件设备上,都会直接给你解码后的 I 和 Q 的值,可以很方便地基于 I/Q 计算接收到的信号的相位。

来看看上述过程 I/Q 到底和相位有什么关系。调制后的数据为 $I*\sin(2\pi ft)+Q*\cos(2\pi ft)$(不同的资料中表示会稍有不同),即 $\sqrt{I^2+Q^2}\sin\left(2\pi ft+\arctan\frac{Q}{I}\right)$。大家可以试着自己推导一下。也就是说,接收到的信号相位为 $\left(\phi=\arctan\frac{Q}{I}\right)$。例如,

(1) BPSK,对应不同相位信号为 $\sin(2\pi ft)$ 和 $-\sin(2\pi ft)$,实际上等价于 $\sin(2\pi ft)$ 和 $\sin(2\pi ft+\pi)$,将数据调制到了 0 和 π 两种不同的相位上。

(2) QPSK,对应不同相位信号为 $\sin\left(2\pi ft+\frac{\pi}{4}\right)$,$\sin\left(2\pi ft+\frac{3\pi}{4}\right)$,$\sin\left(2\pi ft+\frac{5\pi}{4}\right)$,$\sin\left(2\pi ft+\frac{7\pi}{4}\right)$,将数据调制到了 $\frac{\pi}{4},\frac{3\pi}{4},\frac{5\pi}{4},\frac{7\pi}{4}$ 四种不同相位上。

思考：BPSK、QPSK 等星座图上的不同点，如何进行解码。

如果理解了上述过程，也就比较好理解为什么大家经常看到的传统通信里面都用这样的方法来表示调制的过程。很多基于相位进行定位、追踪和感知的工作都使用这个 I 和 Q 来直接计算相位。后面也会介绍更多更复杂的调制方法（包括 OFDM）等，但是不管方法多么复杂，基本的思想都是一样的。在介绍其他调制方法之前，大家也可以基于这个原理尝试设计出不同的调制方法。基于 I/Q 两路信号，对调制也有了一个统一的框架进行表示，注意，这里并不是表示在实际的数据发送过程中真的需要用两路不同的信号进行发送。

6.4.2 BPSK

首先来看最简单的 BPSK 如何来实现。跟之前介绍的一样，使用相位差为 π 的两种信号 $\sin(2\pi ft)$ 和 $\sin(2\pi ft+\pi)$；对应不同相位信号为 $\sin(2\pi ft)$ 和 $-\sin(2\pi ft)$，实际上等价于 $\sin(2\pi ft)$ 和 $\sin(2\pi ft+\pi)$，将数据调制到了 0 和 π 两种不同的相位上，如图 6-5 所示。

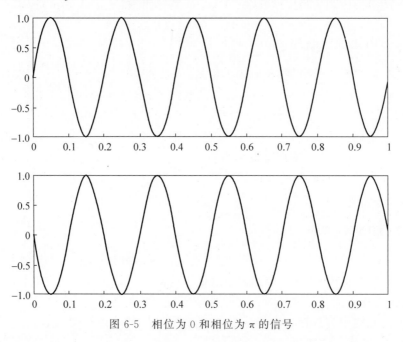

图 6-5　相位为 0 和相位为 π 的信号

有了这两个码元，就可以根据输入的待调制的信息来选择不同相位的信号。当输入为 0 时，选择相位为 0 的信号，当输入为 1 时，选择相位为 π 的信号。输入信号和对应的生成的 BPSK 调制过的信号如图 6-6 所示。

这样，可以将 bit 0 和 1 编码到这两种不同的信号上：

数据	相位
0	0
1	π

从 I/Q 调制的角度去理解，此时"0"对应的信号为 $1*\sin(2\pi ft)+0*\cos(2\pi ft)$，"1"对应的信号为 $-1*\sin(2\pi ft)+0*\cos(2\pi ft)$，其星座映射图如图 6-7 所示。

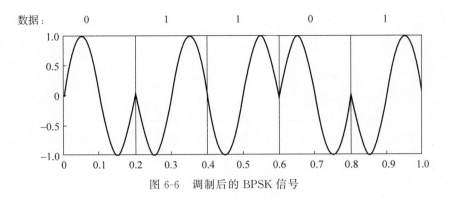

图 6-6 调制后的 BPSK 信号

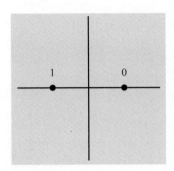

图 6-7 BPSK 星座图

6.4.3 QPSK

QPSK 使用 4 种相位的信号来调制信息。对应不同相位信号为 $\sin\left(2\pi ft+\dfrac{\pi}{4}\right)$，$\sin\left(2\pi ft+\dfrac{3\pi}{4}\right)$，$\sin\left(2\pi ft+\dfrac{5\pi}{4}\right)$，$\sin\left(2\pi ft+\dfrac{7\pi}{4}\right)$，将数据调制到了 $\dfrac{\pi}{4}$，$\dfrac{3\pi}{4}$，$\dfrac{5\pi}{4}$，$\dfrac{7\pi}{4}$ 四种不同相位上。对应 IQ 星座图 6-8 上的四个点为 $\left(\dfrac{\sqrt{2}}{2},\dfrac{\sqrt{2}}{2}\right)$，$\left(-\dfrac{\sqrt{2}}{2},\dfrac{\sqrt{2}}{2}\right)$，$\left(\dfrac{\sqrt{2}}{2},-\dfrac{\sqrt{2}}{2}\right)$，$\left(-\dfrac{\sqrt{2}}{2},-\dfrac{\sqrt{2}}{2}\right)$。

用 i 和 q 分别代表两路待调制的数据，使用 I/Q 调制后的信号为

$$s(t)=i*\sin(2\pi ft)+q*\cos(2\pi ft)$$

图 6-8 QPSK 星座图

此时数据和相位之间的映射关系如下：

数据	i	q	$s(t)$	相位
00	1	1	$\sin(2\pi ft)+\cos(2\pi ft)=\sqrt{2}\sin\left(2\pi ft+\dfrac{\pi}{4}\right)$	$\dfrac{\pi}{4}$
01	1	-1	$\sin(2\pi ft)-\cos(2\pi ft)=\sqrt{2}\sin\left(2\pi ft+\dfrac{7\pi}{4}\right)$	$\dfrac{7\pi}{4}$

续表

数据	i	q	$s(t)$	相位
10	-1	1	$-\sin(2\pi ft)+\cos(2\pi ft)=\sqrt{2}\sin\left(2\pi ft+\dfrac{3\pi}{4}\right)$	$\dfrac{3\pi}{4}$
11	-1	-1	$-\sin(2\pi ft)-\cos(2\pi ft)=\sqrt{2}\sin\left(2\pi ft+\dfrac{5\pi}{4}\right)$	$\dfrac{5\pi}{4}$

为了使输出信号 $s(t)$ 的幅度为 1,需要对 I 和 Q 信号除以 $\sqrt{2}$,因此,数据和 I,Q 对应关系如下所示:

数据	I	Q
00	$\dfrac{\sqrt{2}}{2}$	$\dfrac{\sqrt{2}}{2}$
01	$\dfrac{\sqrt{2}}{2}$	$-\dfrac{\sqrt{2}}{2}$
10	$-\dfrac{\sqrt{2}}{2}$	$\dfrac{\sqrt{2}}{2}$
11	$-\dfrac{\sqrt{2}}{2}$	$-\dfrac{\sqrt{2}}{2}$

图 6-9 展示了 I、Q 基带信号,分别调制了信息的两路信号及叠加后的信号。图 6-9 中对应的 I 路和 Q 路数据分别是:$I=\left\{\dfrac{\sqrt{2}}{2},-\dfrac{\sqrt{2}}{2},\dfrac{\sqrt{2}}{2},-\dfrac{\sqrt{2}}{2},\dfrac{\sqrt{2}}{2}\right\}$,$Q=\left\{\dfrac{\sqrt{2}}{2},\dfrac{\sqrt{2}}{2},-\dfrac{\sqrt{2}}{2},-\dfrac{\sqrt{2}}{2},\dfrac{\sqrt{2}}{2}\right\}$。

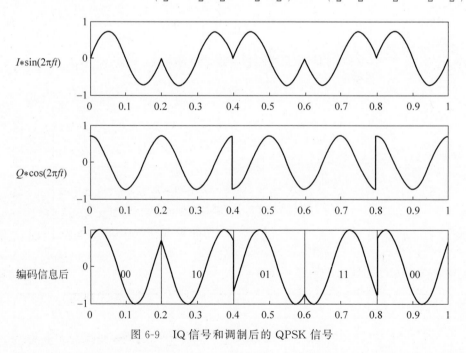

图 6-9 IQ 信号和调制后的 QPSK 信号

在解码时,利用其正交特性,分别对两路信号在一个周期内进行积分运算,得到每路信号中编码的数据。以解码 I 路信号为例:

$$\int_0^{\frac{1}{f}}[s(t)*\sin(2\pi ft)] = \int_0^{\frac{1}{f}}\{[i*\sin(2\pi ft)+q*\cos(2\pi ft)]*\sin(2\pi ft)\}$$

$$= \int_0^{\frac{1}{f}}[i*\sin(2\pi ft)^2 + q*\cos(2\pi ft)*\sin(2\pi ft)]$$

$$= \int_0^{\frac{1}{f}}\left[i*\frac{1-\cos(4\pi ft)}{2} + q*\sin(4\pi ft)\right]$$

$$= \int_0^{\frac{1}{f}}\left[i*\frac{1}{2} - \int_0^{\frac{1}{f}} i*\frac{\cos(4\pi ft)}{2} + \int_0^{\frac{1}{f}} q*\sin(4\pi ft)\right]$$

$$= \frac{i}{2} - 0 + 0$$

$$= \frac{i}{2}$$

对 Q 路信号的解码与之同理，只需要把积分中相乘的正弦信号换成余弦信号即可。在实际传输过程中，由于噪声的影响，通过上述公式得到的坐标(i,q)可能并不是精确地落在星座图上的 4 个点上，而是在其中某一个点附近。因此在代码实现时，需要找到离(i,q)最近的星座图上的点。由此可见，该调制方式具有一定的抵抗噪声的能力。

6.4.4 使用声波信号实现 QPSK

调制的代码如下：

```
function Modulator(codes, fileName, sigSNR)
% 输入参数：
% codes: 待调制的数据, 0/1 数组
% fileName:保存到本地的信号文件
% sigSNR:模拟信道的信噪比
% 调用样例：
% Modulator([1,1,0,0,1,0,1,0], 'data')
% 调用结果：
% 同文件夹下生成一个'data.wav'音频文件
fs = 48000;
T = 0.025;
f = 1 / T;

% 若信号长度不是偶数，则补 0(QPSK 调制的是长度为偶数的二进制串)
cLen = length(codes);
if mod(cLen, 2) == 1
    codes = [codes, 0];
    cLen = cLen + 1;
end

% 生成 I 信号和 Q 信号
sigI = sin(2 * pi * f * (0 : 1/fs : T - 1/fs));
sigQ = cos(2 * pi * f * (0 : 1/fs : T - 1/fs));

% 生成两路基带信号，并相加
```

```
    sigL = length(sigI);
    sig = zeros(1, sigL * cLen / 2);
    for i = 1 : cLen / 2
        fI = (1 - 2 * codes(i * 2 - 1)) * sqrt(2) / 2;
        fQ = (1 - 2 * codes(i * 2)) * sqrt(2) / 2;
        sig((i - 1) * sigL + 1 : i * sigL) = fI * sigI + fQ * sigQ;
    end

    % 模拟信道,添加白噪声
    sig = awgn(sig, sigSNR, 'measured');
    % 将信号幅度恢复为1
    sig = sig / max(abs(sig));
    audiowrite([fileName, '.wav'], sig, fs);

end
```

解调的代码如下:

```
function codes = Demodulator(fileName)
% 输入参数:
% fileName:调制数据得到的信号文件
% 输出:
% codes: 解调结果,0/1 数组
% 调用样例:(同文件夹内需要有'data.wav'文件)
% Demodulator('data')
% 调用结果:
% 输出[1,1,0,0,1,0,1,0]
[sig, fs] = audioread([fileName, '.wav']);
sig = sig';
T = 0.025;
f = 1 / T;

% 生成 I 信号和 Q 信号
sigI = sin(2 * pi * f * (0 : 1/fs : T - 1/fs));
sigQ = cos(2 * pi * f * (0 : 1/fs : T - 1/fs));

% 生成星座图上的 4 个点对应的标准基带信号,保存在一个 4 行的矩阵中
sigL = length(sigI);
sigMat = sqrt(2) / 2 * (...
    [1; 1; -1; -1] .* repmat(sigI, 4, 1) + ...
    [1; -1; 1; -1] .* repmat(sigQ, 4, 1));

cLen = 2 * length(sig) / sigL;
codes = zeros(1, cLen);

for i = 1 : cLen / 2
    seg = sig((i - 1) * sigL + 1 : i * sigL);
    % 通过积分的方式(积分针对的是连续信号,离散信号则是对点积求和),判断当前的这一段信
    号和哪个标准信号距离最近.积分的结果越大代表两个信号越相似。
    [~, maxI] = max(sigMat * seg');
```

```
        codes(2 * i - 1) = maxI > 2;
        codes(2 * i) = mod(maxI, 2) == 0;
    end

end
```

在解调的代码实现中,为了使代码更加紧凑及运行效率更高,在生成标准基带信号时采用了矩阵的形式。更加直观但效率稍低的方法是用 4 个变量分别代表一路标准基带信号,然后在后续的代码中分别进行计算。大家在实现这一部分的代码时可以通过逐步调试的方式,理解每个步骤的目的。

思考:解调代码的最后一步是对信号进行分段并逐段进行解码,用一个循环结构来实现。事实上,这一部分也可以像生成基带信号那样使用矩阵的方式,而不使用循环结构,可以思考一下如何实现。

注意,上面 Modulator 生成的声音文件就是数据发送过程中调制出来的信号,可以在手机上播放此声音文件,在接收端录音,然后对录到的声音用 Demodulator 进行解码。整个过程就跟无线电磁波发送数据(例如,WiFi)的过程一样。

6.4.5 8PSK

理解了 BPSK 和 QPSK,再理解 8PSK 就相对容易了。当把 QPSK 的星座映射图中的坐标轴上也加上数据点时,就可以得到 8PSK 的星座映射图,如图 6-10 所示。

为了使叠加的信号的相位满足星座映射图,数据和 IQ 之间的映射如下:

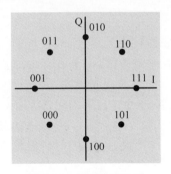

数据	I	Q
000	$-\dfrac{\sqrt{2}}{2}$	$-\dfrac{\sqrt{2}}{2}$
001	-1	0
010	0	1
011	$-\dfrac{\sqrt{2}}{2}$	$\dfrac{\sqrt{2}}{2}$
⋮	⋮	⋮

图 6-10 8PSK 星座图

随着星座图上的点越来越多,每个点代表的信息量也相应增加,BPSK 的一个点只代表 1bit,而 8PSK 的一个点可以代表 3bit。但与此同时,相邻两个点之间的距离也越来越近,意味着调制方式的抗噪声能力越来越差。在传输速率和抗噪声能力之间存在一个权衡的问题,需要根据实际信道状况来选择合适的调制方式。

大家可以想象到,实际的调制方式远远不止这些,还有更多的方式,例如,WiFi 上使用的 64QAM,实际是在星座图上选择了 64 个点,来编码 6 比特的数据。那么问题来了:如何选取这 64 个点?是不是在同一个圆上选取?选取了这些点后,如何生成调制后的数据?为了方便大家的思考,将 64QAM 的星座图(图 6-11)放在下面。大家思考一下这样的调制优点和缺点分别是什么。

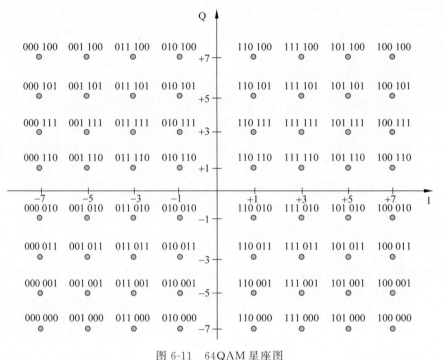

图 6-11　64QAM 星座图

6.5　载波上变频

通过前面几节介绍的调制方式,可以将要发送的数据转化为信号,通常该信号的频率都较低,称为基带信号。虽然可以直接发送基带信号来进行通信,但是真实的通信系统一般不会这么做,例如,WiFi 的其中一个协议是在 2.4GHz 的频率上进行发送的,而它的基带信号带宽只有几十 MHz,也就是通常所说的 WiFi 通信的带宽。普遍的做法是让调制好的基带信号在发送前"搬移"到一个较高的频率上进行发送,这个过程在一般的通信过程中叫作载波上变频或者上载波,即将基带信号调制到频率较高的载波信号上,然后再发送。这样做基于以下几点考虑:

（1）把基带信号调制到频率不同的载波信号上可以避免多路信号互相干扰。

（2）载波信号的频率较高,因此波长较短。在无线通信中,为了实现较高的信号辐射效率,天线的尺寸需要和发射信号的波长相当,因此短波长、高频率的信号可以缩短天线尺寸。

（3）各个国家对电磁波的使用频段进行了规定,例如有些频段是商用频段。日常生活中见到的 WiFi、蓝牙、无线广播等只能工作在特定频段。例如,2.4GHz 频段(频率范围 2.4~2.5GHz)就是各国通用的商用频段。在其他频段发送信号干扰正常通信属于违法行为。

载波信号通常为单频率正弦信号,若载波频率为 f_c,则载波信号为 $A_c \sin(2\pi f_c t)$,其中 A_c 是载波信号的幅度。在调制过程中,需要将基带信号 $B(t)$ 调制到载波信号上。

思考:如何将基带信号搬移到载波的频率上?

直观上来看，上载波这个过程可以通过将基带信号和载波信号相乘，得到的调制后的信号 $M(t) = B(t)A_c\sin(2\pi f_c t)$，由于基带信号 $B(t)$ 频率较小，因此调制后的信号 $M(t)$ 的频率就在载波频率 f_c 附近。

图 6-12 体现了调制上载波频谱搬移的过程。

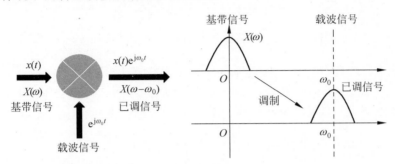

图 6-12　频谱搬移示意图

思考：接收端收到信号如何解码？

接收端收到信号后，第一件需要完成的事情是需要将信号频率从载波上搬移下来，将上载波后的信号转化为基带信号，即将接收的信号下变频到基带信号，然后再根据调制方式将发送数据还原出来。大部分时候大家做实验能够从设备上拿到的信号都是基带信号，也就是下载波后的信号，例如，从 USRP 上拿下来的数据也都是基带信号。传输过程中的经过上载波后的信号反而不容易获取。下载波的过程用公式可以表示为 $B'(t) = M(t) \times \sin(2\pi f_c t)$。大家可以计算一下这个过程的结果是什么，怎么样得到原始的基带信号 $M(t)$。

思考：$B'(t) = M(t) \times \sin(2\pi f_c t) = B(t)\sin^2(2\pi f_c t) = B(t)\dfrac{1}{2}[1 - \cos(4\pi f_c t)]$。从这个结果中如何还原出 $B(t)$？

本书在各个实验中采用声波信号模拟无线通信，因为声波信号频率通常较低，因此本章给出的很多基于声波进行传输的示例代码中，有的没有采用上变频，是直接发送基带信号。

6.6　调制方法进阶

以上介绍的幅度调制、频率调制和相位调制是调制方法中最基本的三类，在此基础上，可以发展出效率更高、抗噪声能力更强的调制方式。本节将介绍在三类基本调制方法上演变出的其他调制方式，包括 OQPSK、QAM 和 OFDM。

6.6.1　OQPSK

观察 QPSK 的星座映射图，可以发现从 00 到 11 和从 10 到 01 之间的相位跳变都是 π。这样导致调制出来的信号会有一个相位的突变，如图 6-13 中圈部分所示。

这些相位跳变在实际系统中是不希望出现的，通常系统处理相位的跳变的时候都会出现问题。例如，当信号通过低通滤波器时，这种相位翻转会导致较大的幅值波动，进而影响解码的成功率。

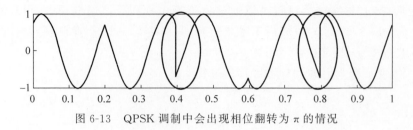

图 6-13　QPSK 调制中会出现相位翻转为 π 的情况

为了解决这一问题,可以使用偏移四相键控(offset QPSK,OQPSK)。OQPSK 方法是基于 QPSK 的 I/Q 调制方式,基本跟 QPSK 是类似的。I 路信号和 QPSK 相同,而 Q 路信号向后错位半个周期。这样一来 I 路和 Q 路信号翻转的位置相差半个周期,也就是说 I 路和 Q 路信号不会出现同时翻转,信号相位最大只能变化 $\frac{\pi}{2}$。

图 6-14 分别展示了 OQPSK 的 I、Q 基带信号,分别调制了信息的两路信号及叠加后的信号。

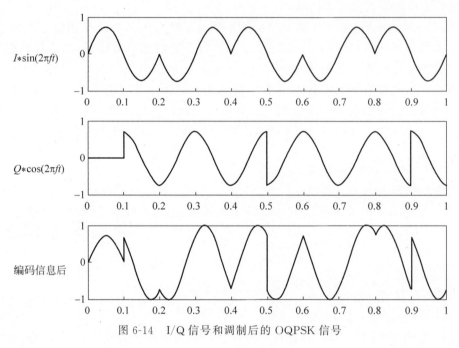

图 6-14　I/Q 信号和调制后的 OQPSK 信号

6.6.2　QAM

之前介绍的 BPSK、QPSK 和 8PSK 的星座图里点的数量依次增加,那是否还可以继续增加到 16PSK 呢?

如果在单位圆上平均分配 16 个数据点,相邻两点之间的间距就会比 8PSK 更小,抗噪声的效果会进一步变差。重新审视一下星座图,如果把星座图的坐标系看作极坐标系,则里面每个点的极角代表信号相位,这个数据点距离原点的距离代表信号幅度。为了让星座图上相邻的两个数据点距离远一些,不能把数据点限定在单位圆上。这样一来,需要结合调幅和调相两种调制方式,这种方式被称作正交相位调制(quadrature amplitude modulation,

QAM)。在前面的相位调制方法中,不管是 BPSK、QPSK 还是 8PSK,信号的幅度始终是不变的。而在 QAM 调制中,信号的幅度也可以变化。

图 6-15 展示了 16-QAM、32-QAM 和 64-QAM 的星座图。

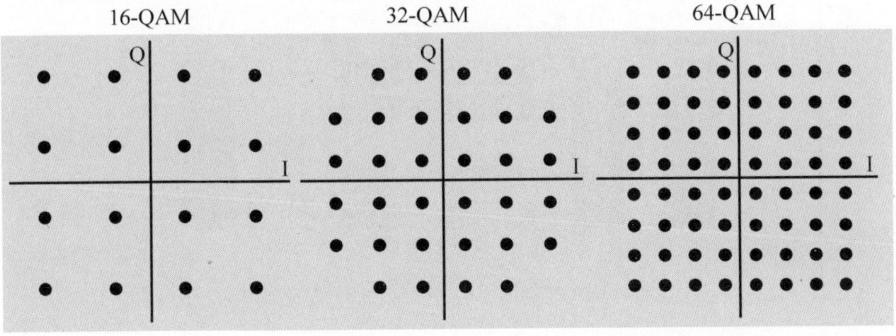

图 6-15 16-QAM、32-QAM 和 64-QAM 的星座图

QAM 调制方式进一步增加了每个数据点包含的信息量,提高了传输效率。

思考:基于先前的 BPSK、QPSK 的代码,思考如何实现 QAM 的算法。

6.6.3 OFDM

正交频分多路复用(orthogonal frequency division multiplexing)是 802.11 协议(WiFi 使用的协议)中频繁出现的一项调制技术,802.11a、802.11g、802.11n、802.11ac 等协议均使用 OFDM 作为调制方式,大家仔细看一下 WiFi 发展的过程就能够看出来,正是由于 OFDM 的加入,WiFi 的通信速率得到了很大的提高。因此 OFDM 是与每个人密切相关、无时无刻不在使用的一项技术。

大家可能已经注意到,无论是仅调制相位的 BPSK、QPSK、8PSK,还是结合调幅和调相的 QAM,调制信号的时候使用的都是同一个频率 f。如果要进一步提高数据发送的效率,很自然的想法是能不能使用多个频率,在每个频率上使用 BPSK、QPSK、8PSK 或者 QAM 来进行调制。如果在接收端又能将不同频率的数据分开,对每个频率单独解码的话,就能够实现更高的通信速率。这就是 OFDM 的基本思想,其中 OFDM 中 OF 就是指使用多个正交的频率,从而保证不同频率数据叠加到一起的时候不会互相干扰。

为了说明 OFDM 的原理,需要首先介绍多载波调制(multi-carrier modulation,MCM)技术。OFDM 是 MCM 技术的一类。

多载波调制将要传输的数据分开调制到不同频率上,首先将要传输的数据分开对应到不同的传输频率,即串行比特流分成多个并行的子比特流。然后每一个比特流调制到不同的子载波上进行传输,它和单载波调制原理的对比如图 6-16 所示。

可以看到,单载波调制只发送一路信号,而多载波调制可以发送多路叠加到一起的信号,多路信号的每一路频率都不相同。直观上看,最简单的解调方法是在接收端使用带通滤波器来分离出每一路信号。使用带通滤波器的一个基本要求是:多载波调制的每一路信号之间干扰要尽可能的小,因此如何有效地选择这些载波的频率是多载波调制的一个关键。

思考:应该如何选择多载波调制中每一个子载波的频率,才能满足这个要求呢?

一个最直接简单的思路是让两个子载波频率差异尽量大,这样两个子载波之间的互相

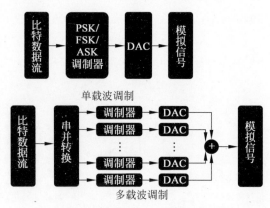

图 6-16 单载波和多载波调制原理对比

干扰就会比较小，但是这样编码的效率是比较低的，并不能充分利用有限的带宽资源。

OFDM 提供了另外的一个思路，设第 m 路子载波的表达式为 $\phi_m(t)=e^{j2\pi f_m t}$，其中 f_m 为第 m 路子载波的频率。为了使任意两个不同的子载波之间干扰尽可能的小，希望这两个子载波之间体现出"正交性"，那么什么叫作两个频率之间的正交呢？这个概念比较抽象，两个频率正交能够使得解码过程中两个频率对应的信号之间不互相干扰。这里，可以将正交认为是一个码元长度 T_c 内两个不同频率对应的信号内积为 0，接下来解释为什么满足这样的性质能够保证两个正交频率信号叠加后它们之间不互相干扰。令

$$\int_0^{T_c} e^{j2\pi f_i t}(e^{j2\pi f_j t})^* \, dt = \int_0^{T_c} e^{j2\pi(f_i-f_j)t} \, dt = \frac{\sin(\pi \Delta f T_c)}{\pi \Delta f} e^{j\pi \Delta f T_c} = 0$$

其中，$\Delta f = f_i - f_j$，从公式中可以看出，要满足正交性，需满足 $\Delta f = \dfrac{n}{T_c}$，$n$ 为正整数，即任意两个子载波的频率差是 $\dfrac{1}{T_c}$ 的正整数倍，因此可以设计子载波的频率，使得相邻子载波的频率差为 $\dfrac{1}{T_c}$，这种设计就是 OFDM 中采用的子载波频率。如果将频率最小的子载波的频率设置为 $\dfrac{1}{T_c}$，也就是说所有子载波的频率都为 $\dfrac{1}{T_c}$ 的整数倍。为了深入理解"正交性"的概念，可以参考图 6-17。

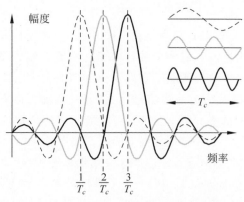

图 6-17 OFDM 中子载波的正交性

各子载波上的码元长度都为 T_c，因此它们的频谱在 $\frac{1}{T_c}$ 处都为 0。间隔为 $\frac{1}{T_c}$ 的子载波叠加后，各子信道的频率样本间不存在相互干扰，例如，子载波 2 和子载波 3 的频谱在 $\frac{1}{T_c}$ 处的输出都为 0。

6.6.4　OFDM 初始实现

OFDM 可以以如下方法来实现：使用多路正交的频率，在每一路频率上使用之前说过的调制方式（BPSK、QPSK 等），然后将生成的多路信号叠加到一起得到 OFDM 的信号。这里以 QPSK 调制基带信号为基础，使用 4 路正交的子载波，即在每一路子载波上使用 QPSK，最终实现一个简单的 OFDM 调制解调功能。为了简化代码，这里的调制部分省略了添加模拟信道噪声的步骤。

调制代码如下：

```
function OFDMmodulator(codes, fileName)
% 输入参数：
% codes: 待调制的数据，0/1 数组
% fileName:保存到本地的信号文件
% 调用样例：
% OFDMmodulator([1,1,0,0,1,0,1,0], 'data')
% 调用结果：
% 同文件夹下生成一个'data.wav'音频文件
fs = 48000;
T = 0.025;
N = 4;                               % 采用 4 路子载波进行 OFDM 调制
f = (1 : N)' / T;

% 将信号长度补齐到 8 的倍数(4 路子载波，每个 QPSK 码元代表 2bit)
cLen = length(codes);
L = 2 * N;
add0 = mod(cLen, L);
if add0 ~= 0
    codes = [codes, zeros(1, L - add0)];
    cLen = cLen + L - add0;
end

% 生成 I 信号和 Q 信号
sigI = sin(2 * pi * f * (0 : 1/fs : T - 1/fs));
sigQ = cos(2 * pi * f * (0 : 1/fs : T - 1/fs));

% 生成两路基带信号，并相加
sigL = size(sigI, 2);
sig = zeros(N, sigL * cLen / L);
for i = 1 : cLen / L
    fI = (1 - 2 * codes(i * L - 7 : 2 : i * L))' * sqrt(2) / 2;
    fQ = (1 - 2 * codes(i * L - 6 : 2 : i * L))' * sqrt(2) / 2;
    sig(:, (i - 1) * sigL + 1 : i * sigL) = fI .* sigI + fQ .* sigQ;
```

```
    end

    % 叠加 4 路信号
    sig = sum(sig, 1);
    % 将信号幅度恢复为 1
    sig = sig / max(abs(sig));

    audiowrite([fileName, '.wav'], sig, fs);

end
```

发送端可以将这个调制好的声音播放出去,这在手机上就可以进行,然后接收端通过录音将声音接收下来,再使用下面的算法进行解调,整个过程跟真实的无线数据收发一致。

主要的解调代码如下:

```
function codes = OFDMdemodulator(fileName)
% 输入参数:
% fileName:调制数据得到的信号文件
% 输出:
% codes: 解调结果,0/1 数组
% 调用样例:(同文件夹内需要有'data.wav'文件)
% OFDMdemodulator('data')
% 调用结果:
% 输出[1,1,0,0,1,0,1,0]
[sig, fs] = audioread([fileName, '.wav']);
sig = sig';
T = 0.025;
N = 4;
f = (1 : N)' / T;
L = 2 * N;

% 生成 I 信号和 Q 信号
sigI = sin(2 * pi * f * (0 : 1/fs : T - 1/fs));
sigQ = cos(2 * pi * f * (0 : 1/fs : T - 1/fs));
sigL = size(sigI, 2);
sigI = reshape(sigI', 1, sigL, N);
sigQ = reshape(sigQ', 1, sigL, N);

% 生成星座图上的 4 个点对应的标准基带信号,保存在一个 4 行、4 页的矩阵中(每一行对应一个星座图上的点,每一页对应一路子载波信号)

sigMat = sqrt(2) / 2 * (...
    [1; 1; -1; -1] .* repmat(sigI, 4, 1, 1) + ...
    [1; -1; 1; -1] .* repmat(sigQ, 4, 1, 1));

cLen = L * length(sig) / sigL;
codes = zeros(1, cLen);
```

```
for i = 1 : cLen / L
    seg = repmat(sig((i - 1) * sigL + 1 : i * sigL), N, 1);
    % 通过积分的方式(积分针对的是连续信号,离散信号则是对点积求和),判断当前的这一段信
    号和哪个标准信号距离最近.积分的结果越大代表两个信号越相似。
    [~, maxI] = max(sum(sigMat .* seg, 2), [], 1);
    codes(i * L - 7 : 2 : i * L) = maxI(:)' > 2;
    codes(i * L - 6 : 2 : i * L) = mod(maxI(:)', 2) == 0;
end

end
```

和 QPSK 类似,在解调的代码实现中,生成标准基带信号时采用了多维矩阵的形式。大家可以对比单载波的 QPSK 和使用多载波的 OFDM 调制解调的代码,并在代码中找到利用子载波正交性进行解码的地方,以加深对 OFDM 原理的理解。

如果将上述 MATLAB 实现的调制和解调代码实现到手机上去,再结合手机的播放声音和录音的功能,就可以实现一个基于声波的无线传输系统。大家可能会看到有很多关于声音传输的前沿论文和软件,它们的基本实现都是以此为基础的,例如,有的论文专门研究如何实现声波上的 OFDM。理解了这些,大家也可以动手去尝试一下。

注意,为了方便理解,本书给出的 OFDM 调制解调方式跟真实的会有一些差别。上述代码介绍的调制过程是首先产生不同频率的正交信号,在每一路信号上进行调制,然后每一个频率对应的信号进行叠加。

而真实的调制解调过程并不需要产生不同频率的正交信号,而是通过傅里叶逆变换 IFFT,在指定不同子载波频率后,直接生成要调制的数据。在接收端通过傅里叶变换将各个子载波的系数(即编码信号)解码出来。在上述代码的发送过程,实际我们发送的数据是下面这个形式:

$$s(t) = \sum_{k=0}^{N-1} [a_k \cos(2\pi f_k t) - b_k \sin(2\pi f_k t)]$$

在真实数据发送过程中,不需要像上面代码一样,先产生每一个子载波的信号,然后将各个子载波的信号相加。而是可以通过 IDFT 的方式,将要发送的系数转化为 IDFT 频域系数,这样可以直接利用 IDFT 做变换生成需要的数据。例如,

$$s(n) = \mathrm{Re}\left[\sum_{k=0}^{N-1}(a_k + \mathrm{j}b_k)\mathrm{e}^{\mathrm{j}\frac{2\pi}{N}kn}\right], \quad n = 0, 1, 2, \cdots, N-1$$

基于 $a_k + \mathrm{j}b_k$,可以利用 IDFT 生成要发送的数据。

(1) 发送端:发送的数据为 $c_k = a_k + \mathrm{j}b_k$,基于 $x[n] = \dfrac{1}{N}\sum_{k=0}^{N-1} c_k \mathrm{e}^{\mathrm{j}2\pi \frac{k}{N}n}$,可以生成要发送的信号 $x[n]$。基于 $x[n]$,可以产生 $s(n)$。此时发送的信号有两个特点:

① 由不同的正交频率组成,即 $\mathrm{e}^{\mathrm{j}2\pi \frac{k}{N}n}$。

② 每一个正交频率对应的参数即为编码的信息。例如,为 $c_k = a_k + \mathrm{j}b_k$。

(2) 接收端:收到数据后,对数据进行傅里叶分析,这样能够从接收到的数据里面计算出 c_k,从而计算出 a_k 和 b_k,从而解调数据。

基于这一主要思路,大家可以尝试一下 OFDM 的实现,并思考这样实现的好处是什么。

当然完整的 OFDM 实现要比这个更复杂，例如，还会添加循环冗余的前缀等。大家理解了 OFDM 的基本操作后，很多其他的技术部分也比较好理解了。强烈建议大家去相对完整地实现一遍 OFDM 方法，一定会有很大的收获。

6.7 案例：声波信号通信

前面展示过了如何生成、发送和接收声波信号，现在来看一下如何利用声波信号来传输数据。在本书中，数据传输基本都以声波为基础，而不是无线电磁波信号，因为声波信号处理起来更加直观，而且利用大家自己的设备（如手机等）就可以实现。

首先生成两个 symbol，分别编码 1 和 0。

```
% symbol 1
fm = 100;                              % 信号频率
fs = fm * 100;                         % 采样频率
Am = 1;
symbol_len = 512;                      % 一个 symbol 的长度
t = (0:1/fs:(symbol_len - 1)/fs);
% symbol 1
smb1 = Am * cos(2 * pi * fm * t);
% symbol 0
smb0 = zeros(1, symbol_len);
```

接下来根据 OOK 编码的方法生成基带信号，基带信号这个名词大家在看论文和其他专业技术书籍的时候经常会遇到。一般来说基带信号是针对没有上变频的信号的，通俗一点来理解，目前为止大家看到的编码解码的方法都还是在基带上，还没有调制到载波上。在学习调制解调过程的时候，要先理解基带调制，即如何生成基带信号。大部分论文也主要是在讲基带调制的过程，上载波的过程是后续的步骤。经常听到基带芯片，新闻里面会说新的基带芯片设计，例如，苹果也在设计自己的基带芯片等，也是在做类似的事情，在上载波之前对数据进行编码调制。在真正发送的时候，信号会调制到载波上，这个时候信号就不再是基带上的信号了。

```
datas = [0, 1, 0, 0, 1, 0, 1, 1];
sig = [];
for data = datas
    if data == 0
        sig = [sig, smb0];
    else
        sig = [sig, smb1];
    end
end
```

将这个基带信号加到载波上得到要传输的真实信号，就可以发送出去了。这一步是上载波的过程。

思考：理论上来说，有了前面的基带调制，信号中就已经包含数据了，为什么还需要上载波?

```
% 载波
fc = 1000;                          % 载波频率
t = 0:1/fs:(length(sig) - 1)/fs;
carrier_wave = cos(2 * pi * fc * t);
% 将基带信号加到载波上
sig_carrier = sig. * carrier_wave;
```

信号产生后再由发送端经过信道到达接收端,比如手机播放的声音,经过空气传输、墙面反射等,最终到达接收端。一般来说,信号从发送端到达接收端经过的整个过程都被抽象为信道。这里使用 MATLAB 来仿真信号通过信道的过程,通常给信号加上白噪声来模拟信道带来的影响(注意,真实场景中还需要添加多径等其他影响)。

```
%% 信道传输加入噪声
sig_carrier = awgn(sig_carrier, 5);
```

注:可在 MATLAB 下面命令行中输入 help awgn 查看 awgn 函数使用说明,其他函数同理。

接下来是接收端的代码实现。为了解码这个数据,首先请注意,接收到的数据是上载波后的信号,通常这个信号的频率是非常高的(例如,WiFi 协议通常是 2.4GHz),一般不直接解调这么高频率的信号。第一步是先将信号下变频,即先将信号转移到基带上来。

思考:如何将载波上的信号转移到基带上来?

为了将载波上的信号转移下来,最简单直接的方法是首先将整个信号乘上同频同相的参考信号,然后逐 symbol 地经过低通滤波,即可恢复出基带信号。

```
sig_rec = sig_carrier. * carrier_wave;      % 乘以载波
% 低通滤波
base_sig = [];
for i = 1:symbol_len:length(sig_rec)
    smb = sig_rec(i:i + symbol_len - 1);
    % 低通滤掉高频
    sig_baseband = BPassFilter(smb, 100, 10, fs);
    base_sig = [base_sig, sig_baseband];
end
```

最后通过设定一个阈值,根据幅值大小来解出符号 symbol。

```
decode_datas = [];
thresh = 1;
for i = 1:symbol_len:length(base_sig)
    smb = base_sig(i:i + symbol_len - 1);
    A = sum(abs(smb));
    if A > thresh
        decode_datas = [decode_datas, 1];
    else
```

```
            decode_datas = [decode_datas, 0];
        end
    end
```

6.7.1 脉冲间隔调制

脉冲间隔调制是利用相邻两个脉冲信号之间的时间间隔来调制数据。使用指定长度的间隔来代表特定的二进制串。最简单的脉冲调制是使用一长一短两种间隔,分别代表"0"和"1"。在解码时,只需要识别出每个脉冲信号的起始位置,就可以得到不同脉冲之间的间隔,从而可以根据每个间隔的长短将其解码为"0"或"1",如图 6-18 所示。

图 6-18 脉冲调制原理

脉冲间隔调制由于使用简单的对应规则将"0"和"1"编码为不同长度的间隔,在解码时可以根据信号幅度得到每个脉冲的起始位置来获得间隔的长短,这种编解码方法的优点是计算开销非常小。

脉冲间隔调制的缺点是编码效率低,每个脉冲之间需要有足够的时间宽度。

思考:为什么要留足够的时间宽度?

留足够多的时间宽度可以防止多径效应造成的回声影响到下一个脉冲的判断。想要提高脉冲调制的数据速率,可以从两个方面来考虑。

第一个方面是缩短编码的长度,既可以缩短脉冲之间的时间间隔,也可以缩短脉冲信号本身的持续时间。在保证解码正确率的条件下,相同的时间就可以传输更多的数据,如图 6-19 所示。

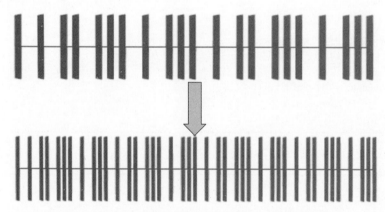

图 6-19 缩短脉冲间隔和脉冲持续时间可以提高编码效率

第二个方面是可以通过设置多种编码长度,使一个编码位携带更多的信息。如图 6-20 所示,设置 2 种编码长度时,每个编码位携带 1 比特信息;设置 4 种编码长度时,每个编码位携带 2 比特信息;设置 8 种编码长度时,每个编码位携带 3 比特信息。

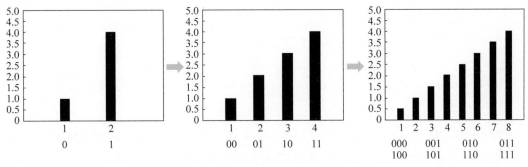

图 6-20　设置多种编码长度

当然,不能无限制地增加编码长度。不同的编码长度之间的区分度越小,解码时将它们区分开的难度也越大。另外,如果不同的编码单位出现的概率不同,还可以使用霍夫曼编码(Huffman coding)的思想来进一步优化脉冲间隔编码的效率。比如说在一个待发送的文件中"0"的个数大于"1"的个数,使用较短的间隔代表"0",长的间隔代表"1",可以使总的发送时间更短。

本节以脉冲间隔调制为例,在代码层面实现一个简单的无线通信系统。具体来说,该系统包含一个发送方和一个接收方。发送方的输入是一段文本信息,输出一个音频文件,作为调制好的信号。通过手机或者电脑播放该音频文件,然后用另一台设备进行接收。接收方的输入是录制后的音频文件,即接收到的信号,输出是一段文本信息。

通过下面代码的实现,大家可以动手体验一下实际环境中的信号传输过程,体会实际环境给无线通信带来的各种各样的问题。在物联网通信的很多前沿研究工作和论文中,很多时候都是处理各种实际场景里面的问题。例如,如何检测数据从什么时候开始、如何滤除接收信号中的干扰噪声、如何处理扬声器和麦克风的失真、如何处理发送端设备和接收端设备之间的频移(这在物联网设备尤其是低成本物联网设备上更加普遍和严重)等。

6.7.2　编码

首先需要把输入的文本信息转换为二进制串,然后才能进行调制。可以按照 ASCII 的编码方式将文本中的每个字符进行处理,按照顺序将它们连接起来。为此实现一个名为 string2bin 的函数:

```
function [ binary ] = string2bin( str )
% 把字符串转换成二进制串
ascii = abs(str);
L = length(ascii);
binary = zeros(L,8);
for i = 1:L
    binary_str = dec2bin(ascii(i));
    binary_str_index = length(binary_str);
    for j = 8:-1:1
        if binary_str_index > 0
            binary(i,j) = str2num(binary_str(binary_str_index));
        else
```

```
            binary(i,j) = 0;
        end
        binary_str_index = binary_str_index - 1;
    end
end
binary = reshape(binary',[L * 8,1]);
end
```

采用声波信号进行通信。采样频率为 48kHz,由于大多数人听不到 17kHz 频率以上的声音,也不会发出超过 17Hz 的声音,因此在本方法中让设备发送 18kHz 的声波,这样就可以在发送过程中不干扰其他人,也可以使信号避免被人说话声音干扰。选择脉冲长度为 100 个采样点,由于采样频率为 48kHz,脉冲的持续时间是 $100/48000 \approx 0.0021$s。脉冲之间的间隔采样点数与编码的对应规则如下:

脉冲间隔(单位为采样点)	编码
50	00
100	01
150	10
200	11

6.7.3 调制

有了编码规则,就可以根据输入文本生成信号了。

首先是要产生声波信号,在脉冲间隔调制中,需要生成固定频率(18kHz)、固定长度(100 个采样点)的脉冲信号:

```
% %
fs = 48000;                          % 设置采样频率
f = 18000;                           % 指定声音信号频率
time = 0.0025;                       % 指定生成的信号持续时间
t = 0:1/fs:time;                     % 设置每个采样点数据对应的时间
t = t(1:100);                        % 截取出 100 个时间上的采样点
impulse = sin(2 * pi * f * t);       % 生成频率为 f 的正弦信号
```

接下来生成用于编码的空白部分:

```
delta = 50;
pause0 = zeros(1,delta);             % 编码 00
pause1 = zeros(1,2 * delta);         % 编码 01
pause2 = zeros(1,3 * delta);         % 编码 10
pause3 = zeros(1,4 * delta);         % 编码 11
```

设置待传输的字符串:

```
str = 'Tsinghua University';
```

调用 string2bin 函数时传入之前设置的待传输字符串，就可以得到待传输的二进制串，将其存储在变量 message 中：

```
message = string2bin( str )';            % 调用函数把字符串转为二进制串
% 因为设计的编码是每个码元代表 2 个 bit,这里要把二进制串转为四进制串
[~,m_Length] = size(message);
message4 = [];
for i = 1:m_Length/2
    % 把二进制串中的每两位进行结合,得到四进制串
    message4 = [message4,message(i*2-1)*2+message(i*2)];
end
```

生成编码数据：

```
output = [];
% 根据四进制串中的值,将 impulse 和对应的空白信号添加到输出信号中
for i = 1:m_Length/2
    if message4(i) == 0
        output = [output,impulse,pause0];
    elseif message4(i) == 1
        output = [output,impulse,pause1];
    elseif message4(i) == 2
        output = [output,impulse,pause2];
    else
        output = [output,impulse,pause3];
    end
end
% 在输出信号前加一段空白,避免播放器在信号刚开始的位置出现失真的情况。
output = [pause3,output,impulse];
% 在 figure 中画出输出的时域信号
figure(1);
plot(output);
axis([-500 17500 -3 3]);
% 将输出信号写入到音频文件中,需要指明文件名、数据、和采样频率。
audiowrite('message.wav',output,fs);
```

这里涉及一个有关扬声器播放声音的问题。有的扬声器在刚打开工作时，其中的电路会经历一个冷启动的过程，因此导致此时播放的声音出现失真的现象。可以在音频信号的前面加一段空白信号以跳过这一段冷启动过程。

最终生成的输出信号时域信号如图 6-21 所示，横轴代表采样点的序号，纵轴代表幅度。

得到调制过信息的声音文件后，将文件存储在一个安卓手机上，并使用一个声音播放器打开此文件进行播放。同时，使用另一个设备将声波信号录制下来存储到录音文件"r.wav"中。因为这里展示的是简单的调制方式，单个声道录到的数据就足够解码，因此录制声波时采用的单声道录制。

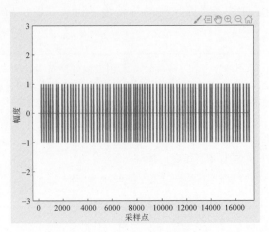

图 6-21　编码生成的时域信号

6.7.4　解调

以下的解调和解码部分写在 decoding.m 脚本中。用 MATLAB 读取录音文件"r.wav",并将读出的数据在图 6-22 中展示出来。

```
%% 读取录音文件中的数据
[data, fs] = audioread('r.wav');
figure(1);
plot(data);
hold on;
```

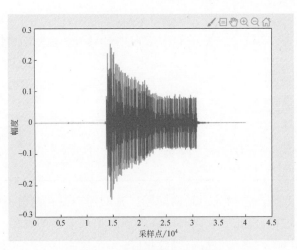

图 6-22　接收到的声音信号

从图 6-22 中可见,经历了扬声器播放、空气传播、麦克风接收的声波信号和未经传输的信号之间有一定的区别,对应了传输过程中引入的各种噪声。

在进行解调之前,先来回顾一下脉冲间隔调制的原理。由于脉冲间隔调制使用的是脉冲之间的间隔长短来编码数据,所以解调的关键在于得到每两个相邻脉冲之间的间隔,从而将其转换为对应的二进制数据。要得到脉冲之间的间隔,就需要获取每个脉冲的起始和结束时间。因为每个脉冲的长度是固定的,所以只需要知道脉冲的起始位置即可。

怎样找到脉冲的起始位置呢?在这个例子中采用能量强度阈值的方法。

借助傅里叶变换,可以获取一段时域信号中某个频率信号的强度。通过把时域信号进行分段的傅里叶变换,每段信号中18kHz信号的强度都可以被计算出来。由于设计的脉冲长度是100个采样点,当把傅里叶变换的窗口长度设置为100时,只有窗口从脉冲起始点开始截取信号的时候,才能使得整个时域窗口中都充满18kHz的声音信号。若窗口起始点不在脉冲起始的位置,那么时域窗口中将不可避免地包含一部分空白信号(没有声音信号,采样值接近0)。根据傅里叶变换的原理,频域上的能量强度是时域上对应频率能量的叠加。所以当窗口对齐脉冲起始位置时,傅里叶变换得到的18kHz处的能量是最高的。可以记录下每个时域窗口对应的18kHz的能量强度,通过寻找极大值得到每个脉冲信号的起始位置(图6-23)。

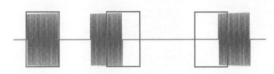

图6-23 脉冲信号和时域窗口

思考:对滑动时域窗口内的信号进行傅里叶变换,对应到什么操作?

接下来进行解调操作。首先对信号进行滤波,去除掉环境中的噪声,只保留信号调制所用到的18kHz的声音信号。

```
%% 对录音数据进行滤波
% 定义一个带通滤波器
hd = design(fdesign.bandpass('N,F3dB1,F3dB2',6,17500,18500,fs),'butter');
% 用定义好的带通滤波器对data进行滤波
data = filter(hd,data);
```

思考:实际上,在脉冲间隔调制中,滤波这一操作不是必须的,你知道是为什么吗?

接下来对录音信号进行滑动窗口的傅里叶变换,得到每一段数据中18kHz信号的强度信息。

```
%% 对数据进行带滑动窗口的傅里叶变换。得到每一段数据中18kHz信号的强度信息
f = 18000;                    % 目标频率为18kHz
[n,~] = size(data);           % 获取数据的长度值
window = 100;                 % 设置窗口大小为100个采样点
% 定义变量数组 impulse_fft,用于存储每个时刻对应的数据段中18kHz信号的强度
impulse_fft = zeros(n,1);
for i = 1:1:n-window
    % 对从当前点开始的window长度的数据进行傅里叶变换
    y = fft(data(i:i+window-1));
    y = abs(y);
    % 得到目标频率傅里叶变换结果中对应的index
    index_impulse = round(f/fs * window);
```

% 考虑到声音通信过程中的频率偏移,取以目标频率为中心的 5 个频率采样点中最大的一个来代表目标频率的强度
    impulse_fft(i) = max(y(index_impulse - 2:index_impulse + 2));
end
% 在 figure 中展示每个窗口对应的 18kHz 信号的强度
figure(2);
plot(impulse_fft);

图 6-24 展示了每个时域窗口的信号对应的 18kHz 信号的强度。

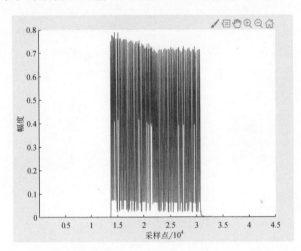

图 6-24　每个时域窗口对应的 18kHz 信号的强度

对局部进行放大,可以观察到锯齿形的曲线,如图 6-25 所示。

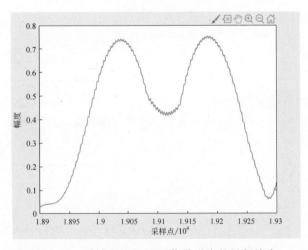

图 6-25　时域上的 18kHz 信号强度的局部放大

这里目的是通过找极大值准确得到每个脉冲信号的起始位置,然而锯齿形的信号的最大值可能不严格出现在信号峰的中间位置。需要通过滑动窗口平均来对 impulse_fft 进行均值滤波,得到一条平滑的曲线。在这里设置一个大小为 11 的窗口:

```
% 滑动平均(均值滤波)
sliding_window = 5;
impulse_fft_tmp = impulse_fft;
for i = 1 + sliding_window:1:n - sliding_window
    impulse_fft_tmp(i) = mean(impulse_fft(i - sliding_window:i + sliding_window));
end
impulse_fft = impulse_fft_tmp;
% 在 figure 中展示平滑后的 impulse_fft
figure(2);
plot(impulse_fft);
hold on;
```

从图 6-26 中可以看出,均值滤波有效地把锯齿形的信号转化成了相对平滑的信号。对于滑动窗口的大小,可以根据实际需要进行调整。

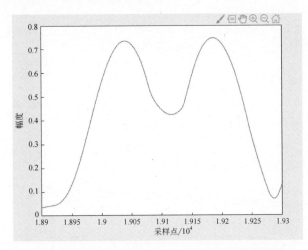

图 6-26 经过滑动平均的 18kHz 信号强度的局部放大

由于在实际操作中,不能保证经过平滑之后的信号在峰的两侧都是单调的,所以用局部最大值替代极大值来进行判断。通过找到局部最大值得到峰的中间位置,从而得到脉冲信号的起始位置。由于脉冲的长度为 100,所以再次使用一个长度为 100 的窗口,这次的窗口是以当前点为窗口的中间,往前后各取半个窗口的长度。当中心点的值是整个窗口中的最大值时,说明左右两侧的点都比中间点的值小,也就是说,当前窗口的中心点是一个峰。为了去除空白数据处的曲线波动对峰值判断的干扰,这里多加了一个对峰的高度的判断,当数据值小于或等于 0.3(阈值)时,无论曲线在此处的走势如何,这里都不会是一个峰。

```
% 取出 impulse 起始位置(峰的中间位置)
position_impulse = [];                    % 用于存储峰值的 index
half_window = 50;
for i = half_window + 1:1:n - half_window
    % 进行峰值判断
    if impulse_fft(i) > 0.3 && impulse_fft(i) == max(impulse_fft(i - half_window:i + half_window))
        position_impulse = [position_impulse, i];
```

```
            end
    end
```

根据前面的分析,峰值的位置就是脉冲的起始位置。为了验证这个结论,这里把得到的峰值位置在时域信号图中展示出来,并计算相邻两个脉冲之间的间隔。

```
%% 在图中表示出脉冲起始位置并计算相邻两个脉冲之间的间隔
[~,N] = size(position_impulse);
% 定义变量 delta_impulse 用于存储相邻两个脉冲之间的间隔
delta_impulse = zeros(1,N-1);
for i = 1:N-1
    % 在 18kHz 信号的强度图中标出脉冲起始位置
    figure(2);
    plot([position_impulse(i),position_impulse(i)],[0,0.8],'m');
    % 在时域信号上标出脉冲起始位置
    figure(1);
    plot([position_impulse(i),position_impulse(i)],[0,0.2],'m','linewidth',2);
    % 计算两个相邻脉冲之间的间隔。-100 是减去脉冲信号长度
    delta_impulse(i) = position_impulse(i+1) - position_impulse(i) - 100;
end
```

脉冲起始位置在原始时域声音信号上的展示如图 6-27 所示。观察发现,代表着计算得到的脉冲起始位置的红色线条所切割的位置并不是真正的脉冲信号起始位置。在红色线条之前已经有一段的声音信号存在了。

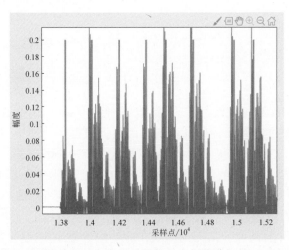

图 6-27　计算得到的脉冲起始在真实时域信号中与脉冲起始不匹配(见文前彩图)

然而这些红色线条在 18kHz 强度的时域图中与峰值很好地一一对应,如图 6-28 所示。

也就是说,18kHz 信号强度的时域图中的峰值并不是出现在脉冲的起始位置。为了解释这一现象,将真实时域信号和分窗口傅里叶变换得到的 18kHz 信号强度时域图画在图 6-29 中进行观察。可以发现 18kHz 信号强度峰值并没有出现在信号起始处,如图 6-30 所示。

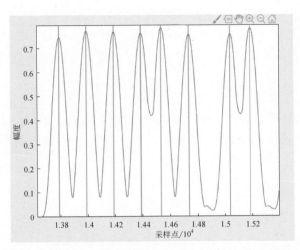

图 6-28　计算得到的脉冲起始位置和 18kHz 信号强度峰值整齐对应

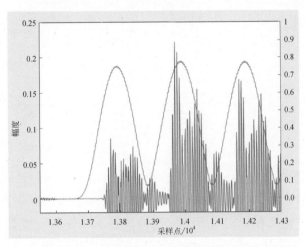

图 6-29　18kHz 信号强度峰值并没有出现在信号起始处

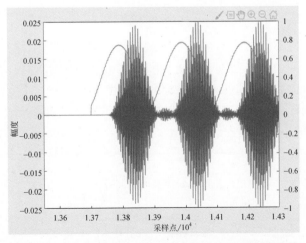

图 6-30　18kHz 信号强度时域图及滤波之后的声音信号

这个现象其实是由滤波造成的。如果把图 6-29 中的原始信号替换成滤波之后的信号，就会发现滤波后的每个脉冲的开头和结尾处的信号比中间的弱。这个滤波器特性导致的现象再加上多径效应造成的回声现象，使得滑动窗口傅里叶变换得到的最大值并不是出现在脉冲的起始位置。

如果不对信号进行滤波，而是直接用原始的声音数据进行滑动窗口傅里叶变换，得到的结果如图 6-31 所示。可以看到 18kHz 信号强度的峰值确实出现在了声音信号的起始位置，但由于没有进行滤波，原始信号中存在的频率更杂乱，使得得到的 18kHz 信号强度曲线也更加波折。

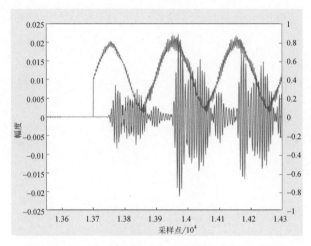

图 6-31　18kHz 信号强度峰值出现在了信号起始处

尽管用滤波前的原始数据和滤波后的数据进行滑动窗口傅里叶变换得到的峰值位置不一致，事实上，这两种方式都可以成功解码出数据。这是因为解码数据依靠的是相邻两个脉冲信号之间的间隔，就算识别出来的脉冲信号的绝对位置有偏差，只要每个脉冲信号位置都偏差大致相似的采样点数，相邻两个脉冲信号之间的间隔就是大致不变的。当设计编码时，不同码元使用的间隔之间差异足够大，就可以保证解码的准确性。

6.7.5　解码

接下来使用相邻脉冲之间的间隔进行解码。根据设计编码时定义的对应规则把不同长度的间隔映射为不同的编码数据。另外，由于噪声等的影响，得到的间隔长度不会严格等于设计值。这时就需要在解码时引入一定的鲁棒性设计。在这个实验中，假设只要实际间隔值和设计值之间的误差小于 10，就解码出对应的数据，否则解码失败。误差的阈值可以根据信道、信号等的实际情况进行设置。

```
%% 解码
% 由于每个码元对应 2bit, 所以先把间隔对应到四进制数
decode_message4 = zeros(1,N-1)-1;
for i = 1:N-1
    if delta_impulse(i) - 50 > -10 &&delta_impulse(i) - 50 < 10
        decode_message4(i) = 0;
```

```matlab
    elseif delta_impulse(i) - 100 > -10 &&delta_impulse(i) - 100 < 10
        decode_message4(i) = 1;
    elseif delta_impulse(i) - 150 > -10 &&delta_impulse(i) - 150 < 10
        decode_message4(i) = 2;
    elseif delta_impulse(i) - 200 > -10 &&delta_impulse(i) - 200 < 10
        decode_message4(i) = 3;
    end
end
% 把四进制转化为二进制
decode_message = zeros(1,(N-1)*2)-1;
for i = 1:N-1
    if decode_message4(i) == 0
        decode_message(i*2-1) = 0;
        decode_message(i*2) = 0;
    elseif decode_message4(i) == 1
        decode_message(i*2-1) = 0;
        decode_message(i*2) = 1;
    elseif decode_message4(i) == 2
        decode_message(i*2-1) = 1;
        decode_message(i*2) = 0;
    elseif decode_message4(i) == 3
        decode_message(i*2-1) = 1;
        decode_message(i*2) = 1;
    end
end
```

现在解码出了声音信号中编码的二进制串,要将其转化为可解读的信息还需要将二进制串变成字符串。这里实现一个与 string2bin 函数对应的 bin2string 函数来实现这个功能:

```matlab
function [ str ] = bin2string( binary )
% 把二进制串转化为字符串
L = length(binary);
str = [];
binary = reshape(binary',[8,L/8]);
binary = binary';
for i = 1:L/8
    s = 0;
    for j = 1:8
        s = s + 2^(8-j) * binary(i,j);
    end
    str = [str,char(s)];
end
end
```

最后,调用 bin2string 函数:

```matlab
% 把二进制数据根据 ascii 码值解出对应的字符串
str = bin2string(decode_message)
```

运行整个脚本可以得到可以解码的数据串：

```
>> decoding
str =
    'Tsinghua University'
>>
```

至此，一个简单的无线传输系统就完成了。大家可以试着实现一下整个过程，一定会加深对整个通信的流程的理解。另外，建议大家也可以直接听一下调制出来的信号，尤其是基带信号，体验一下人耳能够直接听到无线通信信号的这一种奇妙的感觉，同时也尝试一下看看能不能人耳就解码出来。

思考：①如果环境中存在较强的干扰，使得能量较强的地方很可能是噪声，应该如何检测信号的起始位置？②在脉冲间隔调制中，如果有一个脉冲因噪声没能被检测到，则会导致之后所有的脉冲都错位一个，因此解出的二进制串从这一位往后全都没有对齐。如何减少这种情况带来的影响？

参考文献

[1]　余成波.信号与系统[M].2版.北京：清华大学出版社，2007.

第7章

物联网无线通信技术

7.1 传统无线通信技术

学习了之前调制解调的底层技术,就可以基于这一系列技术来实现物联网各种无线传输协议了。本部分主要介绍无线协议,关于有线协议的部分参考计算机网络这门课程,我们在这里就不再介绍。

根据物联网应用的不同需求,可以将物联网中使用到的无线协议大致分为四个不同类别。按照传输能耗和距离,第一类是远距离高速率的传输协议,典型协议包括蜂窝网络通信技术,如 3G、4G、5G 相关技术等,这是目前移动通信使用的典型技术。第二类是近距离高速率传输技术,如 WiFi、蓝牙等,这些技术传输距离在几十米到几百米级别,主要用在家庭环境和日常应用中,使用非常广泛,前面两类可能是一般用户最常用到的网络协议,也符合传统网络应用的主要特点和需求。第三类是近距离低功耗传输技术,如传统物联网中 ZigBee、RFID、低功耗蓝牙等,这是物联网最近发展起来的技术,能够提供近距离低速率的传输。第四类是远距离低功耗传输技术,低功耗广域网技术属于这一分类。前面三类技术大都要求较高的信噪比,缺点是对障碍的穿透性较小,无法在复杂环境中实现远距离低功耗传输。低功耗广域网技术填补了这一技术空白,低功耗广域网技术以极低功耗进行远距离传输(如几千米到几十千米),具备极低信噪比下的通信能力。

在物联网通信中,通信距离、通信速率、通信功耗就像不可能三角一样难以兼得,在实际设计中会根据需求有所取舍,例如,WiFi 选择高数据率,就会适当降低通信距离和通信功耗的要求。手机上使用的移动通信技术主要选择通信距离和通信速率,降低通信功耗的要求。所以技术还是那些技术,限制还是那些限制,一方面大家在设计适应不同场景的无线通信技术,如 WiFi、蓝牙、5G 等,另一方面大家在给定技术的条件下想方设法地接近技术的极限。

7.1.1 WiFi

如今无线局域网 WiFi 是人们日常生活中访问因特网的重要手段之一,它可以通过一个或多个体积很小的接入点,为一定区域内的(家庭、校园、餐厅、机场等)众多用户提供因特网访问服务。在 IEEE 为无线局域网制定 IEEE 802.11 规范之前,存在许多不同的无线局域网标准,这样的缺点是用户在 A 区域(例如,餐厅)上网需要在电脑上安装一种类型的网卡,当他回到 B 区域(例如,办公室)则需要为电脑更换另一种类型的网卡。除了浪费时间和硬件成本外,在不同协议覆盖重叠区域内,无线信号的干扰还会降低网络访问的性能。因此为了规范和统一无线局域网的行为,从 20 世纪 90 年代至今 IEEE 制定了 802.11 系列协议,让 WiFi 技术得以在规范化的道路上快速发展。

7.1.2 蓝牙

WiFi 传输适用在短距离大带宽的传输场景中,因此已经在电脑和手机的数据传输上被广泛使用。随着物联网的发展,越来越多的设备需要联网,而这些设备的网络传输带宽需求并没有那么大,比如智能手表、智能手环的数据传输,针对这样的近距离、低带宽的传输需求,蓝牙协议应运而生。最具代表性的蓝牙协议为低功耗蓝牙协议(bluetooth low energy,BLE),在众多商用智能设备上均有实现。所以还是之前的那句话,技术的限制就在那里,就看怎么样使用技术满足不同场景的需求。

7.1.3 IEEE 802.15.4/ZigBee

进一步在 WiFi、蓝牙等协议的基础上,针对自组网的需求,ZigBee 协议逐渐发展起来。其主要特点是近距离、低功耗的传输,同时还在上层协议基础上可以支持自组网等不同形式的组网功能。现在来看,ZigBee 协议的特点已经没那么明显了,蓝牙也具备低功耗的传输特点,同时也支持自组网的网络功能,因此实际场景中见到的 ZigBee 协议越来越少了。ZigBee 协议算是笔者研究阶段起步学习的协议,也是笔者研究了很久的协议。作为研究物联网协议的一个起点,笔者觉得从 ZigBee 开始还是很不错的,规模不是那么庞大,中间技术也没有那么复杂,有开源的实现方式,有很多具体解释文件,有较新的论文和研究。

7.2 反向散射通信

之前看到的通信方式大多可以被认为是主动式的通信方式,即发送方主动产生电磁波,并基于这个电磁波进行调制传输数据。反向散射通信(backscatter)是采用的另外一种模式,发送方不需要主动产生信号,而是通过反射别的设备产生的电磁波来进行通信,在反射过程中改变反射信号的特点(如幅度、相位等)来编码信号。在 20 世纪 40 年代,出现了一个设备 The Great Seal Bug(金唇),可以在不依赖电源的情况下传输信息,如图 7-1 所示。

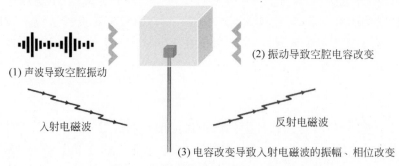

图 7-1 窃听设备 The Great Seal Bug

该设备的构造十分简单,由一个接收特定频段的天线和一个连接到天线的空腔构成。空中的声波会撞击这个空腔,并使其发生振动,而振动引起的形变会改变这个空腔的电容,从而改变入射电磁波的幅度、相位等特征(类似于调制技术)。在接收端,反射回来的电磁波便可以解调出空腔拾取的声音信号。值得一提的是,由于这个设备无需供电(无源),其在美国驻苏联大使馆的大使办公室中工作了七年才被发现并取下。这个技术也可以被认为是反向散射通信技术的前身。

例如,在反向散射通信中,反向散射标签可以控制其天线在完全吸收信号/完全反射两种状态中切换,在不同的状态下,反射出来的信号就会具备不同的振幅,这个振幅就可以用来调制信息。

为了更深入地理解反向散射标签如何在两种状态中切换,进而改变反射信号的振幅,在这一节对反向散射通信的基础原理进行介绍。

当电磁波在传播中遇到具有不同阻抗的两种介质的边界时,电磁波将会被一定程度的吸收或反射回去。所以,只需要在天线处进行阻抗的切换,就可以改变反射的电磁波实现数据传输。反向散射通信技术不需要专门的电源产生通信过程中需要的载波,因此能耗极小,可使射频设备的功耗降低若干个数量级,甚至可以做到不需要专用的电源,可以吸收环境中的能量进行通信。因此在物联网的各种应用中,反向散射通信技术有很大的优势。

一般来说,外界到达反向散射标签的信号一般称为激励信号(excitation signal)。假设到达反向散射标签的激励信号为 S_{in},则其反射出的信号 S_{out} 可以由下式描述:

$$S_{out} = \frac{Z_a - Z_c}{Z_a + Z_c} S_{in}$$

其中,Z_a 和 Z_c 分别表示天线的阻抗(一般为 50Ω)和连接到天线的电路对应的阻抗。

例如,将标签的 Z_c 值设置在 0 和 Z_a 之间切换,在电路实现中是切换图 7-2 中的 S_1 连接到的阻抗值。分别将 $Z_a=0$ 和 $Z_a=Z_c$ 代入上面的公式,可以得到 $S_{out}=S_{in}$ 和 $S_{out}=0$。这样接收端可以通过反射回信号的振幅来判定基带的高低电平。

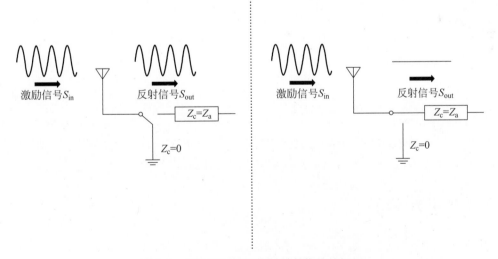

图 7-2 通过改变阻抗控制反射信号的振幅

还可以将 S_{in} 通过频移(frequency shifting)的手段使其远离 S_{out} 所处的频段，这样在接收处便可通过一个滤波器排除来自不同频段的干扰。

下面以 FSK(频移键控)的反向散射通信为例，向大家介绍反向散射通信中常见的频移操作。如果将开关 S_1 在两个状态间切换的频率设置为 f_0，相当于将 S_{in} 乘上了 $\{0,1,0,1,\cdots,0,1\}$ 这样的序列，也就是频率为 f_0 的方波 $S_{square}(f_0 t)$。如果忽略掉方波的高次谐波，将方波近似为同频的余弦信号 $\cos(f_0 t)$。可以得到：

$$S_{out} = S_{square}(f_0 t) \cdot S_{in} \approx \cos(f_0 t) \cdot S_{in} = \frac{1}{2}(e^{j2\pi f_0 t} + e^{-j2\pi f_0 t})S_{in}$$

从该式中可以看出，标签反射出的信号 S_{out} 将激励信号 S_{in} 分别向上和向下频移 f_0。如果标签根据需要发送的内容，切换 f_0 的取值，接收端就可以对比激励信号与 S_{out} 的频率差，从而得到标签发送的 FSK 数据。

请读者在 MATLAB 中运行下面的代码，理解对 S_{in} 的频移操作，以及接收机解出 backscatter 信号的过程。

```
% 注:以下的代码假设直接在基带进行频移操作,实际的通信过程中发射机与接收机需要经过上变频和
% 下变频等操作,为了方便理解,在这里略去
t = (1 : 1024)/128e3;
s_in = exp(1j * 2 * pi * 100e3 * t);
% 生成激励信号 s_in,为一个单频信号

s_backscatter_bit0 = cos(2 * pi * 16e3 * t);
s_backscatter_bit1 = cos(2 * pi * 32e3 * t);
% tag 以不同频率控制开关以发送"0"或"1"

s_out_bit0 = s_in .* s_backscatter_bit0;
s_out_bit1 = s_in .* s_backscatter_bit1;
% tag 生成不同频率的信号与 s_in 相乘,得到 s_out

figure;
hold on
plot(abs(fftshift(fft(s_out_bit0))));
plot(abs(fftshift(fft(s_in))));
hold off
figure;
hold on
plot(abs(fftshift(fft(s_out_bit1))));
plot(abs(fftshift(fft(s_in))));
hold off
% 画出发送"0"或者"1"(即频移不同频率)的频谱
```

思考：backscatter 除了利用不同的频移频率来编码数据，同样可以通过改变 S_{square} 的初相位，在频移的同时使用 PSK 的方式通信，这是如何实现的？

7.3 射频识别标签

射频识别(Radio Frequency IDentification,RFID)技术顾名思义，就是使用射频技术进行识别的技术。RFID 技术就是反向散射通信技术的典型应用。具体来说，RFID 技术使用

RFID 阅读器(reader)通过射频信号对 RFID 标签(tag)进行非接触式信息传输,并且通过所传输的信息,RFID reader 可以识别被嵌入 RFID tag 的物品的身份信息。一个 RFID 系统主要由标签、天线、阅读器(阅读器通常集成了发射机、接收机和微处理器)构成。每个 RFID 标签内部存有唯一的电子编码,用来标识目标对象。标签进入 RFID 阅读器扫描区以后,接收到阅读器发出的射频信号,凭借感应电流获得的能量发送出存储在芯片中的编号。与此同时,基于反向散射原理,RFID 标签能够在收到射频信号后将要发送的数据加载在反射信号上发射出来。

RFID 标签由于基于反向散射通信技术,无需任何电池进行供电,结构简单,体积小,可以嵌入不同形状和不同类型的物品中,适用范围广泛,所呈现出的形态有标签、卡片、纽扣等。数以亿计的 RFID 标签广泛用于库存管理、智能物流、资产跟踪、室内定位等场景中。

7.3.1　RFID 协议标准

RFID 基于反向散射技术进行通信,标签在切换的同时可以实现不同的协议。目前 RFID 已经形成了一整套比较完整的标准和协议,也有人认为,RFID 技术是物联网新型技术里最典型、应用最广泛的技术。目前 RFID 标准主要包括物理特性、空中接口规范、编码规则、读写器协议、测试应用规范、信息安全协议等。全球 RFID 标准制定者主要是 ISO/IEC 和 EPC Global。

在 EPC Global 标准中,RFID 阅读器使用 PIE(脉冲间隔编码)与 ASK(振幅键控)向标签发送 Query 等命令。脉冲间隔编码(回顾前面章节的知识)的"0"是短暂的高电平跟随短暂的低电平,而"1"是长时间的高电平跟随短暂的低电平,如图 7-3 所示。RFID 标签使用包络检测器可以得到高低电平交替的基带信号,并通过判断高电平的持续时间来接收 RFID 阅读器发送的指令。接着 RFID 阅读器发出单频连续波(continuous wave,CW),CW 既作为供给标签的无线电源,又作为标签产生的基带信号的载波。

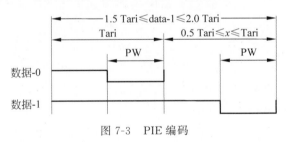

图 7-3　PIE 编码

标签使用 FM0 编码与 ASK 调制将数据搭载到阅读器发出的 CW 上。FM0 在每个新符号开始时做一次反相(1→0/0→1),编码"0"时,在符号中间做一次反相,编码"1"时,符号在整个传输过程中保持不变,如图 7-4 所示。在进行 ASK 调制时,标签使用阅读器发出的 CW 作为载波,控制其天线在完全吸收/完全反射两种状态中切换,因此反射出去的信号就在最小/最大振幅之间切换。反射信号的振幅就搭载了标签的基带信号。由于标签仅仅需要控制一个射频开关,能耗非常低,从 CW 获取的感应电流就可以为其提供能量。

思考一下标签能否采用其他的形式进行编码?

为了防止标签之间的碰撞,RFID 使用了基于时隙 ALOHA 的 MAC 层协议。

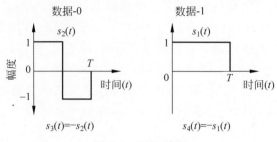

图 7-4 FM0 编码

7.3.2 可计算 RFID——WISP

传统的 RFID 标签仅仅能发送其编号信息,为了使得 RFID 标签进行更加复杂的计算甚至环境感知任务,研究人员提出了可计算 RFID 的概念。其中,最为知名的是英特尔公司与华盛顿大学联合启动的一个名为 Wireless Identification and Sensing Platform(WISP)的项目。WISP 标签搭载了一个超低功耗微控制器。可以通过编写固件让 WISP 标签完成一些传统 RFID 标签无法实现的复杂运算。同时 WISP 上集成了温度、加速度等传感器,能够对周围的环境进行感知,如图 7-5 所示。

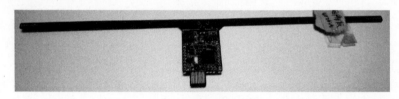

图 7-5 WISP 标签

在 WISP 上进行 RFID 相关的实验和应用需要如下工具:WISP 标签本身和阅读器(Impinj R420、Impinj R1000);MSP-FET430UIF 调试工具;Code Composer Studio(CCS)集成开发环境。

在获取了相应的工具后,使用 WISP 大致有如下几个步骤:①获取官方的 WISP 固件(该固件包含 RFID C1G2 协议控制和处理的功能);②将 WISP 与 MSP-FET430UIF 调试工具相连,在 CCS 中对 WISP 的固件进行开发;③RFID 阅读器硬件配置,包括天线、网络、电源等;④通过 sllurp(WISP 官方推荐的一个 Python 库)或 Impinj 公司的 ItemTest 应用程序对 RFID reader 进行软件配置并进行读取测试。

如果读者对使用 WISP 进行可计算 RFID 的开发有进一步的兴趣,可以访问 https://sites.google.com/uw.edu/wisp-wiki/home 获取详细信息。

7.3.3 基于环境信号的反向散射技术

RFID 的使用需要专用的阅读器发送激励信号,并且激励信号占用了专用的频段。随着反向散射通信技术的发展,一个重要的思路是利用环境中已有的射频信号,如 WiFi、蓝牙和 LoRa 信号等。

下面以 WiFi 信号为例介绍基于环境信号的反向散射通信(ambient backscatter)技术,其他信号的反向散射通信技术可以采用类似的方法,这一块也是目前研究领域大家关注的热点。假设环境中已有的 WiFi 设备像往常一样,发送着 802.11b 数据包,反向散射标签可以基于上面的技术将这些数据包进行频移后,在新的频段上生成一个新的 802.11b 数据包。接收机可以在两个频段分别接收这两个数据包,然后将原本的数据包与当前的数据包的内容进行对比便可解出反向散射通信编码的数据。

为了理解该通信的原理,首先对 802.11b 进行简略介绍,更多详细内容大家可以查询相关资料。802.11b 是相对比较古老的 WiFi 协议,1Mbps 速率的 802.11b 中,一个 symbol 使用正向的或负反向的 Barker 序列表示。可以这样理解:$bit_0 = barker(t)$,$bit_1 = barker(t) \cdot e^{j\pi}$。这样可以认为激励信号 $S_{in}(t) = barker(t) \cdot e^{j2\pi f_c t}$,使用频移的手段,将 $S_{in}(t)$ 乘上一个方波,根据前面的介绍,可以将这个方波近似为余弦波 $\cos(f_0 t)$。但是仅仅控制这个余弦波的频率是不够的,在 7.2 节的末尾,大家思考了如何在频移同时改变相位,在这里就可以运用这个技术。在利用方波频移的同时,只需要控制 $\{0,1\}$ 的先后顺序便可以控制相位,例如,$\{0,1,0,1,0,1,\cdots\}$ 和 $\{1,0,1,0,1,0,\cdots\}$ 的相位就相差了 π,感兴趣的读者可以利用傅里叶变化观察它们的相位谱。所以,余弦波 $\cos(f_0 t)$ 在这里需要被表示为 $\cos(f_0 t + \varphi)$。在这里,使 $\varphi = 0$ 或 π,反向散射标签使用固定的频率 f_0,通过这两种不同的相位编码比特"1"或"0"。所以有

$$S_{out}(t) = S_{in} \cdot \cos(f_0 t + \varphi)$$
$$= \frac{1}{2} S_{in} \cdot e^{j2\pi f_0 t} \cdot e^{j\varphi} + \frac{1}{2} S_{in} \cdot e^{-j2\pi f_0 t} \cdot e^{j\varphi}$$

在这里,只关注向上频移 f_0 的那部分(接收机通过一个带通滤波器便可以滤掉向下频移的那部分)。有

$$S_{out}^{upper}(t) = \frac{1}{2} \{barker(t) \text{ or } barker(t) \cdot e^{j\pi}\} \cdot e^{j\varphi} \cdot e^{j2\pi(f_c + f_0)t}$$

思考:为什么会产生不同部分的信号?可以去参考文献部分看一下论文。

接着,接收端使用下变频,得到基带信号:

$$2 * baseband\{S_{out}^{upper}(t)\} = \{barker(t) \text{ or } barker(t) \cdot e^{j\pi}\} \cdot e^{j\varphi} \cdot e^{j2\pi(f_c + f_0)t}$$
$$= \{barker(t) \text{ or } barker(t) \cdot e^{j\pi}\} \cdot e^{j\varphi} (\varphi = 0 \text{ or } \pi)$$

如上式,基带信号如果是原本的正或负 Barker 码点乘或不点乘 $e^{j\pi}$,还是合法的正或负 Barker 序列,则该基带信号同样可以被接收机解出。加上反向散射标签的相位偏移后,就不是原来的 Barker 码了,解出来的信号就带有相位偏移 φ。因此,解码过程只需要逐 symbol 对比,如果反向散射信号的 symbol 与原始 symbol 同号,那么 $\varphi = 0$,反之 $\varphi = \pi$。换言之,对两路结果做异或操作即可解出反向散射信号。这个方法的巧妙之处在于,可以在原始 WiFi 上编码数据的同时,沿用传统的 WiFi 接收机进行数据解码,不需要额外使用专门的硬件。除了这个方法,还有很多基于更高版本 WiFi 以及 BLE 等协议的反向散射系统,这里就不一一介绍了,感兴趣的读者可以基于介绍的基础知识,了解相关论文和参考资料。

7.4 低功耗广域网

为了填补远距离、低功耗传输技术的空白,低功耗广域网(low power wide area network, LPWAN)技术应运而生。它以极低功耗进行远距离传输(如几千米到几十千米),具备极低信噪比下的通信能力。低功耗广域网有效地弥补了现有物联网连接方法的不足,成为支持物联网连接的重要基础,得到了国内外的广泛关注,并成为国内外的研究和应用前沿。

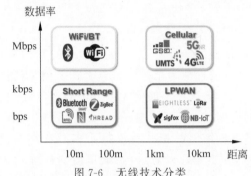

图 7-6 无线技术分类

低功耗广域网的特点在于极低功耗、长距离以及海量连接,适用于物联网万物互联的场景。LPWAN 不只是一种技术,而是代表了一类有着各种形式的低功耗广域网技术,如图 7-6 所示。其中 LoRa 使用的是一种扩频技术,NB-IoT 使用的是窄带技术,这是两种有代表性的低功耗广域网技术。

无线通信技术从数据率和通信范围两个维度的比较如图 7-6 所示,不难看出,LPWAN 填补了常见通信技术(如 WiFi、Bluetooth、4G/5G 等)的空白,即通信距离长、能耗低、通信速率低。虽然 LPWAN 通信速率不高,但是依然能够满足大部分物联网通信的需求,其超低功耗的特点是它受到青睐的原因。

在早期的研究中,主要有三种技术为物联网系统提供数据传输服务。

(1) 短距离无线网,代表技术包括蓝牙、ZigBee、Z-Wave 等。这类技术通常对功耗要求低,但其传输覆盖范围小、传输速率受限,因此适合短距离低带宽的应用场景。

(2) 传统无线局域网,即 IEEE 802.11 协议族所规定的一系列协议,典型的就是平时常用的 WiFi 协议。这类技术覆盖范围较短,通常是家庭和室内环境的距离,大致覆盖几十米到数百米。适合高带宽短距离的应用场景。

(3) 蜂窝网络,包括 GSM、LTE 等技术。这一类技术距离远、带宽高,适合高带宽需求或者移动应用的场景。

针对上述已有技术在具体物联网应用中存在的不足,LPWAN 技术发展成为了适合大规模物联网应用场景的连接技术。LPWAN 技术兼具短距离无线网络低功耗和蜂窝网络超大覆盖范围的优点,覆盖范围广、通信能耗低。因此对于分布在大范围区域内的低功耗物联网设备来说,LPWAN 技术是最佳的连接选择。在 LPWAN 网络中,这些物联网设备可以随意部署或移动,因此 LPWAN 技术可以满足智能城市中的诸多应用,如智能化计量、家庭自动化、可穿戴电子设备、物流、环境监测等。这些应用需要交换数据量少,交换的频率也不高。LPWAN 应用场景包括但不限于智能交通、工厂、农业、采矿等领域。由于 LPWAN 技术具有传统的蜂窝网络和传统无线技术所不具备的特点(例如,相比于蜂窝网络来说功耗更低,相比于传统无线网覆盖更广),同时由于其独特的设计,使得 LPWAN 技术通常能在更低的信噪比下工作,因此能够适合在复杂环境中的联网。

现有的 LPWAN 技术,按工作频段不同,主要可以分为授权频段(license band)和非授权频段(unlicensed band)两类。

（1）采用授权频段技术的为3GPP(3rd Generation Partnership Project)主导的NB-IoT (Narrow Band IoT)，其采用现有蜂窝网络的基础硬件，通过升级来实现，主要投入为电信营运商及相关设备厂商。

（2）至于非授权频段，就呈现了遍地开花的状况，大部分不属于电信领域的ICT厂商，主要的代表技术有LoRa、SigFox等。它们都采用了ISM频段(Industrial Scientific Medical Band)，这是一种各国开放给工业、科学及医学机构使用的频段。它们无需许可证及费用，只需要遵守一定的发射功率（一般低于1W），不要对其他频段造成干扰即可。

7.4.1 LoRa

LoRa是Long Range Communication的简称，狭义上的LoRa指的是一种物理层的信号调制方式，是Semtech公司定义的一种基于Chirp扩频技术的物理层调制方式，可达到−148dBm的接收灵敏度，以较小的数据速率（0.3～50kbps）换取更高的通信距离（市内3km，郊区15km）和更低的功耗（电池供电在特定条件下可以工作长达10年）。从系统角度看，LoRa也指由终端节点、网关、网络服务器、应用服务器所组成的一种网络系统架构：LoRa定义了不同设备在系统中的分工与作用，规定了数据在系统中流动与汇聚的方式。从应用角度看，LoRa为物联网应用提供了一种低成本、低功耗、远距离的数据传输服务：LoRa在使用10mW射频输出功率的情况下，可以提供超过25km视距传输距离，从而支持大量广域低功耗物联网应用。本节剩余部分将从LoRa应用、LoRa系统架构、LoRa物理层调制技术三个方面，自顶向下地对LoRa进行介绍。

需要指出的是，现在关于LoRa的研究工作越来越多。有很多的研究工作甚至论文声称自己使用了LoRa或者就是LoRa，但是实际只是其中一小部分与LoRa有一些关系，比如可能仅仅使用了CSS技术，甚至都可能只是使用了频率线性增长的信号，例如，有一些使用了FMCW技术的工作也和LoRa联系起来。这些都不能与通常所说的LoRa协议画等号。

1. LoRa应用

LoRa作为目前广泛使用的低功耗广域网技术（LPWAN），为低功耗物联网设备提供了可靠的连接方案。如图7-6所示，相比于WiFi、蓝牙、ZigBee等传统无线局域网，LoRa可以实现更远距离的通信，有效扩展了网络的覆盖范围。而相比于移动蜂窝网络，LoRa具有更低的硬件部署成本和更长的节点使用寿命，单个LoRa节点可以在电池供电的情况下连续工作数年。LoRa具有低数据率、远距离和低功耗的性质，非常适合与室外的传感器及其他物联网设备进行通信或数据交互。

考虑到LoRa在覆盖距离、部署成本等方面的巨大优势，近年来LoRa在全球范围内进行了大量的应用部署，在智能仪表（如智能水表、智能电表）、智慧城市、智能交通数据采集、野生动物监控等众多物联网场景中都可以看到LoRa的应用。例如，LoRa通信模块与传统的水质传感器进行连接，从而使用户可以在数十千米外远程监控饮用水在输送过程中的水质变化情况。而在荷兰的KPN项目中，工程人员通过广泛部署LoRa网关，实现LoRa网络全覆盖，为智慧运输、智能农业、智慧路灯等具体应用提供了通信支持。

2. LoRa架构

现在常用的LoRa架构由节点、网关及服务器组成，各部分的关系如图7-7所示。LoRa

节点与网关之间采用单跳直接连接,这一阶段的物理层使用线性扩频调制(chirp spreading spectrum,CSS),MAC 层通常使用 LoRaWAN 协议。后面会详细介绍 CSS 调制方法的细节。

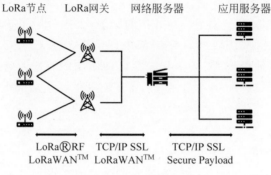

图 7-7　LoRa 网络架构

网关收到数据包后,对数据包信号进行解码,并将解码结果传输给网络服务器,这一阶段使用传统的 TCP/IP 进行传输,同时网络服务器与网关之间的交互仍然遵守 LoRaWAN 协议。网络服务器汇总多个网关的数据,过滤重复的数据包,执行安全检查,并根据内容将数据发送至不同的应用服务器,供用户读取和使用,这一阶段也使用 TCP/IP 和 SSL 进行传输和加密。

3. LoRaWAN

注意到前面提到过的,单一的 LoRa 节点向 LoRa 网关发送数据主要采用 CSS 调制方法。在 LoRa 网络中,会有很多 LoRa 节点向同一网关发送数据,这就需要 MAC 协议来协调不同节点间的数据传输,在 LoRa 中比较典型的 MAC 协议就是开源的 LoRaWAN。LoRaWAN 是由 LoRa 联盟在 LoRa 物理层编码技术的基础上提出的 MAC 层协议,由 LoRa 联盟负责维护。LoRaWAN 规范 1.0 版本于 2015 年 6 月发布。LoRaWAN 协议主要规定了节点与网关、网关与服务器之间的连接规范,确定了 LoRa 网络的星型拓扑结构。受 LoRa 节点成本和能耗的限制,现有的 LoRaWAN 协议基本采用纯 ALOHA 机制,即节点在发送数据前不进行载波侦听,也就是没有使用 CSMA/CA,而是随机选择时间进行发送。

思考:纯 ALOHA 机制的 MAC 协议对大规模的 LoRa 节点网络会产生什么影响?

选择纯 ALOHA 机制的主要原因有两个:①LoRaWAN 协议的简单性有助于降低节点能耗,延长节点的使用寿命;②载波侦听等协议对于信噪比非常低的 LoRa 信号实现较难;③由于 LoRa 节点的通信距离覆盖较大,节点部署可能比较密集,使用 CSMA/CA 协议等可能会很大程度降低网络效率。

思考:为什么 LoRa 网络中实现 CSMA/CA 的效率不高?

大家想象一下,传统的载波侦听都可以基于信号强度来实现,但是在 LoRa 中,信号强度通常淹没在噪声平面以下,这样是很难检测到信号的,冲突避免机制也因此难以实现。在采用 CSMA/CA 协议时,隐藏终端(hidden terminal)和暴露终端(exposed terminal)问题是必须要考虑的,它们的影响可能会进一步降低性能。南洋理工大学的李默老师团队等正在开发基于载波侦听的针对 LoRa 网络的 MAC 层协议,正在往标准协议中和设备上进行集成,大家可以多关注。

由于 LoRaWAN 中并没有采用复杂的冲突避免机制，LoRa 网络的信号冲突问题就暴露了出来，尤其是网络规模比较大的时候，因此为了让 LoRa 网络能够在实际系统中应用，就必须解决这一问题，相比于避免冲突，我们团队从另外一个角度思考这个问题，即如何在数据包冲突的时候还能够解码数据，这个思路被称作 LoRa 数据包的并发解码，在这方面我们做了很多研究工作，欢迎大家一起交流讨论。

LoRaWAN 定义了网络的通信协议和系统架构，还负责管理所有设备的通信频率、数据速率和功率。在 LoRaWAN 的控制下，网络中的所有设备可以是异步的，并在只有可用数据时进行传输。针对不同的应用场景，LoRaWAN 定义了三种节点运行模式，分别是 Class A(ALL)、Class B(Beacon)、Class C(continuously listening)：

（1）Class A 模式主要提供低功耗上行连接，处于 Class A 模式的节点可以在任意时间发起上行传输，并只在传输结束时打开两个下行接收窗口，此时接收来自网关 ACK。Class A 模式下，网关无法主动连接到节点，当无数据传输时，节点处于休眠状态，因此该模式下节点能耗最低。

（2）Class B 模式提供节点与网关的周期性连接，该模式下网关节点周期性向节点广播信标帧，保持节点与网关的时间同步。

（3）Class C 模式提供节点与网关的持续性连接，该模式下节点始终处于唤醒状态，因此能耗最高。

三种网络模式中，Class A 是所有 LoRa 网络都必须支持的模式，也是最常用的网络模式。这三个模式设计并不复杂，其实就是在网络灵活性、可用性和节能之间的一个平衡。Class A 最节能，但是灵活性相对较低，例如，下行数据只能依赖于上行数据的时间。Class C 最耗电，但是也是上行和下行数据发送最灵活的，如图 7-8 所示。

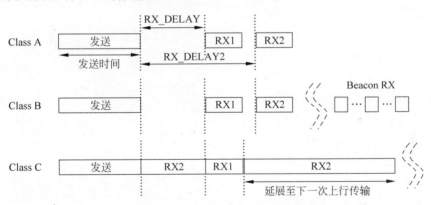

图 7-8　LoRaWAN：Class A，B，C

4. LoRa 通信原理

基于已经学习过的通信调制解调过程，可以来理解 LoRa 通信的基本原理。在这一部分，将要介绍 LoRa 通信的基本原理，包括调制、解调、编码和解码，着重于物理层协议的分析。最后会以声波作为传输方式展示如何进行 LoRa 通信。关于上层协议（如 LoRaWAN），有很多其他资料和开源实现供读者学习。下面所讨论的 LoRa，不加特殊说明的话，指 LoRa 物理层。结合刚刚学习过的调制解调的知识，大家能够进一步加深对物联网通信的理解。

需要说明的是，LoRa 物理层是一个商用的私有协议，并没有完整公开的协议说明，因而已有的一些 LoRa 实现都是基于对商用 LoRa 设备的推理；同时很多 LoRa 代码实现的性能是很差的，包括不少研究论文中使用的 LoRa 代码，实际性能也存在着很大的问题。为此，本书深入地分析并验证 LoRa 通信过程，对 LoRa 解码过程进行推理并开源实现了 LoRa 编解码过程，可以达到商业 LoRa 芯片的性能和编解码能力。

MATLAB 版本用于原型验证和离线操作，基于 GNURadio 平台的 C++ 版本则是一个实时的高性能 LoRa 实现。希望这两个代码库可以更好地帮助大家学习和研究 LoRa。未来还将开源 FPGA 上 LoRa 编解码的硬件实现。

大家开始学习 LoRa 前，先来了解 LoRa 的基本原理，本节会展示一个基于声波的完整 LoRa 通信系统，方便大家更加直观地理解 LoRa，在此基础上，大家可以使用提供的代码，再去研究真实的 LoRa 通信。

在理解 LoRa 的同时，希望大家特别注意体会 LoRa 是通过什么样的设计来支撑远距离、低功耗的传输特性的。这是在目前很多研究中被忽略的，导致很多工作说是基于 LoRa，但是已经完全没有了 LoRa 的特点。

5. LoRa 调制与解调

在这节将介绍 LoRa 的调制与解调，也即如何在物理波形和比特数据之间进行转换。LoRa 使用线性扩频调制（chirp spread spectrum，CSS），频率线性扫过整个带宽，因此抗干扰强，对多径和多普勒效应的抵抗较好。LoRa 的基本通信单元是频率随时间线性增加（或减小）的信号（linear chirp）。将频率随着时间线性增加的 chirp 符号叫作 upchirp，本书将频率随着时间线性减小的 chirp 符号叫作 downchirp，如图 7-9 和图 7-10 所示，分别从时域和频域展示了 upchirp 的图像。

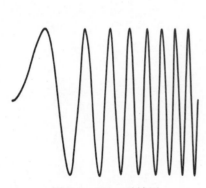

图 7-9　Chirp 时域图
横坐标为时间，纵坐标为信号幅度

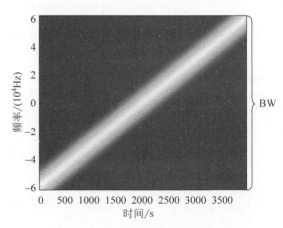

图 7-10　upchirp 的时频图

一个 chirp 怎么编码数据呢？LoRa 的做法是通过在频域循环平移 chirp 进行数据的编码，不同的起始频率代表不同的数据。如图 7-11 所示，在带宽 B 内四等分标定 4 个起始频率，可以得到 4 种类型的符号，分别表示 00，01，10，11。将图 7-11(a) 所示从最低频率扫频到最高频率的 chirp 符号称为 basic upchirp。所以在接收端，只需要将这个起始频率计算出来，就可以计算出每一个 chirp 对应的比特数据。

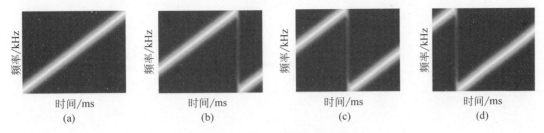

图 7-11　LoRa 循环频移编码

当 SF=2 时，分别编码了 00,01,10,11 的 4 种符号

LoRa 规定了一个参数 SF(spreading factor，扩频因子)，其定义为 $2^{SF}=B \cdot T$。

可以看出，给定带宽 B，SF 越大，每一个 chirp 长度 T 越长。SF 用于调节传输速率和接收灵敏度，SF 越大，能够支持的速率越小，但支持的通信距离更远。一般来说，每一个 chirp 可能的起始频率数目是 2^{SF}。

当使用软件无线电设备(software-defined radio，SDR)接收一段 LoRa 设备发出的信号，并把信号的时频图画出来时，那么它大概会是如图 7-12 所示的样子。

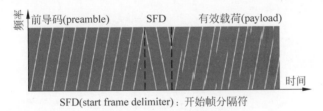

图 7-12　LoRa 数据包时频图

一个完整的 LoRa 数据包结构包含三个部分：前导码(preamble)、SFD(start frame delimiter)和数据部分(data)。前导码包含 6~65535 个 basic upchirp 和两个标识网络号的其他 chirp 符号。接着是 2.25 个 basic downchirp，作为 SFD 标识数据段的开始。后面的数据段则包含若干编码了数据的 chirp。

思考：前面 preamble 是什么作用？如何基于 preamble 做数据包检测？

LoRa 解调过程实质就是求出 chirp 符号的起始频率，其做法通常是这样的：首先将收到的基带 upchirp 信号与 downchirp 点乘，化为单频信号，这一操作叫作解扩频(dechirp)。Dechirp 能够将 chirp 信号能量集中到单一频率，是 LoRa 的抗噪及传输远距离的原因之一。

解扩频之后，对得到的信号进一步做 FFT(快速傅里叶变换)，可在频域获得一个峰值，这个峰值位置对应的频率即是起始频率，因此得到对应的 SF 个比特。对于一个 upchirp 而言，如果采样率高于带宽，会得到两个峰，可以将这两个峰进行叠加来增强峰的高度，进而求出对应的位置。图 7-13 和图 7-14 分别对应 basic upchirp 和非 basic upchirp 的解调过程。

接下来再以数学公式的形式将上面的过程更细致地梳理一遍。

Upchirp 从最低频率开始，随时间增加逐渐上升至最高频率。而 downchirp 则与之相反，从最高频率逐渐下降至最低频率。最高频率和最低频率之间的差值为 LoRa 的带宽 B。

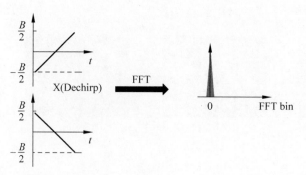

图 7-13 解调 basic upchirp

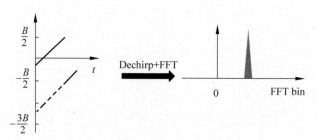

图 7-14 解调 LoRa 的数据 chirp

设 basic upchirp 的最低频率为 $f_0 = -\dfrac{B}{2}$，最高频率为 $f_1 = \dfrac{B}{2}$，chirp 长度为 T。因此其频率可以表示为 $f(t) = f_0 + kt$，其中 $k = \dfrac{BW}{T}$ 表示扫频速度。线性变化的频率对时间做积分可以得到二次形式的相位 $\phi(t) = 2\pi\left(f_0 t + \dfrac{1}{2}kt^2\right)$。由此，basic upchirp 可以表示为

$$C(t) = e^{j2\pi\left(f_0 + \frac{1}{2}kt\right)t}$$

思考：这里频率为什么会有负的，意义是什么？

当嵌入数据时，LoRa 首先令 basic upchirp 乘上一个固定频率的偏移分量，偏移后的信号可以表示为 $C(t)e^{j2\pi\Delta ft}$。随后，LoRa 将所有频率高于 f_1 的信号段循环频移至 f_0 频率处，频移后的信号如图 7-15(e)所示。如果定义了 2^{SF} 种不同的偏移频率，最多可以表示 SF 比特的数据。

在解调部分，要进行解扩频(dechirp)和 FFT。对于一个收到的数据包，LoRa 首先令数据包中每个数据 upchirp 与 basic downchirp 相乘。与 upchirp 类似，basic downchirp 可以表示为

$$C^*(t) = e^{j2\pi\left(f_1 - \frac{1}{2}kt\right)t}$$

当 $f_0 = -f_1$ 时，$C^*(t)$ 是 $C(t)$ 的共轭，因此这个相乘的结果是一个单频信号，其频率等于编码 chirp 的频率偏移量：

$$C^*(t) \cdot C(t)e^{j2\pi\Delta ft} = e^{j2\pi\Delta ft}$$

对 $e^{j2\pi\Delta ft}$ 做 FFT 将时域信号转化为频域波峰，波峰的下标即对应信号编码的数据。整

个 LoRa 解码流程如图 7-15 所示，对应两种信号的解码，左为 basic upchirp，右为非 basic upchirp。第一行为信号的时间-频率图，第二行为信号的时间-幅度图，第三行为信号乘 downchirp 后的时间-幅度图，第四行为傅里叶变换结果，注意左图在 0 的位置有峰值。

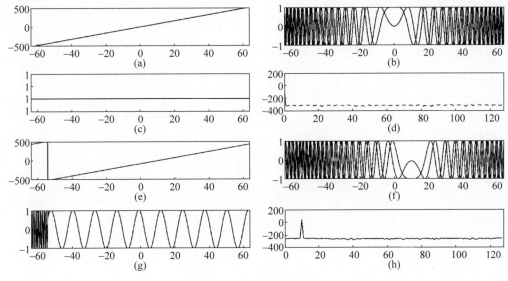

图 7-15　LoRa 解调流程

下面用一个具体的 MATLAB 例子，向大家展示如何生成 LoRa 调制信号。

LoRa 在物理层将信号都调制成 chirp，可以使用 MATLAB 内置的 chirp 函数直接生成 chirp 信号，也可以根据公式 $C(t)$ 自己写代码构造时变相位，产生 chirp 信号。下面代码展示了如何根据 LoRa 物理层的调制参数手动构造 chirp 信号的相位。

```
function s = chirp(SF, BW, Fs)
    T = 2^SF/BW;                                    % chirp 长度
    t = 0:1/Fs:T;                                   % 采样时刻
    k = BW / T;                                     % 频率变化率(线性)
    phase = 2*pi*(-BW/2 + 0.5*k*t).*t               % chirp 时变相位
    s = cos(phase);
end
```

LoRa 通过对 chirp 信号做循环频移使其携带数据信息。注意上面的函数生成的 chirp 是实数信号，通常情况下，使用复数形式表示基带信号。使用 MATLAB 生成调制了数据的 chirp 信号可以通过以下代码实现。

```
function symb = chirp_gen(code_word, SF, BW, Fs)

    nsamp = Fs * 2^SF / BW;                         % number of samples of a chirp
    t = (0:nsamp-1)/Fs;                             % time vector a chirp

    % I/Q traces
    f0 = -BW/2;                                     % start freq
    f1 = BW/2;                                      % end freq
```

```
        chirpI = chirp(SF, BW, Fs);
        chirpQ = -chirpI;
        mchirp = complex(chirpI, chirpQ);
        mchirp = repmat(mchirp,1,2);
        clear chirpI chirpQ

        % Shift for encoding
        time_shift = round((2^SF - code_word) / 2^SF * nsamp);
        symb = mchirp(time_shift + (1:nsamp));
    end
```

在解调 LoRa 信号时，接收端先对 chirp 信号做解扩频，将频率随时间线性变化的 chirp 信号转变为一个频率固定不变的单频信号。然后接收端对这个解扩频后的单频信号做傅里叶变换，将目标信号能量在频域进行集中，产生显著的能量波峰。下述代码展示了解扩频和傅里叶变换的过程。

```
function [fft_res,freq_pwr] = chirp_dchirp_fft(symb, nfft, SF, BW, Fs)

    % parameter
    DEBUG = true;                                  % DEBUG
    dn_chirp = conj(chirp_gen(0, SF, BW, Fs))

    target = zeros(1, numel(dn_chirp));
    sig_ed = numel(target);
    if (sig_ed > numel(symb))
        sig_ed = numel(symb);
    end
    target(1:sig_ed) = symb(1:sig_ed);

    % dechirp
    de_samples = target .* dn_chirp;

    if DEBUG
        fprintf('\n [de-chirp & FFT] init phase %.2f', angle(de_samples(100)));
        figure;plot(real(de_samples));title('de-chirp & FFT');
    end

    % FFT on the first chirp len
    fft_res = fft(de_samples, nfft);

    freq_pwr = abs(fft_res);
end
```

由于 chirp 在循环频移后部分信号的起始频率等于原始起始频率减去 BW，当采样频率高于 BW 时，这两段信号在频域将产生两个互不重叠的波峰（一个在原始频率 f_0 处，另一个在频率 $f_s - BW + f_0$ 处）。因此，如果接收端的采样频率大于 BW，需要手动将两个不同频率处的波峰在频域叠加，以确保整个 chirp 信号的能量得到集中。为了确保两个波峰可以叠加增强，可以搜索两个波峰之间所有可能的相位差，并选择可以使叠加后波峰能量最大的相位。

```matlab
function out_rst = chirp_comp_alias(rz, over_rate)
    % over_rate = Fs / BW;
    nfft = numel(rz);
    target_nfft = round(nfft / over_rate);
    cut1 = rz(1:target_nfft);
    cut2 = rz(end - target_nfft + 1:end);

    comp = 0;
    mx_pk = -1;
    step = 1/16;
    for i = 0:step:1 - step
        tmp = cut1 + cut2 * exp(1i * 2 * pi * i);
        if max(abs(tmp)) > mx_pk
            mx_pk = max(abs(tmp));
            out_rst = tmp;
            comp = 2 * pi * i;
        end
    end
end
```

接收端要处理收到的信号，需要先检测接收信号中是否包含 LoRa 前导码，判断当前是否有可以接收的 LoRa 数据包。LoRa 芯片通过对收到的信号与标准前导码计算互相关判断当前信号是否包含 LoRa 数据包。当然，数据包检测过程也可以通过对收到的信号分段后，连续做解扩频和 FFT，通过观察 FFT 结果是否有连续、相同频率波峰，判断是否有 LoRa 前导码信号。

```matlab
% 检测 datain 中有没有重复出现的波峰
function [frame_sign, frame_st] = frame_detect2(datain, prb_len, SF, BW, Fs)
    nsamp = Fs * 2^SF / BW;

    % datain short than a preamble
    frame_sign = false;
    frame_st = -1;
    if length(datain) < prb_len * nsamp
        return;
    end

    nfft = nsamp * 4;
    nwins = floor(length(datain) / nsamp);
    res_ft = zeros(1, nwins);

    % 每个窗口最高波峰
    for i = 1:nwins
        symb = datain((i - 1) * nsamp + (1:nsamp));
        rz = chirp_dchirp_fft(symb, nfft);
        rz = chirp_comp_alias(rz, Fs/BW);
```

```
            fidx = (0:numel(rz) - 1) / numel(rz) * 2^SF;
            [ma, I] = max(abs(rz));
            res_ft(i) = fidx(I);

            fprintf("window[%d] peak at %.1f, with height of %d\n", i, fidx(I), ma);
        end

        % 搜索是否有连续 prb_len 个重复的峰
        for i = 1 : nwins - prb_len
            pks = res_ft(i:i + prb_len - 1);
            disp(round(pks));
            if prb_len == 8
                [~, I] = max(abs(pks - mean(pks)));
                if I == 1 || I == 8
                    tmp = pks;
                else
                    tmp = [pks(1:I-1), pks(I+1:end)];
                end
            else
                tmp = pks;
            end
            if max(abs(tmp - mean(tmp))) < 2
                fprintf("frame detected!\n");
                frame_sign = true;
                frame_st = round(nsamp - mean(pks)/2^SF * nsamp) + (i-1) * nsamp;
                return;
            end
        end
    end
```

需要特别指出的是：①上述解调过程只是其中的一种方法，也有很多其他的方法，比如有一些研究工作就利用时域上观察频率变化规律来解码（大家可以想想这样做可能有什么根本问题）。②上述解调过程中其实还有很多细节，例如，如何达到最好的解调效果、如何精准地找到频率等。这些内容这里都没有完全展开，请大家参考论文和提供的开源代码实现仔细思考。

6. LoRa 信号处理挑战

接下来介绍如何处理信号同步问题，即如何解决载波频偏（carrier frequency offset，CFO）和时间偏移（time offset，TO）的影响。假设发送的 chirp 信号扫频范围在 470～470.5MHz，到了接收端，收到的信号扫频范围可能会变成 470MHz+δ～470.5MHz+δ，这个频偏是由收发端时钟不一致造成的，称之为 CFO。当解码的时候，截取信号的窗口可能没有和 chirp 符号完全对齐，这样也会带来一个频率偏移，称之为 TO。图 7-16 展示了有无 CFO、窗口是否对齐的四种解调结果。

请大家基于图 7-16 思考如何在 TO 和 CFO 都存在的情况下，准确地计算出 TO 和 CFO。如果还不太熟悉的话建议去看一下论文。

利用 upchirp 和 downchirp 做时间、频率同步的 MATLAB 实现代码如下。

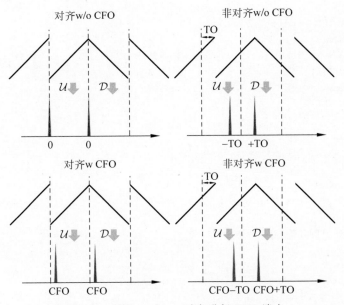

图 7-16　利用 up-down 对齐进行 CFO 消去

```
function [outsig, t_offset,f_offset] = frame_sync(frame_sig, DEBUG, SF, BW, Fs)
    nsamp = Fs * 2^SF / BW;
    nfft = nsamp * 10;

    up_pre = frame_sig(5 * nsamp + (1:nsamp));
    down_pre = frame_sig(11 * nsamp + (1:nsamp));
    over_rate = Fs / BW;

    % % dechirp
    rz = chirp_dchirp_fft(up_pre,nfft);
    rz = chirp_comp_alias(rz, over_rate);
    up_az = abs(rz);
    [~,peak_i] = max(up_az);
    up_freq = peak_i/nfft * Fs;

    dcp = down_pre .* Utils.gen_symbol(0);
    rz = fft(dcp, nfft);
    rz = chirp_comp_alias(rz, over_rate);
    down_az = abs(rz);
    [~,peak_i] = max(down_az);
    down_freq = peak_i/nfft * Fs;

    if DEBUG
        fprintf('[up-chirp] freq = %.2f\n[down-chirp] freq = %.2f\n', up_freq, down_freq);
        figure;
        subplot(2,2,1);
            Utils.spectrum(up_pre);title('spectrum of up');
        subplot(2,2,2);
            Utils.spectrum(down_pre);title('spectrum of down');
```

```
        f_idx = (0:nfft - 1)/nfft * Fs;
        subplot(2,2,3);
            plot(f_idx(1:numel(up_az)), up_az); title('FFT of up'); xlim([0 BW]);
        subplot(2,2,4);
            plot(f_idx(1:numel(down_az)), down_az); title('FFT of down '); xlim([0 BW]);
    end

    % % calculate CFO
    f_offset = (up_freq + down_freq) / 2;
    if abs(f_offset) > 50e3
        if f_offset < 0
            f_offset = f_offset + BW/2;
        else
            f_offset = f_offset - BW/2;
        end
    end

    % % calculate Time Offset
    t_offset = round((up_freq - f_offset) / BW * nsamp);
    if t_offset > nsamp/2
        t_offset = t_offset - nsamp;
    end

    sig_st = t_offset;
    if sig_st < 0
        frame_sig = frame_sig( - sig_st:end);
        sig_st = 0;
    end

    outsig = frame_sig(sig_st + 1:end);
end
```

7.4.2 LoRa 编码与解码

我们来看看完整 LoRa 数据传输的这一过程，如图 7-17 所示，在这里以 LoRa 为例，介绍 LoRa 的编码与解码。大家可以结合起来回顾网络编码这一过程。注意这一过程在很多网络研究中都要用到，例如，在跨协议通信中，有一个重要的工作就是理解数据编码解码过程，然后才能生成想要的对应数据。

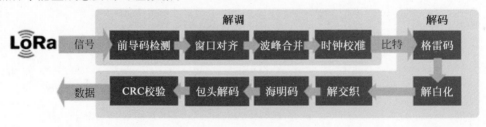

图 7-17　LoRa 编解码过程

调制解调后的数据在 LoRa 中需要经过以下几个步骤才能转换为需要的数据：①格雷码(Gray coding)；②解白化(dewhitening)；③解交织(deinterleaving)；④海明码(Hamming coding)；⑤包头解析(header decoding)；⑥CRC 校验(CRC check)，生成的 LoRa 数据包如图 7-18 所示。下面通过代码展示如何生成一个符合 LoRa 规范的信号，代码已经开源在代码库中。

```matlab
rf_freq = 470e6;                            % 载波频率，主要用于纠正采样频偏(SFO),在仿真中可忽略
sf = 9;                                     % 扩频因子
bw = 125e3;                                 % 带宽 125kHz
fs = 1e6;                                   % 采样率 1MHz
phy = LoRaPHY(rf_freq, sf, bw, fs);
phy.has_header = 1;                         % explicit header 模式
phy.cr = 1;                                 % code rate = 4/8 (1:4/5 2:4/6 3:4/7 4:4/8)
phy.crc = 1;                                % 允许 payload CRC
phy.preamble_len = 8;                       % 前导码: 8 basic upchirps
% 编码 4 个 bytes [1 2 3 4]
symbols = phy.encode((1:4)');
fprintf("[encode] symbols:\n");
disp(symbols);

% 基带调制
sig = phy.modulate(symbols);

% 画出时频图
LoRaPHY.spec(sig, fs, bw, sf);
```

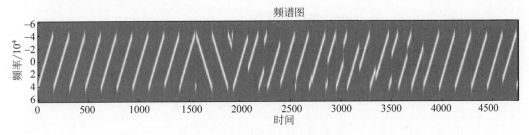

图 7-18 生成的 LoRa 数据包

再来看如何解码这个生成的 LoRa 信号。

```matlab
% 解调
[symbols_d, cfo] = phy.demodulate(sig);
fprintf("[demodulate] symbols:\n");
disp(symbols_d);

% 解码
[data, checksum] = phy.decode(symbols_d);
fprintf("[decode] data:\n");
disp(data);
fprintf("[decode] checksum:\n");
disp(checksum);
```

输出结果为:

```
> [demodulate] symbols: 481 177 417 33 97 73 249 401 181 91 299 379 9 2 1 1 64
> [decode] data: 1 2 3 4 119 16
> [decode] checksum: 119 16
```

下面详细介绍每一步的具体实现细节。

(1) Hamming 编码(包头共 2.5 个有效 bytes,CRC 可选);

(2) 逐字节 whitening;

(3) 逐字节 shuffling;

(4) 交织(interleaving)将字节转化到 SF 的表示范围(8bits/byte => SF bits/symbol);

(5) 格雷码(Gray) 解码(Gray code => Binary code)。

最终物理层包头总是处于起始 8 个 chirp symbol 中。

LoRa 物理层数据包的 symbol 数目为

$$P + \text{MP} + 8 + \max\left(\left\lceil \frac{2n - \text{SF} + 7 + 4\text{CRC} - 5\text{IH}}{\text{SF} - 2\text{DE}} \right\rceil \cdot \frac{4}{\text{CR}}, 0\right)$$

(1) n 为数据包字节数。

(2) P 为 Preamble 的数目,可选 6~65536,通常设置为 6。

(3) MP 为 Mandatory Preamble 的数目,含 2 个网络标示码与 2.25 个共轭 symbol(如其他 symbol 均为 upchirp,则这 2.25 个 symbol 为 downchirp,用于对齐)。

(4) 当 chirp symbol 周期 $T = 2^{\text{SF}}/B > 16\text{ms}$ 时,DE=1(LowDataRateOptimize),否则 DE=0。

(5) 如在 $B = 125\text{kHz}$ 的情况下,SF=7/8/9/10 时 DE=0,SF=11/12 时 DE=1。

(6) CRC=1 表示使用了 CRC 验证,CRC=0 表示未使用 CRC 验证。

(7) IH=0 表示使用 explicit header,IH=1 表示使用 implicit header。

(8) CR 可取 $\frac{4}{5}, \frac{4}{6}, \frac{4}{7}, \frac{4}{8}$。

接下来进行 symbol 数目公式的推导。

令 PPM=SF−2DE,代表一个 symbol 能编码的比特数。上面已经解释,若一个 chirp 的持续时间过长,LoRa 认为它能代表的低位比特是不准确的,因此 2 个低位的比特在解码的时候丢弃不使用,故减去 2DE。Hamming 编码即代表 coding rate,如 4/7 表示使用(7,4) hamming 码。编码是分组的,4 个 symbol 会被扩充为 $\frac{4}{\text{CR}}$ 个 symbol。n 个字节的 payload 即有 $8n$ 个比特,对应 symbol 数为 $\left\lceil \frac{8n}{4\text{PPM}} \right\rceil \cdot \frac{4}{\text{CR}}$。这也就是公式中的主要项。Whitening、Shuffling、Gray 编码并不影响字节数,因此也不影响 symbol 数。Interleaving 只在剩余字节数不足以填充 $\frac{4}{\text{CR}}$ 个 symbol 时产生影响。剩余的 symbol 来自包头。

LoRa 包头含有 8 位表示包长度、8 位表示包头 CRC、3 位标示编码率(coding rate)、1 位标识是否有 payload CRC、4bits 保留比特,共 2.5 bytes。协议规定紧跟在 SFD 后的 8 个 symbol

用来编码包头内容且有效比特数为 (SF－2)bits/symbol，coding rate 为 $\frac{4}{8}$。这 8 个 symbol 在编码包头后还剩 $\frac{4(SF-2)-2.5\times 8}{8}=0.5SF-3.5$ bytes 可用于编码数据。如果 payload 的 CRC 存在，则要占用 2 bytes 的数据。另外考虑到物理层还允许省略包头即 implicit header 模式，还能省出 2.5 bytes（尽管是 implicit header 模式，协议仍然规定这 8 个 symbol 的特殊地位）。因此除去初始的 8 个 symbol，还有 $\max\left(\left\lceil\frac{8(n-0.5SF+3.5+2CRC-2.5IH)}{4PPM}\right\rceil\cdot\frac{4}{CR},0\right)$ 个 symbol（max 用于防止负数出现）。加上前导码和 SFD 便得到了最后结果。

以一个经过 demodulation 的 LoRa 数据包为例，该数据包使用 SF＝7，CR＝4/5，BW＝125kHz，发送内容为 4 个字节：0x11，0x10，0x10，0x01。在除去 Preamble、Sync Word、SFD 之后收到的 data symbol 为 29 49 97 1 29 17 61 101 0 102 75 86 84 26 86 50 32 89。这些数字代表 FFT 窗口中 peak 的位置，也即 bin，取值范围为 $0\sim 2^{SF}-1$。

首先，LoRa 把所有数都在模 2^{SF} 的意义下减一，于是序列变为 28 48 96 0 28 16 60 100 127 101 74 85 83 25 85 49 31 88。

包头信息包含在前 8 个数中且使用 CR＝4/8，选取它们并右移两位（舍弃低两位），得到 7 12 24 0 7 4 15 25。然后对序列进行 Gray 编码（BinaryToGray），例如，7 的二进制表示。

```
// https://en.wikipedia.org/wiki/Gray_code
/*
 * This function converts an unsigned binary
 * number to reflected binary Gray code.
 *
 * The operator >> is shift right. The operator ^ is exclusive or.
 */
unsigned int BinaryToGray(unsigned int num)
{
    return num ^ (num >> 1);
}

/*
 * This function converts a reflected binary
 * Gray code number to a binary number.
 * Each Gray code bit is exclusive-ored with all
 * more significant bits.
 */
unsigned int GrayToBinary(unsigned int num)
{
    unsigned int mask = num >> 1;
    while (mask != 0)
    {
        num = num ^ mask;
        mask = mask >> 1;
    }
    return num;
}
```

0	0	0	0	0	0	0	1
0	1	0	0	0	1	0	0
1	0	1	0	1	1	0	1
0	1	0	0	0	0	1	0
0	0	1	0	0	0	0	1

图 7-19 解交织示意图
（见文前彩图）

因为每个数的有效位数只有 5 位，得到 00100 01010 10100 00000 00100 00110 01000 10101。将这些数从左到右排成一个 5×8 的表，自下往上为高位到低位。接着，按行斜着抽取 8 个比特，如图 7-19 所示，依次抽取红色、绿色、蓝色、橘色、黑色。注意从左往右是低位到高位，于是得到 00000000 10110100 10100011 00000000 11000110。这个过程称为解交织(deinterleave)。

在获得 5 个字节后，按照(6,1,2,3,5,4,7,8)这个置换对每个字节进行混洗。规定第 1 位是最低位，第 8 位是最高位，则该置换表示一个字节的第 5、7、8 位不动，其余位进行一个循环左移(注意方向)。例如，对 10110100，红色位不动，黑色位循环左移得到 10011001。这个过程称为解混洗(deshuffle)。

对每个字节依次操作后得到 00000000 10011001 10000111 00000000 11001100。接着还有一个解白化(dewhiten)的操作，用一个固定的序列与数据做异或，在解包头时，该序列均为 0，也等于没有进行解白化。额外给包头添加一个 00000000。

最后到了哈明码编码后的结果。目前得到的一个字节包含 8 个有效比特(4/CR)，其中只有 4 个比特是数据比特，如何取出它们并利用 Hamming Code 的纠错性呢？事实上，由于一个字节长度有限，可以采取打表的方法找到最接近的码向量。

```
hamming84_dec_gentab = [
    00, 00, 00, 00, 00, 00, 03, 03, 00, 00, 05, 05, 14, 14, 07, 07,
...
    00, 00, 09, 09, 02, 02, 07, 07, 04, 04, 07, 07, 07, 07, 07, 07,
...
    00, 00, 09, 09, 14, 14, 11, 11, 14, 14, 13, 13, 14, 14, 14, 14,
...
    09, 09, 09, 09, 10, 10, 09, 09, 12, 12, 09, 09, 14, 14, 07, 07,
...
    00, 00, 05, 05, 02, 02, 11, 11, 05, 05, 05, 05, 06, 06, 05, 05,
...
    02, 02, 01, 01, 02, 02, 02, 02, 12, 12, 05, 05, 02, 02, 07, 07,
...
    08, 08, 11, 11, 11, 11, 11, 11, 12, 12, 05, 05, 14, 14, 11, 11,
...
    12, 12, 09, 09, 02, 02, 11, 11, 12, 12, 12, 12, 12, 12, 15, 15,
...
    00, 00, 03, 03, 03, 03, 03, 03, 04, 04, 13, 13, 06, 06, 03, 03,
...
    04, 04, 01, 01, 10, 10, 03, 03, 04, 04, 04, 04, 04, 04, 07, 07,
...
    08, 08, 13, 13, 10, 10, 03, 03, 13, 13, 13, 13, 14, 14, 13, 13,
...
    10, 10, 09, 09, 10, 10, 10, 10, 04, 04, 13, 13, 10, 10, 15, 15,
...
    08, 08, 01, 01, 06, 06, 03, 03, 06, 06, 05, 05, 06, 06, 06, 06,
...
```

    01, 01, 01, 01, 02, 02, 01, 01, 04, 04, 01, 01, 06, 06, 15, 15,
…
    08, 08, 08, 08, 08, 08, 11, 11, 08, 08, 13, 13, 06, 06, 15, 15,
…
    08, 08, 01, 01, 10, 10, 15, 15, 12, 12, 15, 15, 15, 15, 15, 15];

例如,10011001 代表十进制数 153,找到表中第 153 个数为 04 即解码结果(153 以 0 为起始,04 是十进制表示,对应成二进制为 0100)。

于是又得到 0000 0100 0011 0000 0110 0000。这里共 2.5 有效字节(补充的 0 不是有效字节),恰好是包头含有的所有信息(当 SF 更大时,会剩余一些字节用来编码数据)。这些比特的拼装顺序为,前 4 个比特放置高 4 位,后 4 个比特放置低 4 位。对号入座得到 00000100 00110000 01100000。参考 LoRa 包头结构为

```
typedef struct __attribute__((__packed__)) loraphy_header {
    uint8_t length;              // 数据包字节数
    uint8_t crc_msn : 4;         // 包头 CRC 高位
    uint8_t has_mac_crc : 1;     // 是否含有 Mac 层 CRC
    uint8_t cr : 3;              // 数据包使用的 Coding Rate
    uint8_t crc_lsn : 4;         // 包头 CRC 低位
    uint8_t reserved : 4;        // 保留位
} loraphy_header_t;
```

译码得到包长为第一个字节 4,CR 为第二个字节的高三位 001,代表使用了 4/5。

数据部分的解码过程与包头解码类似,主要区别如下:

(1) 数据部分的 coding rate 由包头决定,在例子中为 4/5。

(2) 数据部分不像包头那样强制忽略 symbol 的低两位,而是以 symbol 持续时间阈值作分界线,当 $T=2$^SF/$B>16$ms 时认为末两位的精确度不足以编码信息,因而忽略。

(3) 数据部分的 whitening sequence 与包头不同。

(4) 数据部分的比特拼装顺序为,前 4 个比特放置低 4 位,后 4 个比特放置高 4 位。

(5) 包头解码时可能残留一部分数据段信息用于数据部分解码。

值得注意的是,在 CR=4/5 或 4/6 时,无需查 Hammming 表而可以直接提取数据比特(4/7 可以纠错一比特,4/5 及 4/6 只能检错)。

在本例中,CR=4/5,10011001 中第 1、2、3、5 位是数据位,其余是校验位。

至此,可以将数据解码出来,最终结果为 04 30 60 11 10 10 1 82 D3,其中 82 D3 是数据的 CRC。由于是分组解码的,最后可能会剩余一些字节,这些字节内容是随机的,每次收发数据都会不同。

因为知道了整个解码流程,因而可以通过构造发送数据来产生想要的 symbol(当然,由于校验是基于数据计算出来的,不能构造和改变校验码)。CR=4/5 时前 7 个 whitening sequence 为 ff ff 2d ff 78 ff 30。假设要发送 4 个字节 $x_i=x_i^8 x_i^7 x_i^6 x_i^5 x_i^4 x_i^3 x_i^2 x_i^1 (i=1,2,3,4)$,根据上面的论述,可以得到表 7-1 所示的交织表。

表 7-1 LoRa 符号交织表

$\overline{x_1^1}$	$\overline{x_1^6}$	$\overline{x_2^3}$	$\overline{x_2^8}$	$\overline{y_3^1}$
$\overline{x_1^5}$	$\overline{x_2^2}$	$\overline{x_3^7}$	$\overline{x_3^4}$	$\overline{y_3^2}$
$\overline{x_2^1}$	$\overline{x_2^6}$	$\overline{x_3^3}$	$\overline{x_3^8}$	$\overline{y_4^1}$
$\overline{x_2^5}$	$\overline{x_3^2}$	$\overline{x_3^7}$	$\overline{x_4^4}$	$\overline{y_1^1}$
$\overline{x_3^1}$	$\overline{x_3^6}$	$\overline{x_4^3}$	$\overline{x_1^8}$	$\overline{y_1^2}$
$\overline{x_3^5}$	$\overline{x_4^2}$	$\overline{x_1^3}$	$\overline{x_1^8}$	$\overline{y_2^1}$
$\overline{x_4^1}$	$\overline{x_1^2}$	$\overline{x_1^7}$	$\overline{x_2^4}$	$\overline{y_2^2}$

其中，y_i^j 代表第 i 个字节中高低 4 位的校验位。

基于上表，可以任意更改前 4 个 symbol 的值。例如，希望数据部分第一个 symbol 是 0，那么首先将 0 减一得 1111111，再 Gray 编码得 1000000，对应 $\overline{x_4^1} \overline{x_3^5} \overline{x_3^1} \overline{x_2^5} \overline{x_2^1} \overline{x_1^5} \overline{x_1^1}$，令 $x_1^1 = 1, x_1^5 = 1, x_2^1 = 0, x_2^5 = 1, x_3^1 = 0, x_3^5 = 1, x_4^1 = 1$，可以发送 0x11, 0x10, 0x10, 0x01。

7.4.3 基于声波的 LoRa 通信

在这一节，将实现基于声波的 LoRa 通信。采用 MATLAB 生成声音，然后通过手机去播放（发射），使用另一部手机去录音（接收）。最后再将这段信号传到电脑端进行最后的解码。

1. 发射端

由于手机采样率限制，信号频率带宽不能很高，这里设置信号带宽为 2kHz，采样率为 48kHz，编码 SF＝7 个比特，也就是可编码符号数目为 $2^{SF}=128$，接下来生成 chirp 和基带 LoRa 信号。

```matlab
fc = 16e3;                          % 载波频率,主要用于纠正采样频偏(SFO),在发射端可忽略
sf = 7;                             % 扩频因子
bw = 2e3;                           % 带宽 2kHz
fs = 48e6;                          % 采样率 48kHz
Nchirp = 2^sf/bw * fs;              % 一个 chirp 的采样点数

phy = LoRaPHY(fc, sf, bw, fs);
phy.has_header = 1;                 % explicit header 模式
phy.cr = 1;                         % code rate = 4/8 (1:4/5 2:4/6 3:4/7 4:4/8)
phy.crc = 1;                        % 允许 payload CRC
phy.preamble_len = 8;               % 前导码: 8 basic upchirps

% 编码 3 个 6
symbols = phy.encode([6, 6, 6]);
sig = phy.modulate(symbols);

zs = zeros(1, Nchirp * 5);
chirp_sound = cat(2, zs, sig);      % 基带信号
```

之后上变频:将基带信号的实部乘上一个余弦高频信号,基带信号的虚部乘上一个正弦高频信号(有负号),最后将它们加起来作为真实发送的信号。这里设置的高频信号为 $f_c=16\mathrm{kHz}$。

```
t = (0:length(chirp_sound) - 1)/fs;
car_chirp_sound = real(chirp_sound).* cos(2 * pi * fc * t) + imag(chirp_sound).* sin( - 2 *
pi * fc * t);
```

注意,这里模拟射频信号,因此使用了 I/Q 两路信号,并将其转成了复数形式,但是实际信道传输的信号是实数信号,故最终取实部发送。思考一下为什么?最后将生成的信号存成声音文件,这里是.wav 格式,接下来进行播放即可。当然无线信号发送的时候不会有保存成.wav 的这一步,只是由于声波通信实现方便,先保存成.wav,也方便大家直接查看发送的数据。感兴趣的读者可以打开这个文件来直观地听一下发送的数据。

```
audiowrite('chirpSound.wav', car_chirp_sound, fs, 'BitsPerSample', 16);
```

2. 接收端

使用手机录音收到数据(.wav 格式)之后,需要对这个数据进行解码。利用 audioread 读入数据,得到数据点和采样率,wav 文件通常是双声道的,只需要取其中一个声道的数据即可。

```
[recv_sound, fs] = audioread('chirpSound_recv.wav');
recv_sound = recv_sound(:,1);
```

第一步是滤波去噪,去除不是想要频段的噪声。不熟悉的可以去看看滤波那一章。

```
recv_sound_bf = BPassFilter(recv_sound, 18e3, 4e3, fs)
```

第二步即下变频,并通过低通滤波,提取基带信号。

```
% % 下变频 从高频信息提取低频信号(基带信号)
real_chirp_sound = recv_sound_bf.* cos(2 * pi * fc * t);
imag_chirp_sound = recv_sound_bf.* sin( - 2 * pi * fc * t));
% % 低通滤波
real_cs = BPassFilter(real_chirp_sound, 3e3, 2e3, fs);
imag_cs = BPassFilter(imag_chirp_sound, 3e3, 2e3, fs);
rec_chirp_sound = real_cs + 1j * imag_cs;
```

其中,BPassFilter 函数代码如下:

```
function y = BPassFilter(data, centerFre, offsetFre, sampFre)
    % 设计 I 型带通滤波器
        Wp1 = 2 * pi * (centerFre - offsetFre)/sampFre;     % 算出下边频
        Wp2 = 2 * pi * (centerFre + offsetFre)/sampFre;     % 算出上边频
```

```
% 计算滤波器阶数
    N = ceil(3.6 * sampFre/offsetFre);
    M = mod(N − 1, 2) + N − 1;                    % 使滤波器为 I 型(偶数)

% 单位脉冲响应
    h = zeros(1, M + 1);
for k = 1:(M + 1)
if (k − 1 − 0.5 * M) == 0
h(k) = Wp2/pi − Wp1/pi;
else
h(k) = (Wp2 * sin(Wp2 * (k − 1 − 0.5 * M)) − Wp1 * sin(Wp1 * (k − 1 − 0.5 * M))) / ...
                    (pi * (Wp2 * (k − 1 − 0.5 * M) − Wp1 * (k − 1 − 0.5 * M)));
end
end

% 应用滤波器
    y = filter(h, 1, data);
end
```

第三步是解码,这一步首先要对齐信号,根据信号能量找到大致信号所在的区间(由于前导码的存在,这一步并非必要的)。通过滑动窗口平均,可以过滤部分能量突变的情况。

```
A = movmean(abs(rec_chirp_sound), mwin);
thresh = (max(A) − min(A))/3 + min(A);
inds = find(A > thresh);                          % 找信号高于 thresh 的下标
位置
cut_rec_cs = rec_chirp_sound(inds(1):(inds(end) + Nchirp));    % 截取信号

% 解调
[symbols_d, cfo] = phy.demodulate(cut_rec_cs);
fprintf("[demodulate] symbols:\n");
disp(symbols_d);

% 解码
[data, checksum] = phy.decode(symbols_d);
fprintf("[decode] data:\n");
disp(data);
fprintf("[decode] checksum:\n");
disp(checksum);
```

思考:①比较发射正弦波和 LoRa chirp 两种声音信号通信距离、能量强度等。②如何让 LoRa chirp 信号传得更远,有哪些优化方法?可以自己动手试试。

7.4.4 基于 LoRa 的反向散射通信

前面介绍过了反向散射通信技术,大部分该类型系统通信距离都比较短,例如,只有 20m 左右,在实际使用过程中会受到很多限制。因此,如何提高反向散射系统的通信距离就成为新的研究热点。为了提升通信距离,可以使用更加适合远距离传输的信号(例如,LoRa),与 LoRa 结合的反向散射系统可以极大地增加通信距离。下面将介绍几个基于

LoRa 的反向散射通信系统。

使用环境中的 LoRa 信号为激励信号，可以通过对激励信号进行频移实现数据编码。发送比特"0"时，两根天线将激励信号频移 f_0（即前面介绍的方法：通过切换开关 S_1 将 S_{in} 乘上一个近似为余弦信号的方波）。发送"1"时，两个开关中的一个将激励信号频移 $f_0 + \dfrac{BW}{2}$，另一个将激励信号频移 $f_0 - \dfrac{BW}{2}$，其中 BW 为 LoRa 信号的带宽。如图 7-20 所示，标签分别发送了"0"和"1"两个比特。接着，分别对这四个窗口的信号进行对比。窗口 1 与窗口 2 的 LoRa 符号拥有相同的起始频率，而窗口 3 实际上是两个颜色较浅窗口的重叠部分，它与窗口 4 的起始频率不同。因此，如果分别对它们做解码和 FFT 后，窗口 1 和窗口 2 对应的峰值位置相同，而窗口 3 和窗口 4 对应的峰值位置相异，且正好差 $\dfrac{BW}{2}$。因此，可以在两个频段上分别接收激励信号与反向散射信号，并逐个符号比对峰值是否落在同一位置，从而解出反向散射信号。

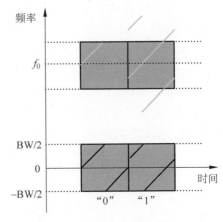

图 7-20　PLoRa 编码"0"和"1"

值得注意的是，峰值位置相同或者相差 $\dfrac{BW}{2}$ 的性质与激励信号的起始频率无关。特别是在标签发送"1"时，两路开关不同的频移频率恰好可以在窗口内将 chirp 拼接成一个完整且起始频率相差 $\dfrac{BW}{2}$ 的 chirp。这是该工作可以使用环境中 LoRa 信号作为激励信号的基础，也是该工作能够适用真实场景中不同 LoRa 起始频率的重要原因。

同时，还有另外的一些基于 LoRa 的反向散射通信技术。例如，有方法实现了通过标签的调制将环境中的单频信号调制成 LoRa 数据包，在这些方法里面激励信号不再是环境中的 LoRa 信号，而是连续单频信号，标签可以自行调制出 chirp 信号。为了理解这个过程，请回忆 7.2 节介绍的公式：$S_{out} = \dfrac{Z_a - Z_c}{Z_a + Z_c} S_{in}$，可以通过改变 Z_c 从而将 S_{in} 乘上不同的系数，因此将公式写成这种形式 $S_{out} = k(t) \cdot S_{in}$。在传统方法中，$k(t)$ 是一个在 0 和 1 之间切换的方波序列，即 $k(t) = \{0,1,0,1,\cdots,0,1\}$。其中，0 和 1 持续的时间是固定的，为了调制出 chirp 信号，将 $k(t)$ 设置为 0 或 1 持续时间越来越短的序列，举个例子：$k(t) = \{0,0,0,0,1,1,1,1,0,0,0,1,1,1,0,0,1,1,0,1\}$。如果是持续时间不变的方波，和上文的效果一样，只是将激励信号频移了一个固定的值；而如果是不断变窄的方波，意味着频移的频率逐渐变大。通过更细粒度的频移频率控制，Backscatter 标签可以生成更加连续、任意起始频率的 chirp 信号，这些数据包还可以被商用 LoRa 网关接收到。

在刚刚的讨论中，都将方波近似成了余弦波，但事实上方波会产生 $1,3,5,\cdots,2n+1$ 次谐波（不熟悉的读者可以回顾第 3 章傅里叶分析的内容，这也是为什么本书前面会讲那么多的基础）。而且根据前面的分析，方波还会产生一个负频率，在频谱上的表现是将激励信号向上频移的同时也向下频移了相同的频率，造成围绕着激励信号互为镜像的两个部分。因此在真实数据的频谱中，除了目标的反向散射信号，还出现了大量谐波与镜像，这会占用大量的频谱资源。

LoRa Backscatter 中使用了多级阻抗来解决谐波与镜像问题。首先讨论如何只将一个 S_{in} 向上频移一个固定的频率，而不产生镜像和谐波。之前在 $S_{out} = k(t) \cdot S_{in}$ 中，$k(t)$ 是在 0 与 1 之间切换的序列，但电路中的阻抗是复数，通过连接不同的复阻抗 Z_c，可以使 $k(t)$ 变为一个在一系列复数值中切换的序列。假设 $k(t) = \{1, 1j, -1, -1j, \cdots\}$，在这四个值中以 f_0 的速率切换，可以将 $k(t)$ 分解为

$$k(t) = \frac{2\sqrt{2}}{\pi} \sum_{n=0}^{\infty} \frac{1}{2n+1} e^{j2\pi(2n+1)f_0 t}$$

请注意，由于之前 $k(t)$ 仅使用 $\{0,1\}$ 两个取值，因此只能得到形如 $\cos(f_0 t)$ 的单频信号，这是一个实信号，有上边带与下边带（对应向上与向下频移）。而现在，模拟出了形如 $e^{j2\pi f_0 t}$ 的单频信号，这是一个复信号，只有上边带，因此仅将激励信号向上频移。

然而，在消除了下边带后，$k(t)$ 的表达式中 $e^{j2\pi(2n+1)f_0 t}$ 表明其仍存在基数次谐波。为了解决这个问题，可以使用更多级的阻抗值，以之前使用方波 $S_{square}(f_0 t)$ 近似一个余弦信号 $\cos(f_0 t)$ 为例，仅仅使用两个电平 $\{0,1,\cdots\}$ 显然太"粗糙"了，如果使用更多级别的电平，比如这样一个序列 $\{0, \frac{1}{2}, 1, \frac{1}{2}, \cdots\}$，得到的信号就更"像"一个余弦信号 $\cos(f_0 t)$ 了。读者可以用傅里叶级数展开一下，这个更"像"余弦信号的序列消除了三次谐波。将上面的情形推广到复信号，目标就不再是构造一个余弦信号 $\cos(f_0 t)$，而是一个复平面上绕着原点转动的向量 $e^{j2\pi f_0 t}$。同样，刚刚仅将该单位圆分成四份，开关在这四种阻抗之间切换。那么，如果将圆分成更多份，那切换的过程也就更"像"目标向量 $e^{j2\pi f_0 t}$。在这个方法中，使用了 8 种阻抗以模拟 $e^{j2\pi f_0 t}$，消除了 3、5、7、9 次的谐波（更高次的谐波由于开关切换到不同阻抗的延迟不会产生）。

最终，通过这样的思路可以实现不产生镜像和谐波的单一频率频移，如果将开关切换这 8 种阻抗的速度不断变快，就可以反射出纯净的 chirp 信号。通过这样的方法，可以提高反向散射的通信距离，甚至达到千米级别。

7.4.5 并发传输与冲突解码

前面介绍过，现有的 LoRa 网络节点采用 Aloha 的数据发送方式，那么很明显会带来一个问题：数据之间可能会产生冲突（图 7-21）。

首先思考这样一个问题：现有的 LoRa 网络是否有能力为大规模泛在物联网提供可靠的连接保障？在 Mobicom'19 的一篇文章中，研究者们对此给出了一个否定的回答。在这篇文章中，研究者们提出了一项名为 bitflux 的指标，用于描述单位面积内应用运行所需要的网络吞吐量。基于这一指标，研究者们计算了 ZebraNet、GreenOrbs 等典型物联网系统的网络需求，并将该需求与现有 LoRa 网络的连接能力进行比较，最终发现现有 LoRa 技术无法完全满足大规模物联网系统连接需求。由此可以看出，提升的网络容量、使系统支持更高的并发度是 LoRa 技术迈向实际应用的必由之路。

图 7-21　LoRa 信号冲突示意

那么如何提升网络容量呢？事实上，由于 LoRa 远距离的传输特性和星形的网络拓扑，单个 LoRa 网关通常需要在几平方千米的覆盖范围内连接的数以千计的物联网节点。如此大规模的连接使 LoRa 网络中普遍存在严重的数据包冲突。一方面，数据包冲突造成数据损坏和丢包，浪费了宝贵的信道资源；另一方面，由冲突导致的数据重传极大地消耗了节点的电量，从而严重影响低功耗物联网节点的使用寿命。因此，妥善解决 LoRa 网络中的数据包冲突问题将极大地改善 LoRa 网络的传输性能，从而使 LoRa 能够满足绝大多数物联网应用的连接需求。

在无线网络中，解决数据包冲突的策略无外乎两类：一类是冲突避免，即通过调度算法避免多个节点在同一时刻占用同一信道；另一类是冲突消除，即在冲突发生后，根据信号的时域或频域特征，对冲突的数据包信号进行分离和恢复。

传统的无线网络协议，如 802.11 通常采用冲突避免策略，即令节点在传输信号之前先对信道进行侦听，当检测到信道占用时进行随机回退。但对 LoRa 节点而言，由于 LoRa 信号传输距离远、网络覆盖规模大，节点很难做到可靠的信道状态监听，另外采用载波侦听等协议在非常低信噪比的 LoRa 信号中很难实现，传统的载波侦听可以基于信号强度，但是在 LoRa 中信号强度可能会淹没在噪声以下，这样很难检测到信号，从而很难进行冲突避免。另一方面，信道监听也加剧了节点的能量消耗，从而缩短 LoRa 节点的工作寿命。为了解决以上挑战，南洋理工大学的学者提出了 LMAC 协议，借助 LoRa 芯片的信道活动侦听（channel activity detection，CAD）模块，配合 LoRa 网关，实现对信道状态的分布式侦听。LMAC 是首个应用在 LoRa 网络中的 CSMA 协议，发现了 LoRa 的 CAD 模块能以极低的能耗开销对信道中 LoRa 信号进行检测，并设计了由网关维护全局信道状态表。实验表明，借助 LMAC，LoRa 可以将实际网络吞吐率提升近 2.2 倍，极大地改善了 LoRa 的连接性能。实际上由于 LoRa 节点的通信距离覆盖较大，节点部署可能比较密集，使用 CSMA/CA 协议等可能会很大程度降低网络效率，大家可以在理论的角度试着计算一下。另外其中隐藏终端和暴露终端的影响可能会进一步降低性能。

另一类解决 LoRa 数据包冲突的方法是通过冲突消除技术，分离并还原各个冲突 LoRa 数据包的内容。基于这一思路，研究者们提出了多种不同的冲突解码方法，例如，Choir 利用不同硬件的频率偏移特征来分离数据包，如图 7-22 所示。

在解调过程中，来自不同节点的数据包信号具有不同的微小频率偏移，可以根据该频率偏移把不同的 LoRa 编码符号对应到不同的发送节点，从而实现冲突解码。使用 Choir

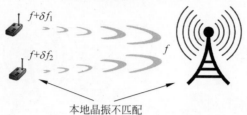

图 7-22 Choir 利用硬件频率偏移分离冲突信号

解码网络中的冲突信号,最高可以将 LoRa 的整体网络吞吐量提高 6.84 倍(图 7-23)。

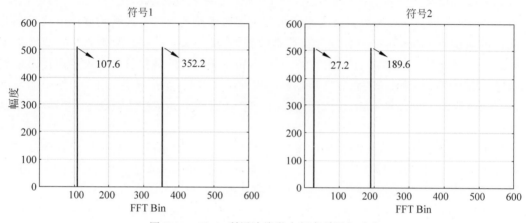

图 7-23 Choir 利用波峰微小频率差异解冲突

除了利用频域特征区分信号,也有研究者提出借助时域信号特征、根据不同节点数据包信号到达网关的时间差异来分离冲突编码符号。其中 mLoRa 就是一项利用信号时域特征消除冲突的典型工作。当多个数据包先后抵达网关发生冲突时,收到信号最起始的一部分是无冲突且可被正常提取的。利用这一段信号可以解出冲突信号中一个正确的符号,进而构造出该符号并将其消去。消除该符号后,剩余信号中又可以得到一段非冲突信号,因此可以依次迭代以上的操作,直至将所有的冲突数据包全部分离出来。

2019 年提出的工作 FTrack 同样利用了数据包到达时间差(图 7-24)。不同的是,FTrack 直接利用信号的频谱特点,并通过频谱图上信号的时间连续性区分属于不同节点的数据包信号。以上几个方法提取不同信号特征,有效提高了 LoRa 网络的实际数据吞吐率。但是这几个方法也有一个共同的缺陷,即它们的实现都要求接收信号具有较高的信噪比(SNR>0)。如果信噪比较低(SNR<0),那么无论是找准频率微小偏移、找出一段时域非冲突信号,还是从时频图分离冲突数据包,都会变得非常困难。所以这些方法无法应用在低 SNR 场景中,在信号比噪声低的场景中无法工作。而在 LoRa 应用场景中,信号强度比噪声低的情况是普遍存在的,因此,以上几种方法在实际 LoRa 应用中仍然具有一定的局限性。

为了更好地解决 LoRa 数据包信号冲突问题,实现低信噪比情况下的冲突信号分离,研究人员提出了 CoLoRa 方法:一种基于频域波峰比值分离冲突信号的方法,如图 7-25 所示。具体来说,为了分离冲突信号,在接收端使用一组与冲突数据包不对齐的接收窗口,使

图 7-24 FTrack 冲突解码示意

冲突信号中的每一个编码符号恰被两个相邻的接收窗口分为两段。然后对各接收窗口内的信号进行常规解调,并通过傅里叶变换将每一编码符号变换为两个相邻接收窗口中的能量波峰。由于傅里叶变换的特点,上述操作得到的频域波峰高度应与编码符号在窗口内的持续长度成正比。因此对每一编码符号可以提取其两个频域波峰的高度比作为该符号的特征值,此高度比由编码符号与接收窗口之间的时间差决定,且属于同一数据包的编码符号高度比都相同,而不同数据包符号的高度比存在明显差异。基于此,可以使用波峰高度比对冲突信号进行聚类和分离,实现冲突解码的目标。在上述解码过程中,充分发挥了 LoRa 解调带来的能量集中特性,将难以测量的时域特征变换为稳定的频域波峰特征,因此上述方法在信噪比极低的情况下仍可正常分离冲突的 LoRa 信号。

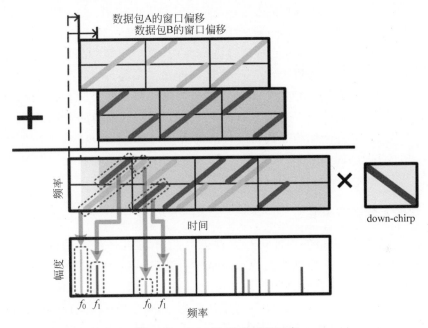

图 7-25 CoLoRa 冲突解码示意

为了进一步提高 LoRa 接收端的冲突解码能力,降低接收窗口的选择限制,提出了 NScale 冲突解码协议。该方法充分考虑了信号的能量分布特征,属于不同数据包的编码符号在接收窗口中具有不同的能量分布区间。因此,在进行解调操作前,对窗口内信号的振幅进行非均匀缩放,然后根据缩放前后各信号段的波峰高度变化情况确定信号段在窗口内的分布特征,最后根据不同数据包信号到达时间的特异性完成冲突分离和解码。图 7-26 展示了 NScale 的核心思想。

上述冲突解码工作都基于对收到的信号进行离线分析,因此无法做到实时冲突解码。

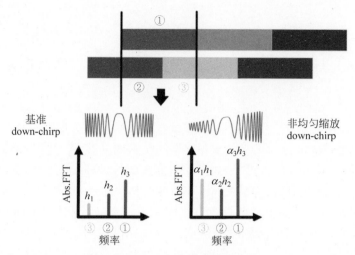

图 7-26 NScale 冲突解码示意

为了解决这一问题,进一步有了 Pyramid:一个能够实时实现冲突解码的流式算法模型。Pyramid 同样利用了到达时间差和信号强度,其核心是以更细的粒度对信号进行标准 LoRa 解码操作,但是在记录数据的时候,会把所有的波峰记录下来。理论上,波峰的高度与窗口内的信号长度成正比,若可以连续地对信号进行操作,那对应峰的高度轨迹会是一个三角形。冲突信号里众多三角形仿佛"金字塔"般重叠排列在一起,同属于一个数据包的"金字塔"会等间隔分布开,而塔顶间距恰好是一个符号长度。将这些塔顶分门别类就完成了冲突分离。该方案无需对数据包进行特殊的对齐,因而可以进行简单的"重复操作"。

现有研究工作在冲突避免和冲突消除方面的努力,使 LoRa 网关在不增加额外硬件配置的情况下,并发接收数据的能力提高了十几倍乃至几十倍,从而极大地提高了网络的实际吞吐率,为连接更大规模的物联网系统提供了可能性。

7.4.6 大规模无线网络实验

LoRa 研究中需要对网络的性能进行大规模测试,有过相关经验的读者就会知道搭建实验的过程会非常繁琐。一个重要的要求是搭建合适的测试体系。在之前的无线传感网研究中,大家就能深刻地体会到这一点。如果没有一个合理的测试体系,开发起来将会特别麻烦。在低功耗广域网 LoRa 的研究中,更是如此,当网络规模增大时很难进行实验。

通常情况下,实验需要至少满足以下的条件:①能够随时更新节点上的程序;②能够有效地收集节点的数据;③能够方便部署,有可视化的方法来查看数据。在研究中许多性能和指标的测量需要大量重复的实验和大规模的部署,而这些机械可重复的操作虽然简单,但是却造成了大量人工成本的消耗和浪费。因此,一个可以对科学理论、计算工具和新技术进行严格、透明和可复制测试的平台就显得尤为重要,搭建测试床平台就是其中的一个手段。

在互联网研究领域,学者们开发出了许多经典的测试床系统,比如用于无线传感器网络测试床(wireless sensor network)的 MoteLab、FlockLab 和 INDRIYA2,用于 802.11b/g 的 Roofnet 等。此外,还有 OpenChirp 以及阿里的 AliOS Things 里的 LoRa 平台。

测试床搭建的初衷是方便快捷地对网络设备进行操作和实验。考虑到 LoRa 长距离通信的特点，需要支持测试床可以移动，而不是限制在某一个地方，同时为了方便对节点进行控制和数据采集，设计了使用树莓派控制节点的方案。由于 LoRa 网络具有非常低的数据速率，不能支持无线重新编程。而为了测试 LoRa 节点的不同协议，需要经常更新这些节点的程序。首先测试床系统需要带外控制的方案，即采用 WiFi、4G 等其他信号作为控制信息的载体，来控制 LoRa 测试床。但是这个方案的不足在于需要提供额外的电力和网络，而室外环境却通常不具备这样的条件。因此还可以同时支持基于 LoRa 信号的在线重编程系统，利用 LoRa 网络进行在线程序更新，进一步摆脱了电力和网络的限制。

1. LoRa 测试床架构设计

LoRa 测试床的架构设计如图 7-27 所示。

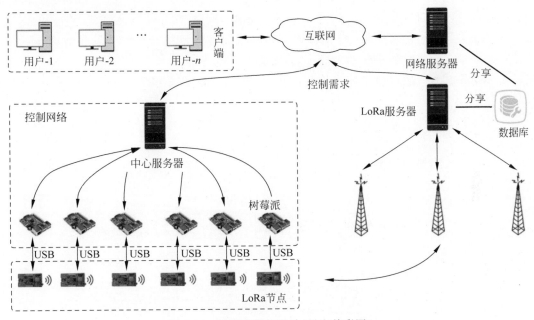

图 7-27 测试床架构设计（见文前彩图）

LoRa 组件搭建的 LoRa 服务，包括节点、网关和服务器，运行的协议为 LoRa 相关的协议。蓝色的箭头表示通信流程。不同的 LoRa 节点部署在不同位置。同时，每个 LoRa 节点连接到基于树莓派的边缘节点。所有树莓派边缘节点都通过带外通信（如蜂窝网络）连接到中心服务器。因此，中心服务器可以向基于树莓派的边缘节点发送命令以控制每个节点。中心服务器还可以从边缘节点收集数据。应该注意的是，控制和数据收集与 LoRa 网络性能本身分离。因此，即使 LoRa 网络遇到一些问题，仍然可以控制网络并收集数据进行诊断。

2. 自主更新系统

测试床还需要能够支持自主增量式更新，保证节点在外部署的时候仍然能够不断更新程序，该功能主要包括更新生成模块、节点本地更新模块。更新生成模块通过对比分析新旧版本节点程序的 ELF 文件生成更新文件，然后 LoRa 服务器通过网关将更新文件发送到需要更新的节点,节点验证更新文件的正确性后跳转进入 IAP 程序进行更新,更新完成后程序将跳转回用户程序。

思考:如何在 LoRa 这样的低功耗设备上利用较小的带宽进行远程重编程?

7.4.7 弱信号解码

LoRa 网络可以部署在各种不同的环境中,例如,高楼林立的城市地区、物品繁杂的室内环境和极为封闭的地下空间。在这些环境中,严重的遮挡、多径效应和干扰并不少见,因此链路质量可能较低,甚至与网关断开连接,出现不可预测的网络覆盖盲区。一个直接的解决方法是部署更多网关来提高覆盖范围。然而,由于环境的复杂多变,添加网关成本高且难度大。需要能够提高弱链路链接能力,实现弱链路通信并提高 LoRa 网络覆盖范围的新方法。这是无线网络领域的研究重点,典型方法的名字叫作 Ostinato。与以往的方法不同,Ostinato 直接工作在单个 LoRa 节点和单个 LoRa 网关上,无需其他节点或网关的协作。Ostinato 的主要思想是将原始的 LoRa 数据包转换为具有重复符号模式的伪数据包,然后在接收端聚集多个符号的能量以增强抗干扰能力。该方法无需任何硬件修改即可工作在商用 LoRa 节点上。通过调整能量聚集的重复符号数,该方法可以适应不同环境下不同级别的弱链路。

7.4.8 弱信号解码方法设计

Ostinato 系统架构如图 7-28 所示。

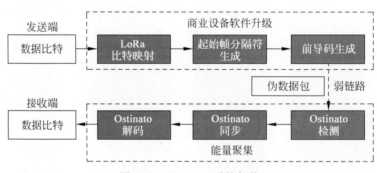

图 7-28 Ostinato 系统架构

首先将原始数据包转换为具有重复符号的伪数据包。挑战在于如何在商业 LoRa 设备上解决以下几个问题:

(1)如何指定商业 LoRa 设备的发送字节序列以使数据段 chirp 符号出现重复;

(2)部分符号与其他符号相关且不能完全控制,例如,奇偶校验位所在符号;

(3)部分符号无法控制,例如,无论输入数据如何,起始帧定界符(SFD)对于任何数据包都是固定的。

为此,需要依赖 LoRa 物理层的逆向工程结果以获得精确生成的重复符号。对于其他符号,例如,奇偶校验符号,需要推断它们的位置并避免在创建重复符号时使用它们。对于无法控制的 SFD 符号,可以利用数据段中的符号生成具有重复性质的虚拟 SFD 以进行数据包同步。

接收端需要在弱链路下进行数据包的检测、同步和解码,关键是如何利用 LoRa 符号的特性以有效地从多个重复符号中聚集能量。Ostinato 的直观想法是在 de-chirp 中使用多个 down-chirp 将重复的 up-chirp 符号转换为更长的单频信号,集中更多符号的能量来获得频域中的更高峰值。但这些重复的 chirp 符号之间存在不可忽略的相位偏移,这会导致无法有效地集中多个 chirp 符号的能量。针对这一问题,Ostinato 提出了一种混合解调技术,可以自适应地在符号上应用相干和非相干解调,以较小的计算开销显著提高了接收灵敏度。

通过解决重复符号生成和符号能量聚集这两个挑战,Ostinato 可以工作在单个 LoRa 节点和单个 LoRa 网关上支持弱链路通信。在软件无线电网关上实现了 Ostinato,可以提供弱链路数据包的实时解码能力,不依赖多个节点或网关的协作。实验结果表明,Ostinato 在接收灵敏度方面比 LoRa 提高了 8.5dB,在覆盖范围方面是 LoRa 的 2.88 倍。

一个 Ostinato 数据符号由 K 个 chirp 符号组成。为了生成伪数据包,需要一个 chirp 符号在商业 LoRa 设备上重复发送 K 次。这里需要基于 LoRa 物理层的结果来控制输入数据比特以生成所需的符号重复模式。根据前面章节中介绍的 LoRa 编码规则,可以通过控制输入的信号来改变输出调制结构,因此可以生成连续的多个 chirp 符号。

针对弱信号,需要聚集多个重复符号的能量来获得更高的 FFT 峰值。在介绍混合解调之前,首先说明相干解调和非相干解调两种模式。相干和非相干这两个词也是在平时看到的资料中出现很多的,借助这个例子,来大致理解一下。

相干解调:LoRa 通过 de-chirp 处理单个符号,它首先将符号乘以基准 down-chirp,然后应用 FFT 得到表示起始频率的峰值 bin。Ostinato 数据包的直观解调方法是将 de-chirp 操作扩展到 K 个 down-chirp。如图 7-29 上方所示,一个 $K=4$ 的 Ostinato 符号在采样率 $f_s = B$ 下与连续 4 个基准 down-chirp 相乘,再对每段分别做 FFT 得到表示第 i 个符号的 FFT 输出 $R_i (i=1,2,3,4)$,最后在复数域上将所有的 R_i 相加可得 Ostinato 符号的 de-chirp 结果:

$$R^c = \sum_{i=1}^{K} R_i$$

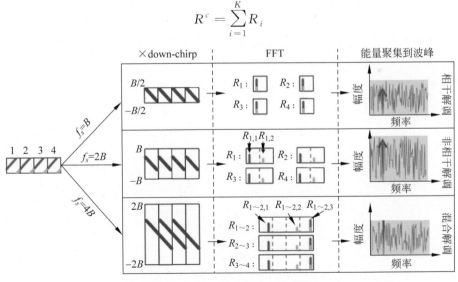

图 7-29 符号能量聚集(见文前彩图)

解调想要的是峰值位置，即 $\mathop{\mathrm{argmax}}\limits_{\mathrm{index}}|R^c|$。然而，由于相位的不连续性，接收信号中的能量无法有效聚集。具有不同相位偏移的 chirp 段会相互干扰并导致 FFT 峰值失真，这可能导致峰值低于噪声。

非相干解调：克服相位偏差的最佳方法是在相干解调之前对其进行估计和补偿。然而，Ostinato 通常用于低质量的链路，在低 SNR 下准确估计相位偏差是困难的。另一种方法是遍历从 0 到 2π 的可能的相位偏差，然后选择最高能量的峰值作为结果。这种方法会带来很大的开销，尤其是当 K 很大的时候。因此，更好的方法是将每段的 FFT 结果的幅度相加，以非相干的方式聚集来自不同 chirp 段的能量。非相干解调意味着在忽略相位的同时聚集符号能量。为了进行非相干解调，首先需要将信号上采样到 $2B$ 采样率，将不同相位的信号分离到频域中的不同峰值，如图 7-29 中间所示。然后将信号与 $2B$ 采样率的 down-chirp 相乘。上采样把 FFT 结果的频率范围扩展到了 $[0,2B]$。非相干方式聚集所有重复符号的能量可表示为

$$R^{nc} = \sum_{i=1}^{K}(|R_{i,1}|+|R_{i,2}|)$$

其中，$R_{i,1}(R_{i,2})$ 是第 i 个符号的 FFT 结果的左（右）半部分。图 7-29 中红色和绿色峰的距离固定为 B。当累加 FFT 结果的幅度时，峰值不会失真。解调后的输出为 $\mathop{\mathrm{argmax}}\limits_{\mathrm{index}}|R^{nc}|$。

混合解调：非相干解调的问题在于它会将不同 chirp 段噪声的能量也聚集起来。而在相干解调中，由于噪声相位是随机的，尽管噪声能量也会聚集，但其聚集程度是小于非相干解调的。换句话说，非相干解调带来了一定的 SNR 损失。为了减少损失，可以使用一种混合解调方法。基本思想是：①对于没有相位偏移的 chirp 段，相干地聚合它们以减少噪声总和；②对于具有未知和不可预测的相位偏差的段，以非相干方式聚合它们以减小计算开销。

7.5 其他通信方式

随着物联网设备的发展，各种新型的通信方式也层出不穷，例如，使用可见光进行通信、毫米波通信等，这些通信方式虽然底层使用的物理信号不太一样，但是中间用到的调制解调、编码解码方法有很大的相似性，方法之间有很大的相通性。读者理解基本原理后，对学习其他的通信方式将会很有帮助。

参考文献

[1] What is LoRaWAN® ?[EB/OL]. https://lora-alliance.org/about-lorawan/.

[2] TONG S, SHEN Z, LIU Y, et al. Combating link dynamics for reliable lora connection in urban settings[C]//ACM MobiCom'21: The 27th Annual International Conference on Mobile Computing and Networking. ACM, 2021: 642-655.

[3] XU Z, TONG S, XIE P, et al. FlipLoRa: Resolving collisions with up-down quasi-orthogonality[C]// 2020 17th Annual IEEE International Conference on Sensing, Communication, and Networking (SECON). IEEE, 2020: 1-9.

[4] XU Z, XIE P, WANG J. Pyramid: Real-time LoRa collision decoding with peak tracking[C]//IEEE

INFOCOM 2021-IEEE Conference on Computer Communications. IEEE,2021:1-9.

[5] TONG S,XU Z,WANG J. CoLoRa:Enabling multi-packet reception in LoRa[C]//IEEE INFOCOM 2020-IEEE Conference on Computer Communications. IEEE,2020:2303-2311.

[6] LoRaWAN end-device stack implementation and example projects[EB/OL]. https://github.com/Lora-net/LoRaMac-node.

[7] ChirpStack network server[EB/OL]. https://github.com/brocaar/chirpstack-network-server.

[8] gr-lora[EB/OL]. https://github.com/BastilleResearch/gr-lora.

[9] LoRa PHY based on GNU radio[EB/OL]. https://www.epfl.ch/labs/tcl/resources-and-sw/lora-phy.

[10] JIANG J,XU Z,DANG F,et al. Long-range ambient LoRa backscatter with parallel decoding[C]//ACM MobiCom'21:The 27th Annual International Conference on Mobile Computing and Networking. ACM,2021:684-696.

[11] PENG Y,SHANGGUAN L,HU Y,et al. PLoRa:a passive long-range data network from ambient LoRa transmissions[C]//SIGCOMM'18:ACM SIGCOMM 2018 Conference. ACM,2018:147-160.

[12] GHENA B,ADKINS J,SHANGGUAN L,et al. Challenge:Unlicensed LPWANs are not yet the path to ubiquitous connectivity[C]//MobiCom'19:The 25th Annual International Conference on Mobile Computing and Networking. ACM,2019:1-12.

[13] GAMAGE A,LIANDO J,GU C,et al. LMAC:Efficient carrier-sense multiple access for LoRa[J]. ACM Transactions on Sensor Networks,2023,19(2):1-27.

[14] ELETREBY R,ZHANG D,KUMAR S,et al. Empowering low-power wide area networks in urban settings[C]//SIGCOMM'17:ACM SIGCOMM 2017 Conference. ACM,2017:309-321.

[15] WANG X,KONG L,HE L,et al. mLoRa:A multi-packet reception protocol in LoRa networks [C]//2019 IEEE 27th International Conference on Network Protocols (ICNP). IEEE,2019:1-11.

[16] XIA X,ZHENG Y,GU T. FTrack:parallel decoding for LoRa transmissions[C]//SenSys'19:The 17th ACM Conference on Embedded Networked Sensor Systems. ACM,2019:192-204.

[17] Testbed[EB/OL]. https://en.wikipedia.org/wiki/Testbed.

[18] WERNER-ALLEN G,SWIESKOWSKI P,WELSH M. MoteLab:a wireless sensor network testbed [C]//IPSN 2005 Fourth International Symposium on Information Processing in Sensor Networks. IEEE,2005:483-488.

[19] AGUAYO D,BICKET J,BISWAS S,et al. Link-level measurements from an 802.11b mesh network [C]//SIGCOMM04:ACM SIGCOMM 2004 Conference. ACM,2004:121-132.

[20] DODDAVENKATAPPA M,CHAN M C,ANANDA A L. Indriya:A low-cost,3D wireless sensor network testbed[C]//Springer Berlin Heidelberg,2012:302-316.

[21] YOUSUF A M,ROCHESTER E M,GHADERI M. A low-cost LoRaWAN testbed for IoT:Implementation and measurements[C]//2018 IEEE 4th World Forum on Internet of Things (WF-IoT). IEEE,2018:361-366.

[22] NAVARRO-ORTIZ J,RAMOS-MUNOZ J J,LOPEZ-SOLER J M,et al. A LoRaWAN testbed design for supporting critical situations:Prototype and evaluation[J]. Wireless Communications and Mobile Computing,2019:1-12.

[23] TRÜB R,FORNO R D,GSELL T,et al. Demo Abstract:A testbed for long-range LoRa communication [C]//2019 18th ACM/IEEE International Conference on Information Processing in Sensor Networks (IPSN). 2019:342-343.

[24] MARAIS J M,MALEKIAN R,ABU-MAHFOUZ A M. LoRa and LoRaWAN testbeds:A review [C]//2017 IEEE AFRICON. IEEE,2017:1496-1501.

[25] BANKOV D,KHOROV E,LYAKHOV A. On the limits of LoRaWAN channel access[C]//2016 International Conference on Engineering and Telecommunication (EnT). IEEE,2016:10-14.

[26] PETAJAJARVI J,MIKHAYLOV K,ROIVAINEN A,et al. On the coverage of LPWANs: range evaluation and channel attenuation model for LoRa technology[C]//2015 14th International Conference on ITS Telecommunications (ITST). IEEE,2015: 55-59.

[27] CENEDESE A,ZANELLA A,VANGELISTA L,et al. Padova smart city: An urban Internet of Things experimentation[C]//2014 IEEE 15th International Symposium on "A World of Wireless, Mobile and Multimedia Networks" (WoWMoM). IEEE,2014: 1-6.

[28] WENDT T,VOLK F,MACKENSEN E. A benchmark survey of long range (LoRaTM) spread-spectrum-communication at 2.45 GHz for safety applications[C]//2015 IEEE 16th Annual Wireless and Microwave Technology Conference (WAMICON). IEEE,2015: 1-4.

[29] RADCLIFFE P J,CHAVEZ K G,BECKETT P,et al. Usability of LoRaWAN technology in a central business district[C]//2017 IEEE 85th Vehicular Technology Conference(VTC Spring). IEEE,2017: 1-5.

[30] NEUMANN P,MONTAVONT J,NOEL T. Indoor deployment of low-power wide area networks (LPWAN): A LoRaWAN case study[C]//2016 IEEE 12th International Conference on Wireless and Mobile Computing,Networking and Communications (WiMob). IEEE,2016: 1-8.

[31] ZHOU Q,ZHENG K,HOU L,et al. Design and implementation of open LoRa for IoT[J]. 2018.

第三篇　物联网感知

第8章 无线测距

8.1 基于信号强度测距

在物联网中,最基本的功能是测距,即测量两个物体或者设备之间的距离。一些传统的方法考虑的是利用物联网设备本身的功能来进行距离的测量,例如,利用物联网设备上的摄像头、无线模块等实现距离测量。本书主要介绍基于无线信号来进行距离测量的方法。

8.1.1 接收信号强度定义

接收信号强度(received signal strength,RSS),有时也称接收信号强度指示(received signal strength indication,RSSI),是无线传输层用来判定链接质量的重要指标,传输层根据RSS判断是否需要增大发送端的发送强度。

通常情况下,RSS用功率表示,单位是瓦特(W)。但无线信号能量较弱,通常在毫瓦(mW)级别。因此普遍的做法是将信号的能量以1mW为基准,以对数形式表示信号强度,即RSSI,单位为dBm(decibel-milliwatts):分贝毫瓦。所以在无线信号中,1mW就是0dBm,能量小于1mW的信号RSSI为负数,能量大于1mW的信号RSSI为正数。

注意:$dB=10\lg X$,可以轻易把一个极大或极小的数表示出来。而dBm是一个带有量纲(毫瓦)的两个功率的比值的表示方法,是一个表示功率绝对值的单位,其计算公式为$10\lg(功率值/1mW)$。

例如,如果发射功率为1mW,按dBm单位进行折算后的值应为:$10\lg\frac{1mW}{1mW}=0dBm$;对于40W的功率,则$10\lg(40W/1mW)=46dBm$。

最常用的$2W=33dBm$,$20W=43dBm$。dBm与dBm之间的差值就可以用dB来表示。比如$46dBm-43dBm=3dB$,表示40W功率是20W功率的2倍。所以可以很方便地用dB来表示信号直接的关系。

8.1.2 RSS测距原理

不难想到,信号强度RSS是跟距离有关的。直观来看,距离越远,信号强度是越低的。在信道模型一章,已经对信号强度和距离的关系进行了详细的分析。通常,RSSI受发送功

率、路径衰减、接收增益和系统处理增益四个元素影响。其计算公式可以表示为

$$\mathrm{RSSI} = \mathrm{Tx\_Power} + \mathrm{Path\_Loss} + \mathrm{Rx\_Gain} + \mathrm{System\_Gain}$$

在之前的章节中,介绍了一般情况下信号随距离衰减的关系:

$$P_G = -P_L = 10\lg\frac{G_l\lambda^2}{(4\pi d)^2}$$

从这个公式可以看出来,如果知道距离,可以计算出信道的衰减;反之,如果能够测出发送和接收信号强度,是能够反推出距离 d 的。但是注意这是理想的情况,实际环境中比理想情况复杂很多,实际环境中信号强度不会完美符合这个公式。

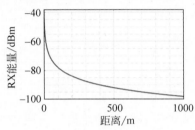

图 8-1　自由空间中电磁波能量随距离衰减曲线

信号在自由空间中的衰减如图 8-1 所示,可以基于衰减的规律进行测距。

其中发送功率、接收增益、系统增益都是定值,而路径衰减在理想情况下与传播距离直接相关。除了前面复杂的公式之外,无线信号的发射功率和接收功率之间的关系可以用下式进行简化表示:

$$\mathrm{PR} = \frac{c_0 \mathrm{PT}}{r^n}$$

其中,PR 是无线信号的接收功率,PT 是无线信号的发射功率,r 是收发单元之间的距离,c_0 是与天线参数和信号频率有关的常数,n 是传播因子,数值大小取决于无线信号传播的环境(该公式为远场近似,r 很小时不成立)。对上式两边取对数可得:

$$10\lg(\mathrm{PR}) = 10\lg(c_0\mathrm{PT}) - 10n\lg r = A - 10n\lg r$$

由于发送功率已知,$A = 10\lg(c_0\mathrm{PT})$ 可以看作信号传输 1m 远时接收信号的功率。上式左部 $10\lg(\mathrm{PR})$ 是接收信号功率转换为 dBm 的表达式,因此可以直接写成下面的表达形式:

$$\mathrm{PR}(\mathrm{dBm}) = A - 10n\lg r$$

从上式可以得到常数 A 和 n 的数值决定了接收信号强度和信号传输距离的关系,因此接下来分析这两个常数对信号传输距离的影响。若信号传播因子 n 为定值,无线信号在近场传播时强度快速衰减,远距离时信号呈缓慢线性衰减。而当发射信号功率增加时,增加的传播距离近似为发射信号功率增加量和曲线在平缓阶段的斜率的比值。接下来分析当 A 不变时,取不同的 n,RSS 与信号传播距离的关系。n 取值越小,信号在传播过程衰减越小,信号可以传播较远的距离。良好的传播因子特性(n 越小)或增加发射信号功率都能增加信号传播距离。传播因子主要取决于无线信号在空气中的衰减、反射、多径效应等干扰,干扰越小,传播因子 n 值越小,信号传播距离越远,无线信号的传播曲线越接近于理论曲线,基于 RSS 的测距就会越精确。

利用 RSS 测距必须事先知道 A 值和 n 值,A 值为无线收发节点相距 1m 时接收节点接收的无线信号强度值,n 值是无线信号的传播因子,这两个值都是经验值,与具体使用的硬件和无线信号传播的环境相关,测距前需要在应用环境中把两个经验值标定好,标定的准确与否直接关系到测距定位的精度。

此外,如果无线节点系统应用在室外,室外的气象条件变化对无线信号的传输也会产

生影响。温度和湿度条件变化对无线信号传输会产生影响,可以采取均值或前后测量值加权等方法将其影响消除。

利用 RSS 测距时,要避免 RSS 的不稳定性,使 RSS 值越精确地体现无线信号的传输距离,通过设计各种滤波器使 RSS 的值平滑。最常用也是较容易实现的两种滤波器形式是平均值滤波器和加权滤波器,其中平均值滤波器是最基本的滤波形式,但是它需要收发节点之间进行多次数据传输。

8.2 基于信号传播时间测距

基于信号强度的测距受环境的影响很大,一般误差会比较大,也很少在真实系统中使用。在实际系统中,较为常用的是基于信号传播时间来进行测距。信号传播时间或者叫飞行时间(time of flight,ToF),指信号在介质内的传播时间。已知信号在介质中传播速度的情况下,使用飞行时间可以估算出信号经过的距离。

8.2.1 ToF 测距原理

这一部分介绍常见的 ToF 的测量方法。

如果发送端和接收端的精确时间同步,从发送方发送一个数据包到达接收方,如果能够准确记录发送和接收时间,是可以精准测量信号飞行时间的。即在发送端和接收端时间同步的前提下,接收端就可以记录发送端在哪一时刻开始传输;随后,在收到信号的第一时间,接收端记录信号到达时刻的时间戳;最后,利用接收时间戳减去发送时刻即可得到信号飞行时间。使用 d 表示发送端到接收端的距离,c 表示信号的传播速度(例如,声速),t 表示测量得到的飞行时间,那么可以得到:

$$d = c \times t$$

但是这里有两个非常重要的问题,第一个是发送端和接收端需要时间同步,第二个是能够准确测量发送和接收的时间,这两个问题是非常有挑战性的。因此如何解决时钟同步问题,是基于传播时间测距工作的一个重点,也是难点。传统网络工作中提出了多种网络时间同步机制,例如,网络时间协议(network time protocol,NTP),它也是互联网的时间同步机制。此外,全球定位系统(GPS)技术也能为不同设备提供全局时间同步,它的原理是在 GPS 卫星上运行一个高精度的时钟,GPS 客户机通过接收卫星发送的伪随机序列实现与卫星时钟的同步。

现有的时间同步方法在实际使用中仍存在较大的局限性。例如,NTP 协议主要针对静态网络,并且需要频繁交换消息来不断校准时钟频率偏移带来的误差。此外,NTP 协议毫秒级的精度无法满足高精度测距等应用场景的需求。GPS 能达到纳秒级精度的同步,但 GPS 受环境遮挡影响大,只适用于室外空旷无遮挡的环境,无法适用于室内低功耗物联网节点。

基于传播时间测距,同步发送端和接收端时间存在困难,因此有方法提出将接收端和发送端整合到同一设备,从而在计算飞行时间时避免收发机的时间同步。

第一种方法是让测距对象作为反射体,直接反射传输的信号。这种方法要求反射体具有一定的体积,并且收发机能在全双工模式工作,即发送信号的同时能接收来自目标对象反射的信号。例如,可以利用调频连续波(FMCW)作为发射信号来测量 ToF。这种模式也是一般常说的雷达(radar)模式。8.2.2 节会详细介绍这一类型的方法。

第二种方法是利用两个设备分别作为发送端和接收端：发送端于时刻 t_0 发送信号，接收端收到信号后，等待时间 Δt 后返回同样的波，发送端记录收到回复的时刻 t_1，从而得到距离 $d=v(t_1-t_0-\Delta t)/2$。这种方法既不要求接收端和发送端时钟同步，也不需要设备具有全双工功能。大家可以仔细想一下，上述过程中两个设备之间实际上通过数据交换实现了同步的效果。但实际实现时，由于设备软硬件调度、延迟等不确定因素，接收端很难控制等待时间恰好为 Δt，很难做到精准的时间控制，因此实际测得的距离也存在较大误差。

思考：如何精准地测量信号的到达时间也是时间 ToF 测距中面临的较大问题，精准时间的测量又跟信号的 SNR 信噪比等多个因素相关，读者可以思考一下这里面几个相关因素的关系。要真正地理解测距和感知，一定要精确地理解带宽、信噪比、多径和时间分辨精度这几个因素之间的关系。

8.2.2 单边双向测距

单边双向测距(single-sided two-way ranging)，即由单边发起的基于往返通信的测距方法。为了便于叙述，假定两个设备 A 和 B。单边双向测距流程的时序简图及其数据包形式如图 8-2 所示。

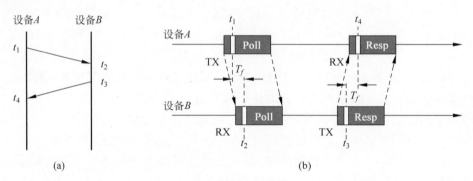

图 8-2 单边双向测距示意

(a) 单边双向测距一次流程的时序简图；(b) 单边双向测距一次流程(数据包形式)

如图 8-2 所示，通信由设备 A 发起。在 t_1 时刻，A 发送 Poll 包给 B，B 在 t_2 时刻收到 Poll 包，然后在 t_3 时刻发送 Resp 包给 A，最后 A 在 t_4 时刻收到 Resp 数据包。

这个方法计算 ToF 就很直观，也很容易理解，将测量到的 ToF 用 T_f 进行表示：

$$T_f = \frac{(t_4-t_1)-(t_3-t_2)}{2}$$

误差分析：假设误差来自于硬件的时钟漂移，因此对设备 A,B 的时钟进行如下建模：

$$\hat{t}_a = (1+e_a)t_a \quad (a=1,4)$$
$$\hat{t}_b = (1+e_b)t_b \quad (b=2,3)$$

其中，e_a, e_b 分别为设备 A,B 的时钟误差。将 $\hat{t}_a, \hat{t}_b$ 代入 T_f，得到考虑时钟偏移后的结果：

$$\hat{T}_f = \frac{(\hat{t}_4-\hat{t}_1)-(\hat{t}_3-\hat{t}_2)}{2}$$

因此误差为

$$\text{err} = \hat{T}_f - T_f = e_a T_f + \frac{t_3 - t_2}{2}(e_a - e_b)$$

不妨假设 $T_f = 100\text{ns}$，则 $t_3 - t_2 \approx 1\text{ms}$，设备的时钟漂移为 20ppm，那么可以计算得到误差约为 20ns，对应 6m 的测距误差。从上面分析可以知道，单边双向测距方法的主要误差来自于两个设备时钟的漂移。双边双向测距就是在此基础上的一个改进。

8.2.3 双边双向测距

双边双向测距(double-sided two-way ranging)在单边双向测距的基础上额外增加了一次数据传输。这里使用两个设备 A 和 B 来说明双边双向测距过程，如图 8-3 所示。

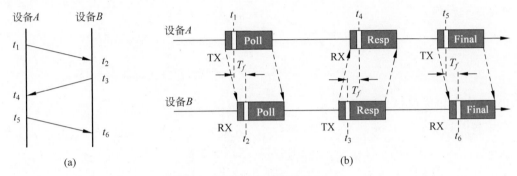

图 8-3 双边双向测距示意
(a) 双边双向测距一次流程的时序简图；(b) 双边双向测距一次流程(数据包形式)

如图 8-3 所示，设备 A 在 t_1 时刻向设备 B 发送 Poll 数据包，设备 B 在 t_2 时刻接收到，然后在 t_3 时刻返回 Resp 包，设备 A 在时刻 t_4 收到，这是一次单边双向测距流程。在此基础上，设备 A 再次在 t_5 时刻发送 Final 数据包给 B，而设备 B 在 t_6 时刻收到 Final 数据。至此，双边双向测距流程结束。

同理，可以用如下的公式计算 ToF：

$$T_f = \frac{[(t_4 - t_1) - (t_3 - t_2)] + [(t_6 - t_3) - (t_5 - t_4)]}{4}$$

误差分析：来看一下为什么这个方法的性能会比单边双向测距方法的要好。假设误差来自于硬件的时钟漂移，对设备 A, B 的时钟如下建模：

$$\hat{t}_a = (1 + e_a) t_a \quad (a = 1, 4, 5)$$

$$\hat{t}_b = (1 + e_b) t_b \quad (b = 2, 3, 6)$$

其中，e_a, e_b 分别为设备 A, B 的时钟误差。将 $\hat{t}_a, \hat{t}_b$ 代入 T_f，得到考虑时钟偏移后的结果：

$$\hat{T}_f = \frac{[(\hat{t}_4 - \hat{t}_1) - (\hat{t}_3 - \hat{t}_2)] + [(\hat{t}_6 - \hat{t}_3) - (\hat{t}_5 - \hat{t}_4)]}{4}$$

因此可以计算得到误差：

$$\text{err} = \hat{T}_f - T_f$$
$$= \frac{1}{2} T_f (e_a + e_b) + \frac{1}{4} (e_a - e_b)[(t_3 - t_2) - (t_5 - t_4)]$$

不妨假设 $T_f=100\text{ns}$，例如，针对 Decawave 的 DW1000 芯片，$[(t_3-t_2)-(t_5-t_4)]\in$ $(0\text{ns},8\text{ns})$，取最坏的情况 8ns，设备的时钟漂移为 20ppm，那么可以计算得到误差约为 2ps，对应 0.6mm 的测距误差。可以看到，双边双向测距在理论上的精度远优于单边双向测距的方法。

另外，上面的计算方法依然受两个设备的时钟漂移影响，可以使用更加优化的算法，消去其中一个设备的时钟影响，这也是为什么说双边双向测距相当于在单边双向测距基础上做了时间同步。

在实际设备上，如果可以使用两种不同的信号，利用两种信号之间的波速差也可以进行测距。例如，可以令发送端同时发送一道电磁波和声波，然后在接收端记录电磁波的到达时刻 t_r 和声波的到达时刻 t_s。则根据这两个不同的到达时刻，可以计算出发送端与接收端之间的距离：

$$d=\frac{v_r\times v_s\times(t_s-t_r)}{v_r-v_s}$$

由于 $v_r=3\times10^8\text{m/s}$ 远大于 $v_s=340\text{m/s}$，因此距离计算式可简化为 $d=v_s\times(t_s-t_r)$。

8.2.4 利用反射信号测量距离

调频连续波（frequency modulated continuous wave，FMCW）是一种在高精度雷达测距中使用的技术，FMCW 是频率随着时间线性增长的信号。FMCW 技术有很长的使用历史，使用范围非常广泛。近些年来，FMCW 在物联网的定位和感知场景里面使用很多。很多前沿的研究工作都是利用基于电磁波或者声波的 FMCW 信号来进行定位和感知的应用。FMCW 最直接的一个应用是利用反射信号与发射信号混频得到的频率偏移来进行 ToF 的测量。

如图 8-4 实线所示，FMCW 雷达将信号调制为一种特制的 FMCW 信号，其频率周期性地随时间递增（从 $f_{\min}$ 到 $f_{\max}$）或递减（从 $f_{\max}$ 到 $f_{\min}$）。一个频率变换周期为 T 的递增 FMCW 信号 $R(t)$ 可以表示为

$$R(t)=\cos\left[2\pi\left(f_{\min}+\frac{B}{2T}t\right)t\right]$$

其中，$B=f_{\max}-f_{\min}$ 表示频率变化的带宽。

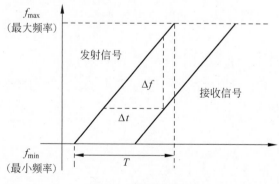

图 8-4　FMCW 信号

FMCW 雷达在扫频周期内发射频率变化的连续波，发射出去的信号被物体反射后的回波与发射信号叠加在一起被接收到。实际收到的信号会呈现图 8-4 的特点，反射信号与发射信号存在着时间差。这个时间差在实际系统中难以直接精确地测量出来（虽然也有一些研究工作试图这么来做）。为了解决这一问题，这个时间差可以转化为对应的频率差，通过测量频率差可以获得目标与雷达之间的距离信息，这也是 FMCW 好用的主要原因。频率差与距离相关，一般为 kHz 量级。

由于反射回来的信号和原始信号的频率差值 Δf 和信号的传输时间 Δt 有线性变化关系，因此可以将对 ToF 的测量转换为对信号频率变化的测量。因此硬件处理相对简单、适合数据采集并进行数字信号处理。该方法具有容易实现、结构相对简单、尺寸小、重量轻以及成本低等优点，有广泛的应用前景。假设接收端和发送端之间的距离为 d，因为传输时间 Δt 是往返的总时间，那么可以得到：

$$d = \frac{c \Delta t}{2}$$

同时，根据图 8-4 中的三角函数关系，可以得到：

$$\Delta t = \frac{T}{B} \Delta f$$

结合上面的两个式子，可以计算出距离 d 为

$$d = \frac{cT}{2B} \Delta f$$

那么如何来实现频率差的计算呢？这里先请大家回忆一下 LoRa 的解码过程，其中需要计算出信号的起始频率，实际上给定一个包含了多个 FMCW 信号的解码窗口，如果能够算出每个信号的起始频率，也就能算出两个信号的频率差。简单来说，对于收到的 FMCW 信号和反射的信号，可以将混合的信号乘以一个频率线性降低的信号，这样可以将接收到的两个 FMCW 信号转成两个单频信号，两个单频信号的频率差对应的就是两个 FMCW 信号时间差造成的频率差。由于这个频率差较小，可以较为容易地将这个频率差测量出来，从而能够测量出反射的往返时间。一般来说，大多数芯片如毫米波雷达芯片将这个计算频率差的过程都集成到固件中，可以直接得到频率差，这一过程在很多地方也被称为混频，很形象的一个说法，大家看完操作过程的介绍应该就大概能理解为什么叫混频了。

以此为基础，可以使用手机模拟雷达，达到类似的效果。基于前面学习的知识，可以使用手机发送给定的信号，在这里使用手机发送 FMCW 信号，同时使用手机将反射信号录下来，然后对录下来的声音信号进一步处理。具体的代码实现可以参考 8.3 节。

8.3 案例：测距

实际系统中的测距大多数是基于上面的几个思路，接下来将介绍基于声波的 FMCW 测距和往返时间测距。

8.3.1 声波 FMCW 测距

基于声波生成 FMCW 信号，这里将介绍如何提取接收信号与发送信号的频率差，从而

实现测距。

假定声源 S 静止不动, 可录音设备 D 相对声源 S 静止, 声源发出信号为

$$S(t) = \cos\left[2\pi\left(f_{\min} + \frac{B}{2T}\right)t\right]$$

其中, S 为发射信号, $f_{\min}$ 为 FMCW 频率的最小值, $B = f_{\max} - f_{\min}$ 为 FMCW 频率的带宽, T 为周期, t 为一个周期内的时间, 即 $0 < t < T$。因此, 接收端接收到的信号为

$$L(t) = A\cos\left\{2\pi\left[f_{\min} + \frac{B}{2T}(t - t_d)\right](t - t_d)\right\}$$

其中, A 为衰减因子, t_d 为信号从发射端到接收端所需要的时间延迟。根据积化和差公式 $(\cos A \cos B = [\cos(A+B) + \cos(A-B)]/2)$, 将 $S(t)$ 与 $L(t)$ 相乘, 再过滤去高频部分(即只留下 $\cos(A-B)$ 的项), 得到:

$$V(t) = \frac{A}{2}\cos\left[2\pi f_{\min} t_d + \frac{\pi B(2tt_d - t_d^2)}{T}\right]$$

假设可录音设备与音响之间的距离为 R, 则有 $t_d = \frac{R}{c}$, 代入 $V(t)$ 可以得到:

$$V(t) = \frac{A}{2}\cos\left[2\pi f_{\min}\frac{R}{c} + \left(\frac{2\pi BRt}{cT} - \frac{\pi BR^2}{c^2 T}\right)\right]$$

此时的 $V(t)$ 是个单频信号。对其进行傅里叶变换, 在频率 $f = BR/(cT)$ 处可观察到一个峰值, 根据波峰的下标即可最终确定接收信号与发送信号的频率差。使用手机来进行声波发送和接收, 实际上就是手机播放声音和录音。

直接使用 FMCW 信号测距时, 需要发送设备与接收设备之间进行精准的时钟同步, 这样才能保证可以在接收端通过信号相乘提取发送信号与接收信号之间的频率差。在实际系统中, 可以通过使用同一设备收、发信号以实现上述时钟同步需求。因此, 当需要测量设备到某个目标物体的距离时, 令设备发送 FMCW 信号, 信号到达目标物体并被目标反射后回到测距设备, 测量设备收集反射信号并将其与发出信号进行比对以实现测距。上述过程要求测距设备能够运行在全双工模式, 即发射信号的同时可以接收信号。

FMCW 测距代码实现:

目标: 使用 FMCW 声波信号测量设备与目标物体之间的距离。

发送信号: 多个 FMCW 信号, 每两个 FMCW 信号之间有与 FMCW 信号等长的空白间隔。

具体步骤如下:

(1) 生成 pseudo-transmitted 信号。

(2) 将 pseudo-transmitted 信号与接收信号相乘, 并做傅里叶变换, 得到频率偏移。

(3) 得到每个接收到的信号相对起始位置的频率偏移, 进而得到每一时刻的距离, 如图 8-5 所示。

```
%% 发送信号生成
fs = 48000;
T = 0.04;
f0 = 18000;                                    % start freq
f1 = 20500;                                    % end freq
```

```matlab
t = 0:1/fs:T;
data = chirp(t, f0, T, f1, 'linear');
output = [];
for i = 1:88
    output = [output,data,zeros(1,1921)];
end

%% 接收信号读取,并滤波
[mydata,fs] = audioread('fmcw_receive.wav');
mydata = mydata(:,1);

hd = design(fdesign.bandpass('N,F3dB1,F3dB2',6,17000,23000,fs),'butter');
                                                        % 做一下滤波,想想为什么
mydata = filter(hd,mydata);
% figure;
% plot(mydata);

%% 生成 pseudo-transmitted 信号
pseudo_T = [];
for i = 1:88
    pseudo_T = [pseudo_T,data,zeros(1,T*fs+1)];
end

[n,~] = size(mydata);

% fmcw 信号的起始位置在 start 处
start = 38750;
pseudo_T = [zeros(1,start),pseudo_T];
[~,m] = size(pseudo_T);
pseudo_T = [pseudo_T,zeros(1,n-m)];
s = pseudo_T.*mydata';

len = (T*fs+1)*2;                                       % chirp 信号及其后空白的长度之和
fftlen = 1024*64;  % 做快速傅里叶变换时补零的长度。在数据后补零可以使得采样
点增多,频率分辨率提高。可以自行尝试不同的补零长度对于计算结果的影响。
f = fs*(0:fftlen-1)/(fftlen);  %% 快速傅里叶变换补零之后得到的频率采样点

%% 计算每个 chirp 信号所对应的频率偏移
for i = start:len:start+len*87
    FFT_out = abs(fft(s(i:i+len/2),fftlen));
    [~, idx] = max(abs(FFT_out(1:round(fftlen/10))));
    idxs(round((i-start)/len)+1) = idx;
end

%% 根据频率偏移 delta f 计算出距离
start_idx = 0;
delta_distance = (idxs - start_idx) * fs / fftlen * 340 * T / (f1-f0);

%% 画出距离
figure;
plot(delta_distance);
xlabel('time(s)', 'FontSize', 18);
ylabel('distance (m)', 'FontSize', 18);
```

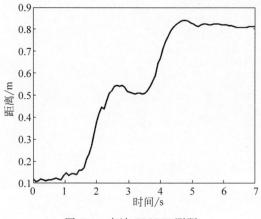

图 8-5　声波 FMCW 测距

8.3.2　声音往返时间测距

基于两个设备之间的声音往返时间,可以做到精准测距。目前也有很多基于声音往返时间的测距方法。下面介绍一种典型的基于声音的测距方法。待测距的两台设备均需要具有扬声器和麦克风,如图 8-6 所示。

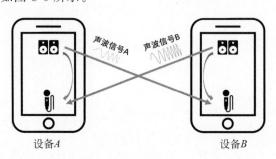

图 8-6　测距示意图

设备 A 和 B 都需要发送和接收声波。每台设备不仅接收另一台设备发来的声波,同时也接收该设备自身扬声器发送的声波。主要的测距原理如图 8-7 所示。

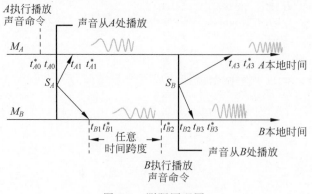

图 8-7　测距原理图

图 8-7 中有表示设备 $A(M_A)$ 和设备 $B(M_B)$ 的两条箭头,代表两台设备的时间线,从左到右按时间顺序进行对应的操作,步骤如下:

(1) t_{A0}^* 时刻,设备 A 在应用程序中执行播放声音的命令,但由于软硬件调度等因素,设备 A 真实播放声音的起始时刻为 t_{A0},相对于 t_{A0}^* 时刻有一个延迟。

(2) 设备 A 会在自身的麦克风上收到自己播放的声音,声音实际到达设备 A 麦克风的时刻为 t_{A1},但由于软硬件调度等因素,设备 A 在应用程序中收到声音的时刻会滞后一段时间,在 t_{A1}^* 时刻应用程序才开始接收声音。

(3) 设备 B 也会收到设备 A 播放的声音,并且和设备 A 类似,声音实际到达设备 B 麦克风的时刻为 t_{B1},而设备 B 的应用程序开始接收声音的时刻为 t_{B1}^*。

(4) 设备 B 接收设备 A 发送的声音后,在 t_{B2}^* 时刻执行发送声音的指令,和设备 A 类似,声音实际播放的时刻为 t_{B2}。

(5) 在 t_{B3} 时刻设备 B 发送的声音到达自身的麦克风,但在应用程序中开始收到声音的时刻为 t_{B3}^*。

(6) 在 t_{A3} 时刻设备 B 发送的声音到达设备 A 的麦克风,但在应用程序中设备 A 开始收到声音的时刻为 t_{A3}^*。

有了上述的时刻,可以推导出两台设备之间的距离和各个时刻之间的公式。设声速为 c,定义 $d_{X,Y}$ 为设备 X 的扬声器到设备 Y 的麦克风的距离,例如,$d_{A,B}$ 为设备 A 的扬声器到设备 B 的麦克风的距离,$d_{A,A}$ 为设备 A 的扬声器到自己的麦克风的距离,则有

$$d_{A,A}=c(t_{A1}-t_{A0}),\ d_{A,B}=c(t_{B1}-t_{A0}),\ d_{B,A}=c(t_{A3}-t_{B2}),\ d_{B,B}=c(t_{B3}-t_{B2})$$

设备 A 和 B 的间距 D 可以表示为

$$D=\frac{1}{2}(d_{A,B}+d_{B,A})$$

化简后有

$$D=\frac{c}{2}[(t_{A3}-t_{A1})-(t_{B3}-t_{B1})]+\frac{d_{A,A}+d_{B,B}}{2}$$

其中,$d_{A,A}$ 和 $d_{B,B}$ 都与设备本身的设计有关,可以在测距之前提前测量得到。因此测距结果只和两个时间差 $t_{A3}-t_{A1}$ 和 $t_{B3}-t_{B1}$ 有关,并且两个时间差可以分别在设备 A 和设备 B 上测量出来,而不需要设备 A 和设备 B 进行时钟对齐。

以设备 A 为例,设备 A 在测距过程中保持麦克风打开,在接收到的声音信号中,需要找到设备 A 自己发送的声音被接收到的时刻 t_{A1}^* 和设备 B 发送的声音被接收到的时刻 t_{A3}^*,然后用 $t_{A3}^*-t_{A1}^*$ 来近似 $t_{A3}-t_{A1}$。

这样,两台设备之间的测距问题就转化成了测量接收信号起始位置的问题。在该代码示例中,采用两台电脑作为测距设备,使用 MATLAB 编写代码。为了能够把设备 B 测量的时间差传回设备 A 以进行距离计算,代码在设备 A 和设备 B 之间建立了 TCP 连接,通过局域网进行数据传输。在这里,设备 A 作为 TCP 连接的服务端,设备 B 作为客户端。

设备 A 代码如下:

```
% %
% TCP 连接,IP 地址和端口可以自己设置,只需保证设备 A 和设备 B 一致即可
```

```matlab
IP = '0.0.0.0';
PortN = 20000;

% 设备 A 发送调频连续波信号(chirp),频率从 4000Hz 变化到 6000Hz,持续 0.5 秒
fs = 48000;
T = 0.5;
f1 = 4000; f2 = 6000; f3 = 8000;
t = linspace(0, T, fs * T);
y = chirp(t, f1, T, f2);
%%
% 启动 TCP 连接的服务端
Server = tcpip(IP, PortN, 'NetworkRole', 'server');
fopen(Server);
%%
Rec = audiorecorder(fs, 16, 1);
fprintf(Server, 'Server Ready');          % 服务端发送消息给客户端,设备 A 准备开始发送声波
rdy = fgetl(Server);                      % 服务端收到客户端准备就绪的消息
record(Rec, T * 6);                       % 设备 A 开始录音
soundsc(y, fs, 16);                       % 设备 A 发送声音
pause(T * 6);                             % 等待录音结束
%%
recvData = getaudiodata(Rec)';
spectrogram(recvData, 128, 120, 128, fs);

% 找到信号起始位置
z1 = chirp(t, f1, T, f2); z1 = z1(end : -1 : 1);
z2 = chirp(t, f2, T, f3); z2 = z2(end : -1 : 1);
[~, p1] = max(conv(recvData, z1, 'valid'));
[~, p2] = max(conv(recvData, z2, 'valid'));

% 从频谱图中可以比对找到的信号开始位置是否准确
p1 = (p1 - 1) / fs;
p2 = (p2 - 1) / fs;
hold on;
plot([0, fs / 1000 / 2], [p1, p1], 'r-');
plot([0, fs / 1000 / 2], [p2, p2], 'b-');

% 从客户端处收到设备 B 计算的信号起始位置差,转换成时间差
psub = fgetl(Server);
psub = str2double(psub) / fs;

% 声速取 343m/s,设备 A 和设备 B 自身的麦克风与扬声器间距取值 20cm
dAA = 0.2;
dBB = 0.2;
fprintf('Result: %f\n', 343 / 2 * (p2 - p1 - psub) + dAA + dBB);
%%
fclose(Server);
```

设备 B 代码如下：

```matlab
%%
% TCP 连接, IP 地址和端口可以自己设置, 只需保证设备 A 和设备 B 一致即可
IP = '0.0.0.0';
PortN = 20000;

% 设备 B 发送调频连续波信号(chirp), 频率从 6000Hz 变化到 8000Hz, 持续 0.5s
fs = 48000;
T = 0.5;
f1 = 4000; f2 = 6000; f3 = 8000;
t = linspace(0, T, fs * T);
y = chirp(t, f2, T, f3);
%%
% 启动 TCP 连接的客户端
Client = tcpip(IP, PortN, 'NetworkRole', 'client');
fopen(Client);
%%
Rec = audiorecorder(fs, 16, 1);
rdy = fgetl(Client);                      % 客户端收到服务端准备就绪的消息
fprintf(Client, 'Client Ready');          % 客户端发送消息给服务端, 设备 B 准备开始发送声波
record(Rec, T * 6);                       % 设备 B 开始录音
pause(T * 3);                             % 接收设备 A 发送的声音
soundsc(y, fs, 16);                       % 设备 B 发送声音
pause(T * 3);                             % 等待录音结束
%%
recvData = getaudiodata(Rec)';
spectrogram(recvData, 128, 120, 128, fs);

% 找到信号起始位置
z1 = chirp(t, f1, T, f2); z1 = z1(end : -1 : 1);
z2 = chirp(t, f2, T, f3); z2 = z2(end : -1 : 1);
[~, p1] = max(conv(recvData, z1, 'valid'));
[~, p2] = max(conv(recvData, z2, 'valid'));

% 将计算的信号起始位置差发送给服务端
psub = num2str(p2 - p1);
fprintf(Client, psub);
% 从频谱图中可以比对找到的信号开始位置是否准确
p1 = (p1 - 1) / fs;
p2 = (p2 - 1) / fs;
hold on;
plot([0, fs / 1000 / 2], [p1, p1], 'r-');
plot([0, fs / 1000 / 2], [p2, p2], 'b-');
%%
fclose(Client);
```

思考：

(1) 上面的方法设计消除了哪些软/硬件带来的误差？哪些误差还没有消除？

(2) 如果要缩短一次测距所花费的时间，有哪些可能的改进方向？提示：是否一定要等到接收完设备 A 发送的声波, 设备 B 才能播放声波？

参考文献

[1] Log-distance path loss model[EB/OL]. https://en.wikipedia.org/wiki/Log-distance_path_loss_model.

[2] PENG C,SHEN G,ZHANG Y,et al. BeepBeep:A high accuracy acoustic ranging system using COTS mobile devices[C]//SenSys07:The 5th ACM Conference on Embedded Network Sensor Systems. ACM,2007:1-14.

[3] NEIRYNCK D,LUK E,MCLAUGHLIN M. An alternative double-sided two-way ranging method[C]//2016 13th Workshop on Positioning,Navigation and Communications (WPNC). IEEE,2016:1-4.

[4] IEEE standard for information technology—Telecommunications and information exchange between systems local and metropolitan area networks—Specific requirements-Part 11:Wireless LAN medium access control (MAC) and physical layer (PHY) Specifications[J]. IEEE Std 80211-2016 (Revision of IEEE Std 80211-2012),2016:1-3534.

[5] CHENG L,WANG Z,ZHANG Y,et al. AcouRadar:Towards single source based acoustic localization[C]//IEEE INFOCOM 2020-IEEE Conference on Computer Communications. IEEE,2020:1848-1856.

[6] ZHANG Y,WANG J,WANG W,et al. Vernier:Accurate and fast acoustic motion tracking using mobile devices[C]//IEEE INFOCOM 2018-IEEE Conference on Computer Communications. IEEE,2018:1709-1717.

第9章 无线定位

9.1 三边定位算法

在测距的基础上,可以进一步实现对设备或者人的定位。本节将介绍三边定位算法(Trilateration),利用该算法,可以从测距结果中计算出目标设备的位置。三边定位算法的基本原理如图 9-1 所示,假设要定位图 9-1 中电子标签,图 9-1 中各基站的位置为已知。在计算标签位置之前,先通过第 8 章介绍的测距方法,得到各基站到标签的距离 d_i。根据测距结果,以基站的位置为圆心,做半径为 d_i 的圆。通过搜索空间中多个基站处绘制圆弧的焦点,可以最终求出标签的位置。图 9-1 展示了已知基站 1,2,3 的坐标及标签到基站的距离,通过三圆求交的方法得到标签的位置。

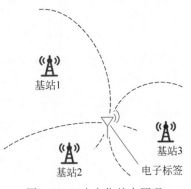

图 9-1 三边定位基本原理

三边定位搜索圆弧交点的过程实际上等价于求解方程组:假设三个基站的坐标已知,分别记为 (x_1,y_1),(x_2,y_2),(x_3,y_3)。待定位标签的坐标记为 (x,y),到三个网关的距离分别为 d_1,d_2,d_3。则可以联立方程组:

$$\begin{cases} d_1 = \sqrt{(x_1-x)^2+(y_1-y)^2} \\ d_2 = \sqrt{(x_2-x)^2+(y_2-y)^2} \\ d_3 = \sqrt{(x_3-x)^2+(y_3-y)^2} \end{cases}$$

通过求解上述方程组,可以得到标签坐标。上述三边定位算法可以很容易地推广到三维场景。在进行三维定位时,只需要在测量出基站到节点的距离后,在每个基站处用圆球去建模,即以基站坐标和球心做半径为 d 的圆球,标签一定位于球面的某个点上。因此通过求多个球面的唯一交点,即可确定标签在三维空间中的位置。

三边定位的原理比较简单,这也是最常用的定位算法了。但在实际系统中实现这一算法仍然面临许多困难和挑战。考虑到测距误差的存在,以不同基站为中心绘制的圆弧或球面可能不交于一点。实际上,由于测距算法只能得到实际距离在一定误差范围内的结果,给定一个基站坐标,通常只能假设标签在以基站为中心的、具有一定宽度的圆环范围内。这样一来,如何设计坐标计算方法以最小化定位误差就成了实际系统部署时必须考虑的问题。

除此之外,在实际环境中,基站的数量可能多于三个,当基站数量多于坐标维度时,如何选择最优基站也成为在定位时必须要解决的问题。

在实现时,为了解决测距误差对定位的影响,通常采用最优化二乘法的方法求解目标标签的坐标。不妨假设已知的基站坐标为 $P_{ai}(i=1,2,3,\cdots,N)$,N 为基站数量。待求解的目标标签坐标为 P_t。那么可以计算理论上标签到各个基站的距离 d_i:

$$d_i = \| P_t - P_{ai} \|$$

已知标签到各个基站的距离 $\hat{d}_i$,这样就可以根据已有的信息,把理论值和测量值最接近的位置 P 作为最后的定位结果:

$$P_t = \underset{p}{\arg\min} \sum_{i=1}^{N} (d_i - \hat{d}_i)^2$$

下面展示一种解上述最优化方程的解法示例。由于标签位置 (x,y) 在基站位置 (x_i, y_i) 的定位圆的交点上,标签到各基站测量对应的距离分别为 d_i。最基本的做法是解下面的方程组(一共 n 个基站)直接得到标签坐标:

$$\begin{cases} (x-x_1)^2 + (y-y_1)^2 = d_1^2 \\ \vdots \\ (x-x_n)^2 + (y-y_n)^2 = d_n^2 \end{cases}$$

但由于测量误差的存在,基于基站的定位圆并不会刚好交于一点。因此,在计算时,需要对其进行近似求解。常见方法有加权法、最小二乘法、质心法等。这里使用最小二乘法进行计算,在上式的基础上,将前 $n-1$ 个方程减去第 n 个方程,得到线性化方程:$AX=b$。其中,

$$A = \begin{bmatrix} 2(x_1-x_n) & 2(y_1-y_n) \\ \vdots & \vdots \\ 2(x_{n-1}-x_n) & 2(y_{n-1}-y_n) \end{bmatrix}$$

$$b = \begin{bmatrix} x_1^2 - x_n^2 + y_1^2 - y_n^2 + d_n^2 - d_1^2 \\ \vdots \\ x_{n-1}^2 - x_n^2 + y_{n-1}^2 - y_n^2 + d_n^2 - d_{n-1}^2 \end{bmatrix}$$

则利用最小二乘法可以解得:

$$X = (A^T A)^{-1} A^T b$$

上述最小二乘解法的 MATLAB 实现代码如下:

```
nodeNumber = 3;                          % 定位信标的数量
nodeList = [0, 0; 2, 0; 1, 1.732];       % 三个定位信标的坐标
disList = [1.155, 1.155, 1.155];         % 定位目标点到三个定位信标的距离

A = [];
B = [];
xn = nodeList(nodeNumber, 1);
yn = nodeList(nodeNumber, 2);
```

```
dn = disList(nodeNumber);
for i = 1:nodeNumber - 1
    xi = nodeList(i, 1);
    yi = nodeList(i, 2);
    di = disList(i);
    A = [A; 2 * (xi - xn), 2 * (yi - yn)];
    B = [B; xi * xi + yi * yi - xn * xn - yn * yn + dn * dn - di * di];
end                                      % 计算线性方程组的参数 A 和 B
X = inv(A' * A) * A' * B                 % 根据最小二乘法公式计算结果 X
```

上述代码中，nodeList 表示基站的位置坐标，nodeNumber 表示基站的数量，disList 表示标签到各基站的距离。分别求得 A 和 B 以后，根据上式即可求得定位点的坐标 X。

在实际应用中，需要根据实际情况选择合适的方法，可以设计不同的方法代替最小二乘法实现位置的近似计算，实现更高的定位精度。某些场景下可能无法实现对方程的直接求解，或是直接求解方程很困难，此时可以使用数值方法进行近似求解，常见的方法有梯度下降法等。

9.2 TDOA 定位算法

三边定位算法要求预先测量标签到多个基站的距离。实际上，无需测量出绝对距离也能定出标签的位置。主要的思想是通过标签信号到达不同基站的时间差异，进而分析出标签的位置，这就是基于时间差的定位方法(time difference of arrival，TDOA)。

TDOA 定位算法又称到达时间差定位，顾名思义，就是利用无线信号到达不同基站的时间差确定目标标签的位置。设标签信号到达不同基站的时间差为 Δt，乘上信号传输的速度 v，就可以求出无线信号到达不同基站的距离差 Δd。给定两个基站，如果知道标签到两个基站的里程差为 Δd，就可以推算出标签可能在以两个基站为焦点的双曲线上。在此基础上，就可以利用几何知识(即双曲线)求解出目标的位置。当然这个定位过程跟上面三边定位算法一样，也面临着测量距离差的误差等，需要在实际计算位置的时候考虑如何减小误差。

TDOA 在实际场景中使用非常广泛，下面介绍几种不同 TDOA 的案例。将待测距、定位的目标称为标签(tag)，将位置已知的节点、设备统称为基站(anchor)。如图 9-2 所示，TDOA 定位算法主要可以分为两种情况：

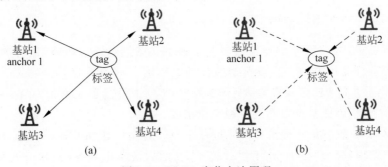

图 9-2　TDOA 定位方法原理
(a) Tag(标签)向 anchors(基站)发送数据；(b) Anchors(基站)向 tag(标签)发送数据

第一种情况,由标签向基站发送数据,基站在收到数据后,打上相应的时间戳。这样标签到各个基站的路程差就对应时间差。

第二种情况,所有基站同时向标签发送数据,标签记录信号到达时间差。

这两种情况都可以计算出信道到达时间差,从而可以基于 TDOA 实现定位。TDOA 的系统在研究和实际中均有很广泛的用途。由此衍生的各种定位方法和系统也层出不穷。下面介绍一种基于并发传输的 TDOA 定位方法。通过上面的分析,知道 TDOA 依赖时间同步来同步基站,从而实现基站的同时接收或者同时发送数据。但在实际系统部署中,实现严格的时间同步很难,而且需要额外的部署开销。因此,寻求新方法打破这一限制就很必要。而基于并发传输的 TDOA 方法就是这样一种方法。

图 9-3 展示了这样一个定位系统架构,这里引入了一个名叫发起节点(initiator)的角色,其位置也是已知的。发起节点主动发起一次通信给四个基站,四个基站收到这个消息之后,分别延时一段很小的时间(纳秒级别),因此可以近似看作同时发送信息。当标签收到来自基站的信息后,由于基站的消息间隔极小,一般情况下是解析不了这些消息的。但是标签可以生成相应的信道响应信息(channel impulse response,CIR)(大家可以回顾前面章节中关于信道响应信息部分的内容,理解这里的 CIR 有什么作用)。CIR 中就会包含每一个基站信号到达的相关信息。图 9-3 展示了标签测量得到的 CIR 信息,其中四个峰值分别对应四个基站。每个 CIR 对应的时间间隔是已知且固定的(τ),这样两个基站到标签的时间差(Δt)可以通过计算 CIR 上两个基站对应的间隔求出。

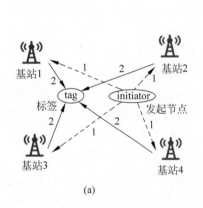 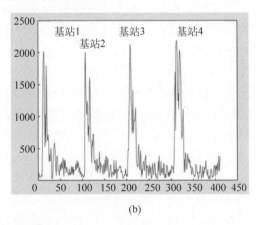

图 9-3 并发 TDOA
(a) 基于并发传输的 TDOA 系统架构。标号 1,2 表示通信顺序;
(b) 标签 tag 接收到的并发信号的 CIR

值得注意的是,并非所有的通信信号及设备都具备纳秒级分辨率,信号的时间分辨率是跟信号的带宽直接相关的。比较典型的具备纳秒级分辨率的信号是超宽带(ultra wide band,UWB)信号。UWB 信号带宽大于 500MHz。也正得益于大宽带,UWB 信号具有纳秒级的时间分辨率,因此具有极高的测距定位精度。

时间反演(TR)效应是一种信号的能量在它与其时间反转和共轭版本结合时会在时间和空间域集中的现象。它在 1950 年代被提出,并随后被应用到光学、超声波和 WiFi 等领域。这里用超宽带信号的 CIR 数据来说明 TR 效应。如图 9-4 和图 9-5 所示,图 9-4 为一个

CIR 数据 $h(t)$ 及它的时间反演版本 $h^*(-t)$。$h^*(-t)$ 是将 $h(t)$ 序列进行时间反转和共轭得到的。对这两个 CIR 进行卷积操作,可以得到一段对称且有着最高峰的序列,如图 9-5 所示。当这两段 CIR 序列完全对齐的时候,序列对应点的相位在卷积时会被完美地消去,故而能够相干叠加得到图 9-5 中所示的最高峰。

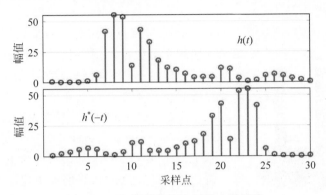

图 9-4　CIR 数据和它在时间上的反演

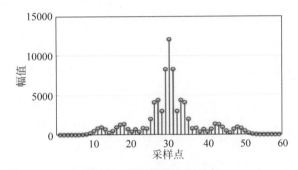

图 9-5　CIR 数据相干叠加

总而言之,当接收到的 CIR 数据 $h1$ 与它的时间反转和共轭版本进行卷积时,能看到明显的能量集中效应。根据卷积运算,当两段数据完全对齐时,它们将进行相干叠加并得到一个相位为 0 的最高峰。TR 效应有很多用途,如 RIM 中利用它来计算天线阵列的移动速度。RIM 通过能量集中效应的强弱来判断移动天线阵列中的某一根天线何时到达前一根天线的位置,再基于移动时间就算出了天线阵列的移动速度。

如上文介绍的,当对两个相同的 CIR 数据序列应用 TR 效应时,能看到明显的能量集中现象。为了便于理解,首先假设两个 CIR 之间只有一个相位差 p_1。不妨给定 CIR 数据 $h(t)$,将 $h1$ 写为 $h(t)$ 的一系列采样点,其长度为 K。将 $h2$ 表示为 $h1$ 的时间反转和共轭版本,即 $h2[i]=h1^*[K-1-i]$,其中 $i=0,1,\cdots,K-1$。然后将相位差 p_1 加到 $h1$ 中,即 $h1=h1\times e^{jp_1}$。对于这两段序列,有一个很直观的想法:如果能够准确地将相位差 p_1 从 $h1$ 中消除掉,然后对这两个 CIR 数据应用 TR 效应,那就可以看到能量集中效应,并且得到一段有很高峰值的序列。然而,这样的方法是需要一个繁琐且耗时的搜索消除过程的。根据卷积运算,很容易推断得到 $\max(|h1*h2|)=\sum_{i=0}^{K-1}|h1[i]|^2\times e^{jp_1}$,这意味着仍然可以得到一段有最高峰的序列,且这个峰值的相位正好为 p_1。总而言之,可以直接对两段有相

差的 CIR 序列应用 TR 效应,且计算得到的序列的最高峰对应的相位即为这两个 CIR 数据之间的相位差。

9.3 AoA 定位算法

基于信号到达角度(angle of arrival,AoA)的定位算法是一种常见的无线定位算法,这也是在实际系统中使用最多的定位算法之一,在很多前沿的研究工作中也都可以看到。计算到达角听起来很复杂,主要目的是感知其他设备发送信号的到达角度,计算接收节点和发送节点的相对方向,通常来说主要依赖的是多天线阵列(antenna array)。图 9-6 为一个线性的 WiFi 天线阵列。基于多个 AoA,可以基于多个角度的交点计算出位置。雷达技术和最近的物联网前沿定位感知技术等,很多都使用到了 AoA 算法。

图 9-6 WIFI 天线阵列

本部分通过原理和实际代码的实现展示 AoA 的基本方法。在后面章节中,还会展示如何利用实际的声波信号和多麦克风阵列实现 AoA 算法,真实地计算出信道到达角度。

9.3.1 到达角计算方法

获取到达角通常需要使用天线阵列技术。如图 9-7 所示,在多天线阵列中,对于从不同角度到达天线阵列的信号,各个天线上收到的信号会存在一个时间差,这个时间差就对应了信号的到达角,这也是 AoA 算法的基本思路。所以 AoA 核心问题就是如何计算到达不同天线上信号的时间差。这个问题说复杂也复杂,说简单也简单。基本原理简单,但要做好是很不容易的。

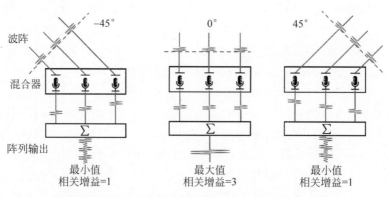

图 9-7 阵列几何形状对不同方向信号增益的差异性

常见的计算不同天线上信号到达时间差的方法有:

(1) 使用信号时延估计如相关性的方法对阵列接收到的信号时延进行确定,结合信号的传播速度及阵列的几何分布即可获取到达角信息。

(2) 使用波束成形技术,也就是大家常常听说的 Beamforming,对不同方向的信号进行加强,检测不同方向上的信号强度信息来对到达角进行确定。

(3) 使用多信号分类(multiple signal classification,MUSIC)算法,通过联立方程的形式,将角度解出来。

这些算法大家在平时可能都听得很多,但是不一定实现过。在本书中一起来尝试一下。

1. 基于延迟求和的波束成形算法

对于离散信号而言,通过基于延迟求和的波束成形算法对来波方向进行计算是较为简单直接的方式。

假设第 i 个天线接收到的信号为 $x_i(t)$,对信号的到达角度 θ 进行遍历,将不同天线接收到的信号添加与到达角度对应的时延 $\tau_i(\theta)$ 后进行求和,得到信号

$$x(\theta) = \sum_{i=1}^{n} x_i(t - \tau_i(\theta))$$

比较求和得到的信号的强度大小,使求和得到的信号强度最大的方向即为信号的到达方向,即

$$\theta_{\text{AoA}} = \arg\max_{\theta} x(\theta)$$

对于图 9-7 所示的三个麦克风组成的阵列系统而言,如果在其三个麦克风的后端添加了一个求和模块,对于来自不同方向的声波,其增益是不同的。从图 9-7 中所示的例子来看,对于来自 $-45°$ 和 $45°$ 的声波,其增益均为 1。然而对于来自 $0°$ 的声波,其信号增益为 3。使用这样的原理,就可以对每个麦克风接收到的离散的信号添加不同的延时值,使其在不改变阵列物理形状的条件下,对来自特定方向的声波信号进行增强,如图 9-8 所示。现在很多智能设备能够判断声音到达的方向或者声源的方向,就是基于类似的原理。想象一下,

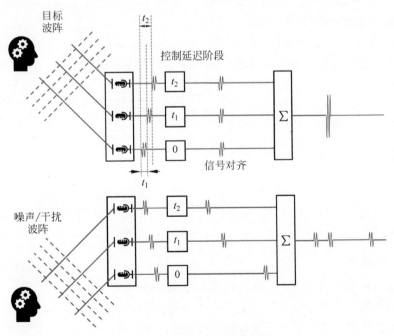

图 9-8 延迟求和的波束成形

在一个智能会议系统中,会议系统能够根据说话者不同的位置,针对不同的位置进行声音加强,就可以使用类似的技术。还有很多智能设备,例如,在智能汽车上的设备,能够识别说话者的方向,显示不同的信息,也可以基于类似的技术来实现。

2. 基于 SRP 的波束成形方法

可控波束响应(steered-response power,SRP)是一种波束成形算法。在三维定位场景中,SRP 算法通过遍历搜索空间中的点,得到该点(潜在的声源点)与麦克风阵列之间的 TDOA,再对信号进行延迟求和。遍历空间中的所有点后,SRP 算法把输出声音能量最大的点作为估计的声源。SRP 算法的主要原理如下:

假设系统中有 M 个麦克风,序号 $m \in \{1,2,\cdots,M\}$,离散时间信号为 $s_m(n)$,对于空间点 $x=[x,y,z]^T$,此处的可控响应功率(SRP)为

$$P(x) = \frac{1}{2\pi} \sum_{m_1=1}^{M} \sum_{m_2=1}^{M} \int_{-\pi}^{\pi} S_{m_1}(e^{j\omega}) S_{m_2}^*(e^{j\omega}) e^{j\omega \tau_{m_1,m_2}(x)} d\omega$$

其中,$S_m(e^{j\omega})$ 是经过傅里叶变换的信号,$\tau_{m_1,m_2}(x)$ 是点 x 相对 m_1 和 m_2 的 TDOA。

$$\tau_{m_1,m_2}(x) = \left\lfloor f_s \frac{|x-x_{m_1}| - |x-x_{m_2}|}{c} \right\rfloor$$

与广义互相关算法类似,空间 g 中功率最大的点即为估计的声源位置。

$$\hat{x}_s = \underset{x \in g}{\mathrm{argmax}} P(x)$$

如果大家进一步思考,就能够看出这个计算过程跟计算相关性最大值思想很多是相通的。

3. 经过相位变换的可控波束响应 SRP

SRP 算法对于混响和噪声环境的鲁棒性不强,后来又有人提出了将相位变换应用到 SRP 算法上的改进方法 SRP-PHAT(steered-response power phase transform),提高了其在混响和噪声环境的表现。主要方法是在频域上引入加权函数 $\Phi_{m_1,m_2}(e^{j\omega})$,对信号的频谱进行白化处理。

$$P(x) = \frac{1}{2\pi} \sum_{m_1=1}^{M} \sum_{m_2=1}^{M} \int_{-\pi}^{\pi} \Phi_{m_1,m_2}(e^{j\omega}) S_{m_1}(e^{j\omega}) S_{m_2}^*(e^{j\omega}) e^{j\omega \tau_{m_1,m_2}(x)} d\omega$$

$$\Phi_{m_1,m_2}(e^{j\omega}) = \frac{1}{|S_{m_1}(e^{j\omega}) S_{m_2}^*(e^{j\omega})|}$$

SRP-PHAT 在实际应用中仍然存在着一些问题,例如,若需要达到较高的精确度,空间中执行波束成形搜索点数是巨大的,需要耗费大量计算资源,导致在一些设备上 SRP 算法难以实时计算。

4. MUSIC 算法

多信号分类算法(multiple signal classification,MUSIC)是一个常用的 AoA 定位方法。基本思想为将任意阵列输出数据的协方差矩阵进行特征分解,从而得到与信号分量相对应的信号子空间和信号分量相正交的噪声子空间,然后利用这两个子空间的正交性来估计信号的参数(入射方向、极化信息和信号强度)。MUSIC 算法是一种基于子空间分解的算法,它利用信号子空间和噪声子空间的正交性,构建空间谱函数,通过谱峰搜索,估计信

号的参数。

假设有一个有 N 个天线的等距线性阵列，天线间距为 d，信号的波长为 λ，空间中有 r 个信源，接收到的信号可以表示为

$$X(t) = \sum_{i=1}^{r} s_i(t) a(\theta_i) + N(t)$$

其中，$s_i(t)$ 是第 i 个信源的信号，θ_i 是空间中第 i 个信号的入射角度，$a(\theta_i)$ 可表示为

$$a(\theta_i) = [1, e^{\frac{j2\pi d \sin(\theta_i)}{\lambda}}, \cdots, e^{\frac{j2\pi(N-1)d\sin(\theta_i)}{\lambda}}]^T$$

接收到的信号可以表示为

$$X(t) = AS(t) + N(t)$$

其中，$A = [a(\theta_1), a(\theta_2), \cdots, a(\theta_r)]$，$S(t) = [s_1(t), s_2(t), \cdots, s_r(t)]^T$。

$X(t)$ 的协方差矩阵为

$$\boldsymbol{R}_X = E[\boldsymbol{X}\boldsymbol{X}^H]$$

其中，$\boldsymbol{X}^H$ 表示 $\boldsymbol{X}$ 的共轭转置。假设噪声信号是互不相关且均值为 0 的白噪声，可以得到：

$$\boldsymbol{R}_X = E[(\boldsymbol{AS}+\boldsymbol{N})(\boldsymbol{AS}+\boldsymbol{N})^H] = \boldsymbol{A}E[\boldsymbol{SS}^H]\boldsymbol{A}^H + E[\boldsymbol{NN}^H] = \boldsymbol{AR}_S\boldsymbol{A}^H + \boldsymbol{R}_N$$

其中，$\boldsymbol{R}_S = E[\boldsymbol{SS}^H]$ 为信号相关矩阵，$\boldsymbol{R}_N = \sigma^2 \boldsymbol{I}$ 为噪声相关矩阵，噪声功率为 σ^2。

对阵列的协方差矩阵进行特征值分解，首先考虑无噪声的情况。对于矩阵 $\boldsymbol{A}$，只要空间中的 r 个信号的入射角度不同，且 $N>r$，则 $\boldsymbol{A}$ 的各列相互独立，$\boldsymbol{AR}_S\boldsymbol{A}^H$ 的秩为 r，由于 $\boldsymbol{R}_S^H = \boldsymbol{R}_S$，且 $\boldsymbol{R}_S$ 正定，因此 $\boldsymbol{AR}_S\boldsymbol{A}^H$ 半正定，有 r 个正特征值和 $N-r$ 个零特征值。

若存在噪声，$\boldsymbol{R}_X = \boldsymbol{AR}_X\boldsymbol{A}^H + \sigma \boldsymbol{I}^2$，由于 $\sigma>0$，$\boldsymbol{R}_X$ 满秩，有 N 个正实特征值，与信号有关的特征值有 r 个，等于 $\boldsymbol{AR}_S\boldsymbol{A}^H$ 的 r 个特征值与 σ^2 的和，另外 $N-r$ 个最小的特征值 σ^2 为噪声对应的特征值。

假设噪声对应的特征值为 $\lambda_i = \sigma^2$，对应的特征向量为 $\boldsymbol{v}_i$，则

$$\boldsymbol{R}_X \boldsymbol{v}_i = \lambda_i \boldsymbol{v}_i = \sigma^2 \boldsymbol{v}_i = (\boldsymbol{AR}_S\boldsymbol{A}^H + \sigma^2 \boldsymbol{I})\boldsymbol{v}_i$$

因此，

$$\boldsymbol{AR}_S\boldsymbol{A}^H \boldsymbol{v}_i = 0$$

等式两边同乘 $\boldsymbol{R}_S^{-1}(\boldsymbol{A}^H\boldsymbol{A})^{-1}\boldsymbol{A}^H$，有

$$\boldsymbol{A}^H \boldsymbol{v}_i = 0, \quad i = r+1, 2, \cdots, N$$

因此，选取特征值最小的 $N-r$ 个特征向量，组成噪声矩阵 $\boldsymbol{E}_n$：

$$\boldsymbol{E}_n = [\boldsymbol{v}_{r+1}, \boldsymbol{v}_{r+2}, \cdots, \boldsymbol{v}_N]$$

定义空间谱

$$P_{mu}(\theta) = \frac{1}{a^H(\theta) \boldsymbol{E}_n \boldsymbol{E}_n^H a(\theta)} = \frac{1}{\|\boldsymbol{E}_n^H a(\theta)\|^2}$$

对 θ 进行搜索，令 $P_{mu}(\theta)$ 取得峰值的角度即为信源的方向。

使用上述的 MUSIC 算法需要满足两个前提：①信源之间是线性无关的。②接收天线数量大于信源数量。在实际使用中，这两个前提未必满足，需要针对实际情况对信号进行一些处理。例如，当信源之间线性相关时，可以通过空间平滑操作，对多根天线收到的信号取平均值以降低相关性；在 OFDM 信号场景中，当天线数量小于信源数量时，可以利用子

载波构造虚拟天线以满足算法要求。

9.3.2 根据到达角进行定位

如图 9-9 所示,基站(BS)的位置已知,基站发送的信号到达两个被定位节点的到达角度分别为 α_1 和 α_2。以基站为端点,两个到达角度为方向角的两条射线相交于接收节点,计算两条射线的交点即为被测节点的位置。

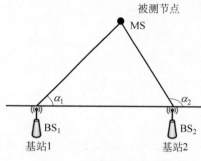

图 9-9 到达角定位原理

将基站 BS_1 的坐标记作 (x_1,y_1),BS_2 的坐标记作 (x_2,y_2),被测节点坐标为 (x,y)。假设 α_1 和 α_2 均不为 90°,则两射线的直线方程分别为 $y-y_1=k_1(x-x_1)$,$y-y_2=k_2(x-x_2)$,其中 $k_1=\tan(\alpha_1)$,$k_2=\tan(\alpha_2)$。

求解两条射线的交点坐标:

$$\begin{cases} y-y_1=k_1(x-x_1) \\ y-y_2=k_2(x-x_2) \end{cases}$$

解得:

$$\begin{cases} x=\dfrac{k_1 x_1 - k_2 x_2 - y_1 + y_2}{k_1 - k_2} \\ y=\dfrac{k_1 k_2 (x_1 - x_2) - k_2 y_1 + k_1 y_2}{k_1 - k_2} \end{cases}$$

假设基站 BS_1 的坐标为 $(0,0)$,BS_2 的坐标为 $(1,0)$,$\alpha_1=30°$,$\alpha_2=120°$,求被定位节点的代码如下(res_simulation.m)。

```
x1 = 0;y1 = 0;x2 = 1;y2 = 0;
alpha_1 = 30;alpha_2 = 120;
k1 = tan(alpha_1/180 * pi);k2 = tan(alpha_2/180 * pi);
x = (k1 * x1 - k2 * x2 - y1 + y2)/(k1 - k2)
y = (k1 * k2 * (x1 - x2) - k2 * y1 + k1 * y2)/(k1 - k2)
```

结果为

```
x = 0.7500
y = 0.4330
```

$(x,y)=(0.75,0.433)$ 即为被定位节点的位置。

若 α_1 或 α_2 为 90°,两射线方程为 $x=x_1$ 或 $x=x_2$,和另一射线联立即可求得被测节点位置。

9.3.3 声波 AoA 定位

本节将以线性排列麦克风阵列为例,介绍基于麦克风阵列的声音定位方法。利用麦克风阵列及 AoA 定位的原理可以实现室内声源的定位。

1. 麦克风阵列

首先,来看一下什么是麦克风阵列。麦克风阵列是实现 AoA 定位算法的基础,其作用等效于在前面原理部分说过的天线阵列。麦克风阵列由若干个麦克风按一定布局排列构成。常见的麦克风阵列中麦克风的排列方式有线性排列、矩形排列、六边形排列等。麦克风阵列在声源定位、声音去噪、语音提取等领域有着广泛的应用。

图 9-10 为一个有 4 个麦克风的线性麦克风阵列板,4 个麦克风(图 9-10 中金黄色的元件)按等间距线性排列。假设声源距离麦克风阵列较远,将声波看作平行波。声音传播的模型如图 9-11 所示。

图 9-10 线性麦克风阵列

如图 9-11 所示,两个麦克风间距为 d,声波到达的角度(AoA)为 θ,则声源到两个麦克风的距离差为 $d\cos\theta$,因此声波到达两个麦克风的到达时间差(TDOA)为 $d\cos\theta/c$,其中 c 为声速。若已知两个麦克风的间距 d,以及声音到达两麦克风的时间差 Δt,即可计算到达角度 θ。

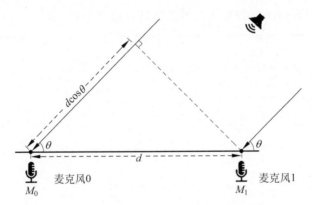

图 9-11 声音传播模型

2. 声音到达时间差及到达角的计算

利用互相关函数可以计算两个声音信号的到达时间差,假设麦克风 M_0 接收到的信号为 $x(t)$,麦克风 M_1 接收到的信号为 $y(t)=Ax(t-t_0)$,声波到达 M_0 与 M_1 的到达时间差为 t_0。则 $x(t)$ 与 $y(t)$ 的互相关函数定义为

$$\phi_{xy}(t)=\int_{-\infty}^{+\infty}x(\tau)y(t+\tau)\mathrm{d}\tau=x(t)*y(-t)$$

其中,$*$ 表示卷积运算。

将 $y(t)$ 的表达式代入,得到:

$$\phi_{xy}(t)=A\int_{-\infty}^{+\infty}x(\tau)x(t+\tau-t_0)\mathrm{d}\tau$$

当 $t=t_0$ 时，$\phi_{xy}(t_0)=A\int_{-\infty}^{+\infty}x(\tau)^2\mathrm{d}\tau$ 取得 $\phi_{xy}(t)$ 的最大值。

实际应用中，直接计算 $\phi_{xy}(t)$ 的复杂度较高，利用公式 $\mathcal{F}(x(t)*y(-t))=X(\omega)Y^*(\omega)$，其中 $X(\omega)$ 为 $x(t)$ 的傅里叶变换，$Y(\omega)$ 为 $y(t)$ 的傅里叶变换。

计算 $X(\omega)Y^*(\omega)$，再求傅里叶逆变换即可得到 $\phi_{xy}(t)$，即

$$\phi_{xy}(t)=\int_0^\pi X(\omega)Y^*(\omega)\mathrm{e}^{-\mathrm{j}\omega t}\mathrm{d}\omega$$

将信号时域卷积变为频域相乘能降低计算开销。另外，为消除混响和噪声的影响，可以在频域进行加权，比较常见的加权函数为 PHAT 加权：

$$\phi_{\mathrm{PHAT}}(\omega)=\frac{1}{|X(\omega)Y^*(\omega)|}$$

互相关函数变为

$$\phi_{xy}(t)=\int_0^\pi \phi_{\mathrm{PHAT}}(\omega)X(\omega)Y^*(\omega)\mathrm{e}^{-\mathrm{j}\omega t}\mathrm{d}\omega$$

利用互相关函数的峰值计算得到 TDOA，即可用基于 TDOA 的方法计算出信源的 AoA。

综上所述，计算互相关函数的最大值即可得到声音到达两麦克风的到达时间差，从而得到声音的到达角度。

下面利用实际录音得到的数据进行分析，使用 4 麦克风的线性阵列，播放的声音与麦克风阵列成 $45°$。计算到达时间差和角度的具体实现代码如下：

```
% 读入音频文件
[data,fs] = audioread('array_record.wav');
% 将数据转化为每行一个声道
data = data.';
% 取阵列上的第一个和第四个麦克风的数据
x = data(1,:);
y = data(4,:);
% 两麦克风间距 15cm
d = 0.15;
c = 340;

% matlab 自带的互相关函数
%[corr,lags] = xcorr(x,y);

% 自己实现互相关的计算 TDOA
X = fft(x);
Y = fft(y);

corelation = ifft(X.*conj(Y));

l = length(corelation);

[m,index] = max(corelation);

if index > floor(length(corelation)/2)
    index = (index-1)-length(corelation);
```

```
else
    index = index - 1;
end
delta_t = index/fs
% 计算 AoA
theta = acos(delta_t * c/d)/pi * 180
```

得到结果：

```
delta_t = -3.1250e-04
theta = 135.0995
```

计算得到夹角约为 135°（与 45°互补），与实际情况相符。基于声波 AoA 测量角度，利用声音的到达角度，现在的智能设备就可以完成很多事情，例如，可以利用麦克风阵列进行定向拾音、智能音箱判断说话的人在房间里面的方向和角度、加强某一角度的声音信号，同时对声音去噪等。

3. 声源定位

使用两个或以上的麦克风阵列，若已知各阵列的位置，结合声音的到达角度，即可基于到达角度进行定位。

如图 9-12 所示，两个阵列 A_1，A_2 的位置已知，通过计算得到声源 S 发出的声音的到达角度 θ_1 和 θ_2，即可定位声源 S 的二维坐标。具体的定位方法参见前面 AoA 定位方法介绍章节。

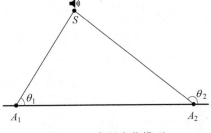

图 9-12　声源定位模型

9.4　无线指纹定位算法

除了前面两大类基于时间或者时间差的定位算法外，还有一类基于信号指纹的定位算法。这一类定位算法主要是利用信号的某些特征在空间中的分布特点而实现的匹配定位方法。信号的特征作为信号指纹，与空间位置进行对应映射。基于"指纹"的定位方法的基本思想是：首先采集定位空间中的每个采样点进行训练，即采集每个采样点的信号特征，构成指纹数据库；若要对某个待定位点进行定位，则采集该点的信号特征，并与指纹数据库进行对比，将数据库中与待定位点信号特征最接近的点作为定位结果。

目前最常用的信号分布定位算法是利用 WiFi 指纹进行定位。下面将以 WiFi 指纹定位技术为例，介绍指纹定位技术的基本流程，并结合当下研究热点，介绍机器学习技术在信号分布定位方法中的应用。

WiFi 信号的分布特征常被用于在室内场景中定位，利用 WiFi 信号特征定位无需额外部署硬件设备，是一个非常节省成本的方法。WiFi 指纹定位的核心思想是把实际环境中的位置和某种"指纹"联系起来，一个位置对应一个独特的指纹。这个指纹可以是单维或多维的，比如从某个特定位置的信号中提取指纹，那么指纹可以是这个信号的一个特征或多个特征（最常见的是信号强度）。

根据定位目标收发信号的行为不同,WiFi 指纹定位可以分为远程定位和自身定位两类:如果待定位设备是在发送信号,由一些固定的接收设备感知待定位设备的信号或信息然后给它定位,这种方式常常叫作远程定位或者网络定位。如果是待定位设备接收一些固定的发送设备的信号或信息,然后根据这些检测到的特征来估计自身的位置,这种方式可称为自身定位。在这两种方式中,都需要把感知到的信号特征拿去匹配一个数据库中的信号特征,这个过程可以看作一个模式识别的问题。

位置指纹的具体内容多种多样,任何与位置相关的特征都能被用来作为位置指纹。比如某个位置上无线信号的多径特征、某个位置上是否能检测到接入点或基站、某个位置上接收到来自基站信号的 RSS、某个位置上通信往返时间或延迟,这些都能作为一个位置指纹,或者也可以将其组合起来作为位置指纹。

获取到位置指纹信息后,就可以利用位置指纹进行定位。这一过程通常包含两个阶段:离线阶段和在线阶段。在离线阶段,为了采集各个位置上的指纹,构建一个数据库,需要在指定的区域进行繁琐的勘测,采集好的数据有时也称为训练集。在在线阶段,系统将估计待定位的移动设备的位置。

1. 离线阶段

位置和指纹的对应关系的建立通常在离线阶段进行。通常会将目标地理区域分成若干个矩形网格,在每一个网格点上,通过一段时间的数据采样得到来自各个 AP 的平均 RSS,采集的时候移动设备可能有不同的朝向和角度。除了平均 RSS,也可以记录 RSS 样本的分布(或者其他的一些统计参数,比如标准差)作为指纹。实际系统中不会只采集 RSS 这种简单数据,会采集更加复杂特征丰富的数据,例如,信号的 CSI(回顾前面 CSI 是什么意思,思考为什么 CSI 信息的特征更加丰富)。

借助采集结果,这些网格点坐标和对应的指纹就组成一个数据库,这个过程有时称为标注阶段(calibration phase),这个指纹数据库有时也称为无线电地图(radio map)。通常情况下,物理世界中的位置点转换到信号空间中后,会呈现一些没有规律的模式。有些信号向量即使在物理空间中离得很远,在信号空间中却有可能很近。

思考:指纹在信号空间分布的不规律性会对定位造成哪些挑战?

2. 在线阶段

当进入在线阶段时,一个移动设备处于这个地理区域之中,但是不知道它的具体位置。假设这个移动设备测量到了来自各个 AP 的信号特征(如 RSS、CSI),这些信号向量的测量值 r 被传输到网络中。要确定移动设备的位置,就是要在指纹库中找到和 r 最匹配的指纹 ρ。一旦找到了最佳的匹配,那么移动设备的位置就被估计为这个最佳匹配的指纹所对应的位置。

根据向量 r 和 ρ 的匹配规则不同,基于位置指纹的定位可以分成两种类型。一种是确定性的算法,其核心是比较信号特征(比如向量 r)和存在指纹库中的预先计算出来的统计值。另一种是概率性的算法,计算信号特征属于某个分布(存储在指纹库中)的可能性。

WiFi 几乎无处不在的可用性使其成为一个很有吸引力的定位方法(无需额外的硬件花费),位置指纹法由于其原理简单、实现难度低,成为室内定位的主要选择。然而位置指纹法需要很繁琐的数据采集工作，并且可能需要随着环境的变化而经常更新。此外，由于无线电传播的复杂多变，位置指纹的收集本身也不是容易的问题。一些测量、分析和仿真已经表明可以采取一些经验的方法来减少指纹采集的工作量。如果对定位精度的要求不高，诸如子区域定位或位置指纹的有机构建等其他方法可以用来减少指纹采集的工作量。

如果重新考虑基于指纹的定位方法的基本思想，其基本思想就是对定位空间进行了分割，本质上就是对定位空间根据某种标准（通常是信号的某种特征）进行了类别的划分。定位空间的每个网格即为该分类方法中的一个类别。而定位的过程即是对目标位置进行分类的过程。

当用分类的思想对定位方法进行抽象后可以发现，基于指纹的定位方法的核心过程为"确定分类方式—特征提取—训练分类器—测试数据"。显然，机器学习是实现该过程的一种有效的方法。例如，如果将定位空间划分为 3×3 的网格，这就确定了分类的方式：将空间划分为 3×3 共 9 个类别。接下来，为了提取用于分类的声音信号的特征，分别测量了每个网格内 4 个采样位置上 10 个频率信号的特征信息。随后利用这些信息训练了神经网络，该神经网络就是一个分类器。最后，对目标位置的定位即为利用该分类器对目标位置进行分类并获得结果。

同样地，如果使用其他的机器学习技术，例如，支持向量机等，同样可以得到类似的结果。甚至可以将多种分类器结合起来，以提高分类的准确率，从而提高定位精度。但是利用分类器实现定位也存在缺点，一个显而易见的问题在于，其定位的精度依赖于分类的精细程度，分类越精细（例如，选择几何尺寸更小的网格），其定位的分辨能力越高，训练和建模的复杂程度也越高（因为基于指纹的方法需要在每个网格采集数据进行训练和建模）。

9.5　蓝牙 AoA 测向

2019 年年初，蓝牙 5.1 标准增加了寻向功能，可以用来检测蓝牙信号的方向，理论上可以进一步提高蓝牙定位的精确度。蓝牙 5.1 寻向功能依靠天线阵列在空间上的不同位置带来时间上的相位偏差。根据被定位设备的上下行模式的不同，可以将寻向功能分成到达角度法（angle of arrival，AoA）和出发角度法（angle of departure，AoD），如图 9-13 所示。

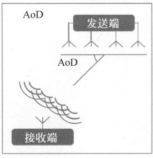

图 9-13　AoA/AoD 基本模式

在 AoA 定位场景中，被定位设备，比如贴在被定为物上的便携蓝牙标签，用单根天线广播数据包。接收端拥有一组天线阵列，接收这一个数据包。由于天线阵列中不同天线到发送端的距离不同，这一距离差就会带来相位差，即不同天线在同一时间接收到的信号的相位有一定差异。接收端会快速轮询各个天线，每根天线都会记录若干个采样点的 I/Q 值，这些 I/Q 值可以算出当前采样时刻的信号相位，从而根据天线间的相位差算出入射角 AoA，如图 9-14 所示。

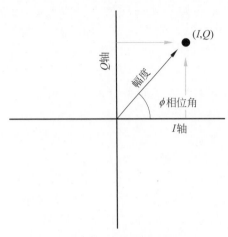

图 9-14　I/Q 值和相位的关系

AoD 定位场景与 AoA 的方向相反，被定位的物体需要通过天线阵列同时广播定位用数据包，而接收者用单根天线接收。类似地，由于距离不同，接收者在同时接收天线阵列的广播信号时，接收到的不同天线的信号相位是不同的。发射者交替使用发射阵列中的各根天线发射，接收者在每次天线切换时就会感知到相位的跳变，据此可算出距离差，从而完成定位。AoA 定位只需要两个固定定位节点，而 AoD 如果不知道阵列的确切朝向，需要 3 个节点才能完成；除此之外，AoD 中被定位者需要拥有天线阵列，而这一点会受到被定位物体的空间和能耗的限制。AoD 的优势在于其可以提供朝向信息，因此往往用于室内定位系统，为用户在体育馆、商场等地形复杂的室内环境（这些环境下由于音响、金属物体等干扰，手机指南针都会时常失灵）提供精确便捷的导航。

在蓝牙 5.1 中伴随着 AoA 和 AoD 的引入，还定义了固定频率扩展信号（constant tone extension，CTE），这是在包尾附带的若干个 0 或者 1，在蓝牙协议中，这一串 0 或 1 会被翻译成频率稳定的正弦波发射出来。蓝牙 5.1 标准规定，主从设备都可以发起一个 LL_CTE_REQ PDU，要求对方发送 CTE 信号；其中的 CTETypeReq 字段也描述了请求的定位模式是 AoA 还是 AoD，以及发送时天线的切换间隔。同时，蓝牙 5.1 也对天线阵列接收/发送的时间表做出了明确的规定。

下面以 AoA 为例介绍蓝牙定位的基本原理。蓝牙定位中计算 AoA 的具体原理如下：AoA 定位中，发射端用单根天线发送一段正弦波，接收端用天线阵列接收这一信号，计算信号的入射角。先假设定位时天线阵列能同时接收信号。图 9-15 绘制了接收端的情况。

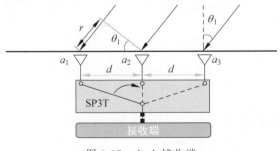

图 9-15　AoA 接收端

发射天线向接收端天线阵列发送信号的过程中,接收端相距为 d 的两根天线接收来自被定位蓝牙设备发出的蓝牙信号,由于两根接收天线到发射天线的距离不同,这两根天线收到的信号会出现一个恒定的相位差。而因为发射端到天线的距离远大于 d,发射天线这两个接收天线的路径可以视为平行。有

$$r = d\sin\theta$$

另外,相位差与路程差的关系为

$$\Delta\phi = \frac{2\pi}{\lambda}r$$

其中,$\Delta\phi$ 代表相位差,λ 表示蓝牙波长。根据上述公式,可以推导出 AoA:

$$\theta = \arcsin\frac{\lambda\Delta\phi}{2\pi d}$$

在算出方向角后,就可以根据被定位设备到不同定位点的方向角算出其具体位置。AoA 场景下,只要知道接收天线阵列的位置和朝向,只需要两个点即可完成定位。每个定位点感知到的方向角都将会被定位设备约束在一条直线上,而两条直线的交点即为其确切位置,如图 9-16 所示。

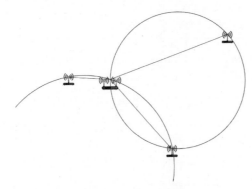

图 9-16　AoD 三点定位

而 AoD 场景下,如果不知道发射天线的确切朝向,需要三个接收天线才能锁定其位置。这是因为接收天线的朝向不确定,增加了一个自由度。或者说,被定位点感知到接收天线之间的夹角,两个接收天线阵列只能将其定位在一个圆上,而三个接收天线可形成两个夹角,画出两个圆,其交点即为目标位置。

三个接收天线的情形下不仅能完成定位,也可以顺带算出当前发射天线的朝向,这是 AoA 做不到的。这在导航系统等应用中至关重要。在仅有两个接收天线的场景下,可以通过指南针等额外手段获得其朝向,完成定位。由于知道了当前朝向即可推算地球坐标系下接收天线的方位角,这种定位的原理和 AoA 相同。不过,在这种情况下,定位结果对朝向信息较为敏感,在室内定位场景中,指南针往往会有较大的误差,导致在只有两根接收天线时,这种定位方式的误差较大。在常见的由天线阵列计算 AoA 的场景中,多根天线都是同时接收数据的。在同一时刻两根天线之间的相位差乘以波长即得到信号源到这两者之间的距离差,再用三角函数即可算得入射角。在实际实现中,为了实现方便,可以通过依次轮询的方式构造天线阵列,具体操作为:

(1) 对所有天线在其没有切换时,计算相邻两个采样点之间的相位差,并取平均。

（2）如果每根天线采集 16 个采样点，则可以对整个采样序列计算第 $(i+16)$ 个点减第 i 个点的相位差。这样间距 16 个采样点的两个点一定在不同两根天线上，这 16 个点中间一定会有一个天线切换过程。

（3）第 i 个点加上 16 倍"相邻点平均相位差"即为同一根天线第 $(i+16)$ 个点应有的相位，和第 $(i+16)$ 个点的真实值就形成了同一时刻不同天线的相位差对比。

（4）第 $(i+16)$ 点减第 i 点相位得到的差值，再减去 16 倍相邻点平均相位差，即可得到两根天线在同一时刻的相位差值。

由于在轮询时，是对天线按照 1-2-3-1-2-3 的顺序采样的，因此这一相位差在 1-2 和 2-3 时应当比较接近，而在 3-1 时应当是相反数并且幅度变为 2 倍；因此对上述 $(i+16)-i$ 的相位差，再对 3-1 的部分乘以 -0.5，然后整体取平均即可。伪代码如下：

```
phase_diff = [ phase[i+1] - phase[i] for i in range(length - 1) if i % 16 != 0 ]
avg_phase_diff = average(phase_diff)
antenna_diff = [ phase[i+16] - phase[i] - avg_phase_diff * 16 for i in range(length - 16) ]
antenna_diff_fixed = [ i if floor(i/16) % 3 != 2 else -0.5 * i for i in antenna_diff ]
avg_diff = average(antenna_diff_fixed)
avg_distance = avg_diff / 2 / pi * wavelength
angle = arcsin(avg_distance / antenna_distance)
```

蓝牙的实时定位系统（real time localization systems，RTLS）可以采用 AoA 方法，已经能够实现分米级实时定位，用以定位和追踪物体、机器人或人的位置和轨迹。在制造业中，可以追踪流水线上的工件；在物流业中，可以追踪货物，或为自动化仓管机器人提供导航；在餐饮业中，可以定位每个用户的位置，方便上菜等服务；监控人流或物流，为流程优化提供数据支持等。室内导航系统常用于人的定位，在复杂的室内环境下，用户只需打开手机 APP 即可精确导航到其目的地。基于蓝牙的室内导航系统采用 AoD 技术，可以为用户提供实时的导航，用户只要持平手机并朝向屏幕上的箭头方向行走即可。寻物系统指在小物件上安装无线 tag，在丢失时，用手机和这些 tag 交互以定位它们的位置。兴趣点信息场景（point of interest information solutions）主要用于博物馆或高端商店等。每个展品或商品都是一个兴趣点，当用户将手机指向某个展品或商品时，手机上或附近的显示屏上就会显示该物品的信息，辅助用户理解。

9.6 UWB 定位

超宽带（ultra wide band，UWB）技术指的是带宽大于 500MHz 或者相对带宽大于 0.2 的无线通信技术，如图 9-17 所示。得益于很大的宽带，UWB 具有纳秒级的时间分辨率，因此测距定位精度极高（≈10cm），被广泛应用在室内定位的场景。下面介绍如何利用现有的 UWB 套件进行定位系统的开发和应用。

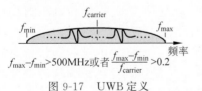

图 9-17 UWB 定义

随着 UWB 芯片工艺优化和成本降低，越来越多的企业厂商都开始从事 UWB 的研究和定位系统的开发，其中比较有代表性的有 Decawave、Ubisense 等。以 Decawave 研发的

DW1000 芯片为例,在收发信号的时候,芯片会打上纳秒级的时间戳,然后可以采用之前的 TOA 或者 TDOA 算法来测距或者定位,如图 9-18 所示。UWB 定位技术在现有的移动设备、智能设备、网联汽车上等都开始有了大量的应用,未来还具备更大的应用潜力。

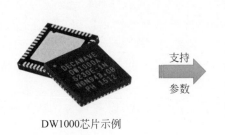

信道	中心频率/MHz	频段/MHz	带宽/MHz
1	3494.4	3244.8~3744	499.2
2	3993.6	3744~4243.2	499.2
3	4492.8	4243.2~4742.4	499.2
4	3993.6	3328~4659.2	1331.2*
6	6489.6	6240~6739.2	499.2
7	6489.6	5980.3~6998.9	1081.6*

DW1000芯片示例

图 9-18 UWB 芯片

常用的 UWB 测距定位算法包括双向测距算法、TDOA 和并发算法,以及 AoA 算法,将在本节进行一一介绍。

9.6.1 双向测距算法

在信号到达时间的基础上,IEEE 802.15.4 标准推荐了用于超宽带测距的双向测距方法。图 9-19 展示了两种双向测距方法:单边双向测距(SS-TWR)和双边双向测距(DS-TWR)。

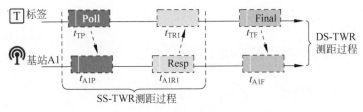

图 9-19 SS-TWR 测距过程

单边双向测距要求标签和基站(如 A1)之间来回应答一次数据,两设备间的飞行时间可以采用下面公式计算:

$$T_f = \frac{1}{2}[(t_{TR1} - t_{TP}) - (t_{A1R1} - t_{A1P})]$$

双边双向测距算法在单边双向测距方法的基础上增加了一次数据交换,形成"Poll"-"Resp"-"Final"数据包交换形式,从而得到更准确的测距结果。设备间的飞行时间可以如下计算:

$$T_f = \frac{(t_{TR1} - t_{TP})(t_{A1F} - t_{A1R1}) - (t_{TF} - t_{TR2})(t_{A1R1} - t_{A1P})}{(t_{TF} - t_{TP}) + (t_{A1F} - t_{A1P})}$$

这里有两个可以思考的问题,一是为什么双边双向测距算法比单边双向测距算法更加准确?二是为什么双边双向算法采用上述公式计算,而不是更加简单的方式?具体的原因参见前面双向测距的章节。

9.6.2 TDOA 和并发算法

如图 9-20 所示,典型的 TDOA 方法过程是这样的:首先是发起基站(通常叫作参考基站,这里的叫法是为了和本书的方法统一)发送一个参考数据包给其他基站,这样所有基站均可以此数据包为基准进行时间同步。接下来,A1 到 A4 四个基站依次向标签发送数据,标签收到数据之后即可求解出它到不同基站的距离差。

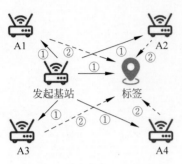

图 9-20 基站通信模型

图 9-21 示意了整个通信过程,以基站 A1 和 A2 为例解释计算过程。

对发起基站、基站 A1、标签来说,标签记录的时间 t_{TR1} 为发起基站发送数据的时间 t_{IP}、发起基站到基站 A1 的飞行时间 $\frac{d_{IA1}}{c}$、基站 A1 接收数据到发送数据的间隔 $t_{A1R}-t_{A1P}$、基站 A1 到标签的飞行时间 $\frac{d_{A1T}}{c}$ 的和,即

$$t_{TR1} = t_{IP} + \frac{d_{IA1}}{c} + t_{A1R} - t_{A1P} + \frac{d_{A1T}}{c}$$

其中,c 为电磁波的传播速度。

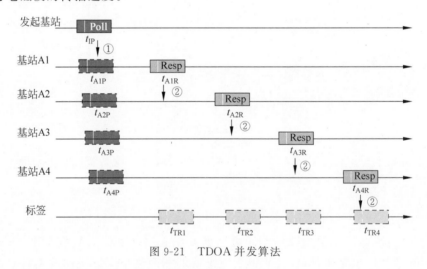

图 9-21 TDOA 并发算法

同理,对于发起基站、基站 A2、标签来说,有

$$t_{TR2} = t_{IP} + \frac{d_{IA2}}{c} + t_{A2R} - t_{A2P} + \frac{d_{A2T}}{c}$$

两个式子相消并整理可得:

$$\frac{d_{A2T}}{c} - \frac{d_{A1T}}{c} = t_{TR2} - t_{TR1} + \frac{d_{IA1}}{c} - \frac{d_{IA2}}{c} + t_{A1R} - t_{A2R} - t_{A1P} + t_{A2P}$$

不难看出,该式左边为标签到两个基站的飞行时间差,而右边均为已知量。这样就得

到了 TDOA 信息，接下来就可以利用算法进行求解了，根据常用的 Chan 算法，给出代码示例。这里给出了经典的 Chan 算法实现。假设已经利用 UWB 测量得到了 TDOA 的信息，然后使用经典的 Chan 算法来求解标签的位置。

```
            clc;
    clear;

    % 基站数目
    BSN = 4;
    % 各个基站的位置,2*BSN 的矩阵存储,每一列是一个坐标
    BS = [0 , sqrt(3) , 0.5*sqrt(3) , -0.5*sqrt(3);
          0 ,    0   ,     1.5     ,      1.5];
    % MS 的实际距离,为待测量值
    MS = [2 3];
    % R0 为无噪声情况下各个 BS 与 MS 的距离
    for i = 1:BSN
        R0(i) = sqrt((BS(1,i) - MS(1))^2 + (BS(2,i) - MS(2))^2);
    end
    % R(i)是 BSi 与 BS1 到 MS 的距离差,实际中应由 TDOA*c 计算
    for i = 1:BSN - 1
        R(i) = R0(i + 1) - R0(1);
    end

    % 第一次加权最小二乘估计
    for i = 1:BSN
        k(i) = BS(1,i)^2 + BS(2,i)^2;
    end
    for i = 1:BSN - 1
        h(i) = 0.5*(R(i)^2 - k(i + 1) + k(1));
    end
    for i = 1:BSN - 1
        Ga(i,1) = -BS(1,i + 1);
        Ga(i,2) = -BS(2,i + 1);
        Ga(i,3) = -R(i);
    end
    Za = inv(Ga' * Ga) * Ga' * h';
    X(1,1) = abs(Za(1,1));
    X(2,1) = abs(Za(2,1));

    % 第二次加权最小二乘估计
    X1 = BS(1,1);
    Y1 = BS(2,1);
    h2 = [(Za(1,1) - X1)^2; (Za(2,1) - Y1)^2; Za(3,1)^2];
    Ga2 = [1,0;  0,1;  1,1];
    B2 = [Za(1,1)-X1,   0,          0;
          0,         Za(2,1)-Y1,    0;
          0,            0,       Za(3,1)];
    Za2 = inv(Ga2' * inv(B2) * Ga' * Ga * inv(B2) * Ga2) * (Ga2' * inv(B2)
    * Ga' * Ga * inv(B2)) * h2;
```

```
X(1,1) = abs(Za2(1,1))^0.5 + X1;
X(2,1) = abs(Za2(2,1))^0.5 + Y1;
```

disp(X)为了提高定位的速度,需要在上述 TDOA 算法基础上,缩短基站之间数据包间隔,使它们的数据近乎同时发送并且同时到达标签接收端。此方法的设计核心在于 UWB 超高的时空分辨率,即它能够有效地区分开纳秒级间隔的不同数据包。图 9-22 左边示例了并发算法的数据通信过程,图 9-23 示例了一个标签端接收得到的信道响应(CIR)信息。

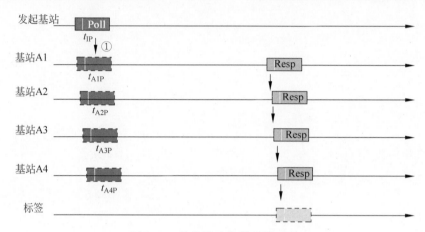

图 9-22 并发算法数据通信过程

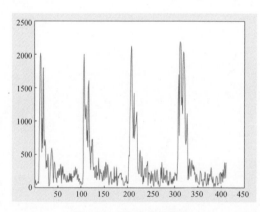

图 9-23 信道响应信息

不难看出,虽然间隔极短的数据包几乎同时到达接收端并发生了冲突,但是由于信号捕捉效应,标签端依然可以正常接收到一个数据,且识别出所有到达的信号。在 CIR 中,其横坐标为信号的采样点,一个点代表 1ns,其纵坐标表示 CIR 数据的幅值。根据图 9-23,可以计算得到不同数据包到达的时间差。基于这个时间差和上述 TDOA 的时间推导过程,就能够得到标签到不同基站的 TDOA 信息,进而可以利用 Chan 算法进行定位。更多详细内容见参考文献。

9.6.3 AoA 算法

超宽带 AoA 测量模型如图 9-24 所示。当远场的无线信号入射到天线端时,信号到两根天线的路径差(P)与两根天线之间的距离(d)及到达角(θ)有如下关系：
$$P = d\sin(\theta)$$
记载波频率为 f，光速为 c，则两根天线的相位差 PDOA(α) 可以按下式计算：
$$\alpha = \frac{2\pi f}{c}P$$
根据 $\lambda = \dfrac{c}{f}$，就可以用如下公式推算出 AoA 结果：
$$\theta = \arcsin\left(\frac{\alpha\lambda}{2\pi d}\right)$$

该等式表明可以依据天线间的 PDOA(α) 结果计算得到无线信号到达设备的 AoA 信息。为了便于介绍，将 PDOA 不大于 0(即 $\alpha \leqslant 0$)的方向记为负方向，将 PDOA 不小于 0(即 $\alpha \geqslant 0$)的方向记为正方向。

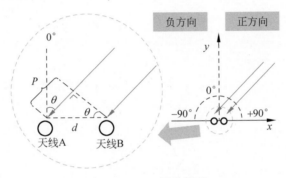

图 9-24 AoA 测角模型

当接收机收到超宽带信号之后，它会首先评测出该接收信号的信道响应(CIR)信息，然后通过 LED 算法找到信号的到达点。LED 算法很简单，它首先根据 CIR 计算接收信号的噪声，然后找出第一个高于噪声的 CIR 点，并将其标记为信号到达点。对于两天线的商用超宽带设备，可以在一次数据接收时得到两个信道响应数据。图 9-25 显示了来自两根天线的 CIR 数据示例，其中到达点 $P1$ 和 $P2$ 分别为 LED 算法在不同天线上的计算结果。天线

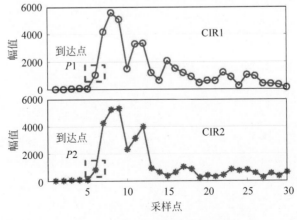

图 9-25 两根天线的 CIR 数据

间的 PDOA 结果 α 就可以计算为

$$\alpha = \text{angle}(P1) - \text{angle}(P2)$$

为了得到更准确的 PDOA 结果,需要在原生 PDOA 结果 α 上再减去 SFD(start of frame delimiter)的相位以消除硬件引入的噪声。得到 PDOA 之后,就可以利用上面的推导公式来计算对应的 AoA 了。测出 AoA 之后,可以利用标签到多个基站的 AoA 信息,并求解其交点来获得标签的位置。

9.6.4 V-TWR 算法

V-TWR 算法是受到双向测距和 TDOA 两种算法启发而设计的,算法的目标是让定位系统能够达到与双向测距一样的定位精度,且实现像 TDOA 算法那样支持大量(乃至不限数量的)标签设备进行定位的系统可扩展性。本节首先介绍算法系统的通信架构,然后介绍如何在这样的架构下实现标签的高精度定位,也就是 V-TWR 算法的具体设计。

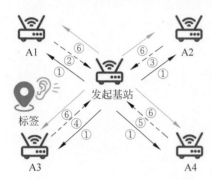

图 9-26 V-TWR 通信架构

图 9-26 和图 9-27 展示了系统的通信架构。在这个架构里,基站之间采用 DS-TWR 方法进行冗余的通信并测距。标签则保持被动侦听的状态,在基站测距的时候会接收它们之间的应答数据。此外,架构里面有一个特殊的基站,本书起名为发起基站,它负责发起整个系统的通信流程,并调度与其他基站测距过程。

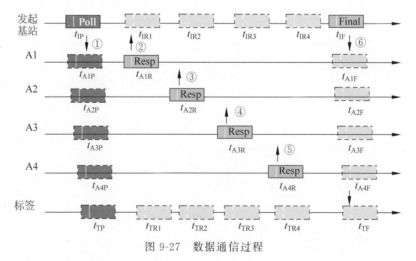

图 9-27 数据通信过程

整个数据通信过程如图 9-27 所示。发起基站首先广播一个"Poll"数据包,然后基站 A1→A4 依次回应"Resp"数据包,最后发起基站再广播一个"Final"数据包。这样,发起基站和每个基站都形成了 DS-TWR 测距过程,它们之间的飞行时间可以通过 DS-TWR 公式来进行计算。在整个过程中,标签一共会接收 6 个数据包。由于标签的被动接收模式,系统的容量不会受到标签数量的影响。换句话说,系统可以理论上支持不限数量的标签。因此,系统就达到了高可扩展的目的。下面将介绍系统如何在这样的框架下实现标签的高精度定位。

为了介绍的方便,首先对系统通信过程中收集的数据及对应的时间戳信息进行标记。如图9-27所示,t_{IP} 和 t_{IF} 分别表示发起基站发送"Poll"和"Final"数据包的时间,t_{IRi} 表示发起基站接收第 i 个基站的"Resp"数据包的时间。同样地,t_{TP} 和 t_{TF} 分别表示标签接收发起基站的"Poll"和"Final"数据包的时间,t_{TRi} 表示标签接收第 i 个基站的"Resp"数据包的时间。在上述表述中,$i=1,2,\cdots,N$,其中 N 是基站的数量。由于发起基站可以将它收集的时间戳信息通过"Final"数据包传输给标签,标签在整个过程中就可以得到上述 12 个数据包的时间戳信息。因此,V-TWR 算法的目标就是利用这 12 个时间戳信息来为标签定位。值得一说的是,V-TWR 算法可以拓展到更多的基站,这里仅仅是用 5 个基站来举例说明。

直观来讲,为了达到高精度测距定位的目的,V-TWR 算法需要充分利用基站间交换的冗余数据。为此,V-TWR 算法提出一个虚拟测距的概念。具体来说,V-TWR 算法的核心设计是在标签端生成一个虚拟的"Resp"包并发送给发起基站。这样标签和发起基站之间就可以形成 DS-TWR 测距过程。以发起基站 A0、基站 A1 来举例,如图 9-28 所示,发起基站 A0 与基站 A1 之间采用 DS-TWR 方法来通信并测距,其中的时间戳均在图 9-28 中标明。假设标签在 t'_{TR1} 时刻发送一个虚拟消息给发起基站 A0,且这个虚拟消息恰恰在 t_{IR1} 时刻被 A0 接收。这个假设是合理的,只要选择合适的 t'_{TR1} 值即可。这样,标签和发起基站 A0 就能形成一个虚拟的 DS-TWR 测距过程。基于虚拟时间 t'_{TR1},它们之间的飞行时间可以用下式来计算:

$$T_f = \frac{(t_{IR1} - t_{IP}) \times (t_{TF} - t'_{TR1}) - (t'_{TR1} - t_{TP}) \times (t_{IF} - t_{IR1})}{t_{IF} - t_{IP} + t_{TF} - t_{TP}} \tag{9-1}$$

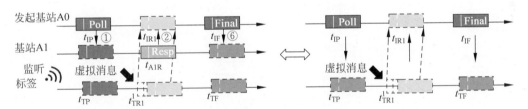

图 9-28　V-TWR 算法测距过程

由于 t'_{TR1} 是未知的,T_f 是不能直接计算出来的,被称为虚拟飞行时间。而为了求解出这个虚拟飞行时间,V-TWR 算法就需要推导出 t'_{TR1}。V-TWR 算法利用设备之间的物理位置来进行推导。记标签和发起基站 A0 之间距离为 $d_{T \to I}$,标签与基站 A1 距离为 $d_{T \to A1}$,以及 A0 与 A1 的距离为 $d_{I \to A1}$,可以得到以下关系:

$$\begin{cases} t_{TR1} = t_{A1R} + \dfrac{d_{T \to A}}{c} \\[2pt] t_{IR1} = t_{A1R} + \dfrac{d_{I \to A}}{c} \\[2pt] t_{IR1} = t'_{TR1} + \dfrac{d_{T \to I}}{c} \end{cases} \tag{9-2}$$

其中,c 为光速。基于式(9-2),可以得到虚拟时间 t'_{TR1} 和已知量 t_{TR1} 的关系:

$$t'_{TR1} = t_{TR1} - \frac{d_{T \to A}}{c} - \frac{d_{T \to I}}{c} + \frac{d_{I \to A}}{c} \tag{9-3}$$

将式(9-3)代入式(9-1)，消去 t'_{TR1} 可以得到如下结果：

$$\frac{d_{T \to I}}{c} \times T = \frac{d_{T \to A} + d_{T \to I} - d_{I \to A}}{c} \times (t_{IF} - t_{IP}) + T_{x1} \tag{9-4}$$

其中，T 和 T_{x1} 如下计算：

$$\begin{cases} T = (t_{IF} - t_{IP}) + (t_{TF} - t_{TP}) \\ T_{x1} = (t_{IR1} - t_{IP}) \times (t_{TF} - t_{TR1}) - (t_{TR1} - t_{TP}) \times (t_{IF} - t_{IR1}) \end{cases} \tag{9-5}$$

不难观察到，对于同一对发起基站 A0 和标签来说，T 是一个常量而 T_{x1} 是随着另一个基站变化而变化的。举例来说，如果基站 A1 变成了基站 A2，那么 T_{x1} 的值也会发生变化。由于式(9-4)有两个未知量 $d_{T \to I}$ 和 $d_{T \to A}$，标签的位置依旧是算不出来的。不过它揭示了这两个未知量 $d_{T \to I}$ 和 $d_{T \to A}$ 之间的关系，不禁思考，这有什么用呢？

可以注意到，对于发起基站外的其他基站来说，$d_{T \to I}$（即标签到发起基站的距离）可以假定是不变的。由于整个通信过程是非常快的，整个通信流程只需要几毫秒到十几毫秒，因此假定在这段很短的时间里，发起基站与标签的距离不变是合理的。如此，V-TWR 算法就可以采用多个基站联合来求解出上面的未知量，从而解出标签的位置。

对基站 A1 到 A4，可以将式(9-4)和式(9-5)重新整理如下（$i=1,2,3,4$）：

$$\frac{d_{T \to I}}{c} \times T = \frac{d_{T \to Ai} + d_{T \to I} - d_{I \to Ai}}{c} \times (t_{IF} - t_{IP}) + T_{xi}$$

$$T_{xi} = (t_{IRi} - t_{IP}) \times (t_{TF} - t_{TRi}) - (t_{TRi} - t_{TP}) \times (t_{IF} - t_{IRi})$$

其中，T 表达式不变，可用式(9-5)计算得到。

将基站 A2 对应的结果减去基站 A1 对应的结果，并重新整理得到：

$$\frac{d_{T \to A2} - d_{T \to A1}}{c} = \frac{(T_{x1} - T_{x2})}{t_{IF} - t_{IP}} + \frac{d_{I \to A2} - d_{I \to A1}}{c}$$

上式等号左边 $\frac{d_{T \to A2} - d_{T \to A1}}{c}$ 即是标签到基站 A2 和基站 A1 的距离差，而等号右边的式子均为已知量。也就是说，可以根据记录的时间及已知的基站间距离求解得到标签到两个基站的距离差。类似地，$\frac{d_{T \to A3} - d_{T \to A1}}{c}$ 和 $\frac{d_{T \to A4} - d_{T \to A1}}{c}$ 可以如下计算：

$$\frac{d_{T \to A3} - d_{T \to A1}}{c} = \frac{(T_{x1} - T_{x3})}{t_{IF} - t_{IP}} + \frac{d_{I \to A3} - d_{I \to A1}}{c}$$

$$\frac{d_{T \to A4} - d_{T \to A1}}{c} = \frac{(T_{x1} - T_{x4})}{t_{IF} - t_{IP}} + \frac{d_{I \to A4} - d_{I \to A1}}{c}$$

有了这三个距离差信息，就可以通过一些经典的位置求解算法来计算标签的位置了。例如，可以利用以下两种方法来求解标签的位置：一是基于双曲线的位置求解算法，二是基于搜索的非线性最小二乘算法。基于双曲线的算法通过双曲线求交点的方法来求解位置。理论上来讲，标签的位置是在以基站为焦点的双曲线上的。因此，给定多个不同基站，标签位置就在多条双曲线的交点处。采用经典的 Chan 算法来进行求解。该算法假定测量噪声符合零均值高斯分布，然后以非递归方式求解得到双曲线方程。因此，Chan 算法能够以很小的计算开销获取一个较为准确的结果。

而基于搜索的非线性最小二乘算法的原理是这样的：给定解空间里面的一个候选位置 pos_1 及基站位置 pos_{ai}（$i=1,2,\cdots,N$，其中 N 是基站数量），标签到基站间的距离差可以计算为

$$\Delta d_{i,j} = ||\text{pos}_1 - \text{pos}_{ai}|| - ||\text{pos}_1 - \text{pos}_{aj}||, \quad i \neq j$$

当得到测量结果 $\Delta \hat{d}_{i,j}$ 之后，该算法可以通过最小化计算与测量的结果来求解标签的位置（$\widehat{\text{pos}_1}$）：

$$\widehat{\text{pos}_1} = \arg\min_{\text{pos}} \sum_{i=1}^{N-1} (\Delta \hat{d}_{i,j} - \Delta d_{i,j})^2$$

这个算法通常需要搜索很大的解空间来找到最符合目标的结果，因此它能够实现很高的精度，但是其计算开销很大。进一步可以考虑这两个算法的特点，即 Chan 算法可以快速地给定一个较粗略的结果，而基于搜索的非线性最小二乘算法能够提供很高的精度却需要很大的空间搜索开销，可以通过组合这两个算法来寻求定位精度与时间开销的均衡。具体来说，首先利用 Chan 算法快速获取一个粗略的候选位置，然后在这个候选位置的一个小范围内利用基于搜索的非线性最小二乘算法进行搜索以获得更准确的位置结果，如在候选位置的 1m×1m 的范围内进行解空间搜索。

9.7 基于可见光信号的主动式设备位置感知

物联网技术的快速发展使得人们的生产生活都更加的智能化。越来越多的智能设备被应用到工厂、机场、家居等环境中，利用其通信能力及感知能力为应用场景提供了大量的支持。室内定位技术可以帮助移动设备获取其在空间中的位置，使得智能移动设备或机器人等可以在空间中进行移动作业，极大地扩展了物联网场景中智能设备的能力。许多智能设备或机器人等都携带有摄像头或光电二极管模块，可以对环境中的可见光进行收集和分析。基于可见光信号的移动设备定位技术因其所使用的可见光信号在环境中随处可得的便利性，而在众多应用场景中有着巨大的应用优势。近年来涌现了一大批利用环境中的可见光信号对移动设备进行定位的研究工作。

现有的基于可见光的移动设备定位技术为物联网应用场景下的设备提供了便捷的定位服务，为后来的可见光定位工作起到了积极的导向作用，但这些现有工作仍然存在诸多的局限性，使得现有方法应用范围有限。需要对光源进行改造的工作能够给特定的场景提供便捷、精确的定位服务，但因为对大量光源进行电路改造成本较大，此类工作无法推广到一般的应用场景。需要对原有光源特征进行预先采集的工作也只能支持有限范围内的定位。当应用范围扩大、光源数量大量增加时，不仅存储光源特征的成本提高，还使得不同光源之间的特征区分度降低，影响系统的定位性能。使用相机成像模型的几何约束定位的工作依赖于对相机内参数的精准测量，阻碍了应用的大规模推广。

本节介绍一种主动式可见光设备定位系统。各向异性材料的双折射现象会对入射的光线造成光程差，导致光线在射出双折射材料通过偏振片后发生干涉时产生各个频率上的干涉相长相消情况不同，从而改变入射光的光谱，使入射的白光显示出颜色，称为显色偏振现象。通过分析显色偏振系统中干涉结果与入射光线的入射方向之间的角度约束关系，得到显色偏振系统中可见光信道对信号的频率选择特性模型。

这里对各向异性材料显色偏振效应中干涉结果受光线入射方向的影响进行量化分析，可以得到显色偏振的频率选择特性与入射光角度的关系模型。从而利用该模型，通过显色偏振膜片的显色结果对入射光线进行角度估计，推导出显色偏振膜片与相机连线方向的角度约束。并结合相机与多个显色偏振膜片连线的角度约束，对相机的空间位置进行测量。

本节将介绍一种基于空间直线虚拟交点的定位算法，解决了利用相机采集到的显色结果的颜色误差导致的多个显色膜片到相机的角度约束不存在实际交点的问题，实现了在实际环境中对相机位置的感知。本节还将介绍一种光学标签的身份编码方法，用于在较大的应用场景中通过设置多个光学标签来提供更加精确的定位服务。基于本节内容，可以使用经济实惠的透明胶带作为各向异性光学材料与偏振片进行组合，制作出可为相机提供定位服务的光学标签。

本节介绍的主动式可见光定位方法既不需要修改光源硬件又不需要相机内参数，可基于可见光信号实现主动式相机定位。较以往的可见光感知方法部署成本大幅降低。

9.7.1 显色偏振

可见光信号在信道中传播时，会由于信道中介质的折射、散射、反射等产生干涉的现象。在相同光程差的情况下，不同波长的可见光产生干涉相长和干涉相消的情况不同，导致一些波长的可见光增强的同时另一些波长的可见光减弱。干涉现象对包含多种波长分量的混合光的影响类似于滤波器对信号的频率选择特性，使得可见光信号的光谱发生变化。一束光在光谱上的变化会直接表现为颜色的变化，使得可见光干涉的结果可以直接被人眼或设备捕捉。各向异性材料的显色偏振现象就是基于干涉效应的可见光频率选择特性的体现。由各向异性材料的双折射效应所产生的两束折射光线借助偏振片的方向选择而产生干涉现象，使得入射光的颜色发生变化，因而被称为"显色偏振"现象。光线入射各向异性材料的角度会影响两束折射光线的光程差，从而改变显色偏振的显色结果，使得可见光信道表现出与光线入射方向相关的频率选择特性。本节将介绍可见光信道频率选择特性的产生原理及其现象。

1. 光的干涉与频率选择特性

干涉是指两列波在空间中发生重叠时出现的波的叠加现象。产生干涉的两列波的振动直接叠加产生一个新的波。两束波发生干涉现象的条件是：①相同的频率；②相同的振动方向；③恒定的相位差。当两列波的恒定相位差为 0 时，叠加产生的波的振幅是两列波振幅的直接相加，称为干涉相长。当两列波的恒定相位差为 π 时，叠加产生的波的振幅是两列波振幅的直接相减，称为干涉相消。当两列波的恒定相位差为其他值时，将会产生不同程度的相长或相消。可以看出，干涉的相长和相消与两列波之间的相位差相关。干涉结果的强度受到两列相干波强度和它们之间相位差的影响。

光是具有波粒二象性的电磁波，能以波的形式产生干涉现象。在著名的托马斯·杨双缝干涉实验中，当一束单一频率的光穿过双缝时会产生两个相干光源。来自这两个相干光源的光在到达显示屏上同一位置时有着固定的光程差，由于相干光源频率相同，所以固定的光程差代表着固定的相位差。由于到达显示屏上不同位置的光程差不同，两束光线在显示屏上不同的位置干涉时的相位差也不同。在一些位置上，两束光干涉相长，形成亮条纹。

在另一些位置上,两束光干涉相消,形成暗条纹。

当把双缝干涉的光源由单一频率的光替换成由多种频率光线所组成的混合光时,在双缝后到达显示屏上同一位置的光线的光程差仍然是固定的。但此时的光程差对于混合光中的不同频率的光意味着不同的相位差,在显示屏的同一位置上不同频率光的干涉相长、相消情况不同。混合光的光谱在干涉后发生变化,干涉相长的频率增强,干涉相消的频率减弱。在固定光程差的情况下对多种频率的混合光所起的作用类似于滤波器对频率的选择作用。若混合光是有着所有频率可见光的自然光,产生干涉之前由于所有频率上光的强度相近而表现为白光。在干涉后一些频率上的光强增强,另一些频率上的光强减弱,能量越强的频率对干涉后混合光的颜色影响越强。干涉导致的光谱的改变使得干涉后的混合光显示出相应的颜色。显示屏上不同位置由于光程差不同,干涉后的相长相消情况不同,导致显示屏上不同位置干涉的结果不同,显示出如图 9-29 所示彩色的条纹。

图 9-29　以白光作为光源时的双缝干涉条纹(见文前彩图)

2. 各向异性材料的双折射效应与显色偏振现象

当光射入各向异性晶体中时,在晶体内产生两束折射光的现象称为双折射效应。常见的能产生双折射效应的各向异性晶体有石英、方解石、红宝石等。除了这些自然形成的晶体,许多塑料类制品由于在制作过程中的拉伸和挤压导致分子的拉伸,也表现出光学上的各向异性特征,对光线产生双折射的效果。如图 9-30 所示,可以看到在各向异性材料方解石晶体的双折射效果下,图纸上的网格和铅笔都表现出两个影像。

当入射光沿晶体的某一个方向入射时,不会发生双折射现象,这个方向称为晶体的光轴(optical axis)。光轴不是晶体中的一根轴,而是一个方向。当一束偏振光沿非光轴的方向入射到各向异性晶体中时会产生两束振动方向互相垂直的偏振光,如图 9-31 所示。其中一束折

图 9-30　方解石晶体的双折射现象

射光的振动方向垂直于光轴,称为寻常光(ordinary ray),下文中将其简称为 o 光。另一束偏振方向平行于光轴,称为非寻常光(extraordinary ray),下文中将其简称为 e 光。

当两束距离合适的平行偏振光同时入射到各向异性材料中时,其出射光中的 o 光和 e 光会合并成为一束。其侧视图如图 9-32 所示,来自其中一条光线的 o 光和另一条光线的 e 光在射出各向异性晶体的时候光路发生重合,但此时这两条重合的光线偏振方向互相垂直。此时重合的两条光线虽然频率相同,相位差恒定,但其偏振方向互相垂直,并不满足干涉条件。

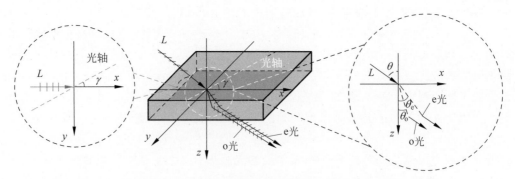

图 9-31　偏振光在各向异性晶体中分成两束振动方向互相垂直的折射光

若是想要从图 9-32 中 D 点出射的光线发生干涉,需要使这两束振动方向垂直的光穿过一个线性偏振片(linear polarizer)。线性偏振片是一种只允许振动方向与其透振方向相同的光线通过的光学膜片,以下简称偏振片。当一束振动方向与偏振片透振方向不同时,只有其在偏振片透振方向上的分量能够通过。从 D 点射出的两束偏振方向互相垂直的光线在经过一个线偏振片后,同时在线偏振片的透振方向产生一个分量。这两个分量振动方向一致、频率相同、相位差恒定,因符合干涉的三个条件而产生干涉。干涉的结果是射入双折射材料的白光光谱发生改变而显示出颜色。显色偏振的效果如图 9-33 所示。图 9-33 中使用一个被台灯照亮的白纸作为光源,用一个偏振片产生偏振光,偏振光穿过作为双折射材料的透明胶带后穿过第二个偏振片,产生干涉显色的现象。颜色变化是由于观察点到条带上不同位置的角度不同。

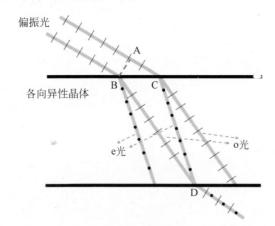

图 9-32　双折射效应侧视图:来自两束平行的入射偏振光的寻常光和非寻常光在出射时汇聚为一束

图 9-33　设计的结构在不同角度展现出不同的颜色分布(见文前彩图)

9.7.2　基于光学标签显色结果的相机定位算法

利用具有上述双折射效应的光学标签对相机进行定位,首先需要对光学标签所使用的显色偏振膜片进行显色偏振特征的采样,然后根据相机所拍摄到的图片上每个膜片的颜色,通过显色与角度关系得到相机到每个膜片的角度约束,最后根据多个膜片的角度约束计算出相机在 3D 空间中的位置。

1. 基于采样与插值的光学标签显色特征获取

细粒度的光学标签显色特征全部通过采样的方式获取的话需要大量的人力消耗。由于空间中的方向有无穷多个，相机无法遍历所有的方向，只能对其中的一些方向上的显色结果进行采集。由于显色结果在相邻的方向上的变化是连续的，可以对采集到的粗粒度的结果进行插值获得更细粒度的显色结果与角度的对应关系。

2. 基于空间直线相交的相机位置测量

在光学标签坐标系下对相机位置进行测量，首先应该以光学标签为参考物建立坐标系。以光学标签的中心为原点 O，以垂直于光学标签表面的方向为 Z 轴，X 轴指向光学标签右侧，Y 轴指向光学标签上侧。如图 9-34 所示，为了便于表示，这里只在图 9-34 中展示了 3 个光学膜片，并用这 3 个光学膜片来介绍本书中所使用的定位算法。

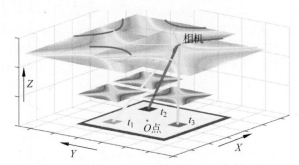

图 9-34　利用相机到多个光学膜片的角度约束得到相机位置

如图 9-34 所示，由于显色光学膜片在不同角度上观察时显示的颜色不同，因此可以由膜片的显色与观察角度的关系，以及 3 个膜片在坐标系中的位置得到一个确定的位置，使得该位置能够同时在 3 个膜片观察到对应的颜色。在实际应用中，就可以根据相机采集的多个光学膜片颜色信息得到角度约束，并最终解析出相机的坐标位置。

光学定位包括可见光标签定位在日常生活中已经得到了很多应用，例如，在动作捕捉系统中，已经广泛使用高精度相机，将光学标签附着在人体上，实现高精度的动作捕捉和重建。如何进一步利用广泛存在的光学定位信息设计更好的基于可见光的定位系统，对物联网定位技术的发展也有着重要意义。

参考文献

[1] IEEE standard for local and metropolitan area networks—Part 15.4：Low-rate wireless personal area networks（LR-WPANs）[J]. IEEE Std 802154-2011（Revision of IEEE Std 802154-2006），2011：1-314.

[2] IEEE standard for information technology—Telecommunications and information exchange between systems Local and metropolitan area networks—Specific requirements-Part 11：Wireless LAN Medium Access Control（MAC）and Physical Layer（PHY）Specifications[J]. IEEE Std 80211-2016（Revision of IEEE Std 80211-2012），2016：1-3534.

[3] NEIRYNCK D,LUK E,MCLAUGHLIN M. An alternative double-sided two-way ranging method [C]//2016 13th Workshop on Positioning，Navigation and Communications（WPNC）. IEEE,2016：1-4.

[4] KEMPKE B,PANNUTO P,CAMPBELL B,et al. SurePoint:Exploiting ultra wideband flooding and diversity to provide robust,scalable,high-fidelity indoor localization[C]//SenSys'16:The 14th ACM Conference on Embedded Network Sensor Systems. ACM,2016:137-149.

[5] IndoorPos[EB/OL]. https://github.com/megagao/IndoorPos.

[6] Delay sum beamforming[EB/OL]. http://www.labbookpages.co.uk/audio/beamforming/delaySum.html.

[7] Steered-response power[EB/OL]. https://en.wikipedia.org/wiki/Steered-response_power.

[8] LI S,LIN B. On spatial smoothing for direction-of-arrival estimation of coherent signals in impulsive noise[C]//2015 IEEE Advanced Information Technology,Electronic and Automation Control Conference (IAEAC). IEEE,2015:339-343.

[9] KOTARU M,JOSHI K,BHARADIA D,et al. SpotFi:Decimeter level localization using WiFi[C]//SIGCOMM'15:ACM SIGCOMM 2015 Conference. ACM,2015:269-282.

[10] CHENG L,WANG Z,ZHANG Y,et al. AcouRadar:Towards single source based acoustic localization [C]//IEEE INFOCOM 2020-IEEE Conference on Computer Communications. IEEE,2020:1848-1856.

[11] ZHANG Y,WANG J,WANG W,et al. Vernier:Accurate and fast acoustic motion tracking using mobile devices[C]//IEEE INFOCOM 2018-IEEE Conference on Computer Communications. IEEE, 2018:1709-1717.

[12] XIE P,FENG J,CAO Z,et al. GeneWave:Fast authentication and key agreement on commodity mobile devices[J]. IEEE/ACM Transactions on Networking,2018,26(4):1688-1700.

[13] CHENG L,WANG J. How can I guard my AP?:Non-intrusive user identification for mobile devices using WiFi signals[C]//MobiHoc'16:The Seventeenth ACM International Symposium on Mobile Ad Hoc Networking and Computing. ACM,2016:91-100.

[14] ZHENG X,WANG J,SHANGGUAN L,et al. Smokey:Ubiquitous smoking detection with commercial WiFi infrastructures[C]//IEEE INFOCOM 2016-IEEE Conference on Computer Communications. IEEE,2016:1-9.

[15] JIANG Y,LEUNG V C M. An asymmetric double sided two-way ranging for crystal offset[C]//2007 International Symposium on Signals,Systems and Electronics. IEEE,2007:525-528.

[16] CORBALÁN P,PICCO G P,PALIPANA S. Chorus:UWB concurrent transmissions for GPS-like passive localization of countless targets[C]//IPSN'19:The 18th International Conference on Information Processing in Sensor Networks. ACM,2019:133-144.

[17] GROßIWINDHAGER B,STOCKER M,RATH M,et al. SnapLoc:An ultra-fast UWB-based indoor localization system for an unlimited number of tags[C]//2019 18th ACM/IEEE International Conference on Information Processing in Sensor Networks (IPSN). 2019:61-72.

[18] DOTLIC I,CONNELL A,MA H,et al. Angle of arrival estimation using decawave DW1000 integrated circuits[C]//2017 14th Workshop on Positioning,Navigation and Communications (WPNC). IEEE,2017:1-6.

[19] YANG J,DONG B,WANG J. VULoc:Accurate UWB localization for countless targets without synchronization[J]. Proceedings of the ACM on Interactive,Mobile,Wearable and Ubiquitous Technologies,2022,6(3):1-25.

[20] LI L,XIE P,WANG J. RainbowLight:Towards low cost ambient light positioning with mobile phones[C]//MobiCom'18:The 24th Annual International Conference on Mobile Computing and Networking. ACM,2018:445-457.

[21] XIE P,LI L,WANG J,et al. LiTag:localization and posture estimation with passive visible light tags [C]//SenSys'20:The 18th ACM Conference on Embedded Networked Sensor Systems. ACM,2020: 123-135.

第10章

无线追踪

目标追踪最直接的方法是基于定位,如果能够将目标的位置计算出来,那么很容易通过不断计算目标的位置就能实现对目标进行追踪的目标。而定位和追踪实际上要求是不一样的,在实际系统中,可以不用对目标进行绝对定位,就能实现追踪的效果(即计算目标的相对运动方向和距离),如果知道了目标的初始位置,就能实现对目标的连续追踪和定位。目标追踪技术能够利用目标运动过程中信号特征(如频率、相位)的变化等信息,感知目标空间位置的变化,追踪目标的运动轨迹。本章将以基于距离变化量的运动追踪为例介绍目标追踪技术。不同于基于距离测量的定位方法,基于距离变化量的运动追踪方法不直接测量距离,进而得到距离变化,而是通过距离变化导致的信号频率、相位等信息的变化间接测量距离变化。

10.1 基于多普勒效应的追踪方法

多普勒效应是指信号源与接收者发生相对运动时,接收者接收的信号频率与信号源发出的信号频率不同的现象。

如图 10-1 所示,假设声源位置不变,接收者处于运动状态,速度为 v,则接收者接收到的声音频率 f 为

$$f = \frac{c+v}{c} f_0$$

图 10-1 多普勒效应

其中,f_0 表示声源发出声音的频率,c 表示声速,v 表示接收者的速度,靠近声源运动速度为正,远离声源运动速度为负。

由于多普勒效应,若接收者远离声源,接收的声音信号频率将减小;若接收者靠近声源,接收的声音信号频率将增大。

10.1.1 多普勒追踪的原理

根据多普勒效应的公式,可以通过接收者和信号源的频率计算接收者的运动速度。接收者的运动速度 v 为

$$v = \frac{f - f_0}{f_0} c = \frac{\Delta f}{f_0} c$$

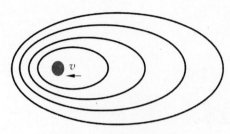

图 10-2 多普勒效应原理

其中，f_0 表示声源发出声音的频率，Δf 表示多普勒效应产生的频率变化，c 表示声速。由于速度对时间的积分等于位移，即 $d = \int_0^T v \mathrm{d}t$，通过计算速度并对其进行积分，就可以得到接收者运动的距离变化情况。若已知接收者的初始位置，可以计算得到目标的最终位置，从而实现对目标的追踪。基于多普勒效应的追踪的核心步骤在于计算接收信号的频率偏移 Δf。为得到 Δf，可以将接收到的声音信号做短时离散傅里叶变换（STFT）。STFT 是一种基于滑动窗口的傅里叶变换方法，它的原理是利用在原信号上移动的滑动窗口，对每个窗口内的信号做傅里叶变换，这样就可以得到该时间窗口内信号的频域信息，通过频域信息可以得到信号在这段时间窗口内的频率 f。在傅里叶变换这一章就进行过介绍，大家可以回到那一章进行回顾。如果原始信号的频率 f_0 是固定的，那么通过计算原始信号频率和接收到的信号频率之差 $f - f_0$，就能得到频率偏移 Δf。假设窗口的长度是 L_w，采样率为 f_s，那么基于多普勒效应追踪的频率精度 D_f 就可以用如下公式计算：

$$D_f = \frac{f_s}{L_w}$$

如果知道了原始信号的频率 f_0 和声速 c，就可以计算出速度精度：

$$D_v = \frac{D_f}{f_0} c = \frac{f_s c}{f_0 L_w}$$

一般来说，越短的窗口在时域上效果越好，即能够获得更短的时间间隔内的频率信息，但在频域上效果较差，即频率分辨率较差。长窗口在频域上效果好，但是在时域上效果差。

10.1.2 多普勒追踪的实现

使用单一频率的声音信号进行多普勒追踪。声源发出 21kHz 的声音信号，移动设备在录制音频的过程中先远离声源移动 10cm，然后远离声源移动 20cm，最后移动回到初始位置。利用采集的音频 record.wav 分析移动设备的运动，其代码如下。

首先对接收到的接收数据进行带通滤波，减轻噪声的干扰。

```
% 读入音频文件
[data,fs] = audioread('record.wav');
% 提取第一个声道
data = data(:,1);
% 将数据转化为行向量
data = data.';

% 使用带通滤波器滤波去噪
bp_filter = design(fdesign.bandpass('N,F3dB1,F3dB2',6,20800,21200,fs),'butter');
data = filter(bp_filter,data);
```

然后使用长度为 1024 采样点的窗口对接收到的信号进行短时傅里叶变换，其中进行

256 倍的补零提高频率的分辨率。思考为什么需要这个操作？

```matlab
%% 使用 STFT 计算频率偏移
% 窗口大小 1024 个采样点
slice_len = 1024;
slice_num = floor(length(data)/slice_len);
delta_t = slice_len/fs;

% 每个时间窗口的信号频率
slice_f = zeros(1,slice_num);
% 在 fft 时补 256 倍的 0,提高 fft 分辨率
fft_len = 1024 * 256;
for i = 0:1:slice_num - 1
    % 对每个窗口进行 fft,取频率谱的峰值频率作为该时间窗口的信号频率
    fft_out = abs(fft(data(i * slice_len + 1:i * slice_len + slice_len),fft_len));
    [~, idx] = max(abs(fft_out(1:round(fft_len/2))));
    slice_f(i + 1) = (idx/fft_len) * fs;
end
```

最后利用频率分析的结果分析出设备在每个时间窗口内的移动速度和距离变化,绘制出距离随时间的变化图像。

```matlab
%% 计算距离变化
f0 = 21000;
c = 340;

% 起始位置坐标为 0
position = 0;
distance = zeros(0,slice_num);
v = (slice_f - f0)/f0 * c;
for i = 1:slice_num
    % 把一段时间窗口内的移动当作匀速运动
    % 由于速度方向取靠近声源为正,计算距离时应使用减法
    position = position - v(i) * delta_t;
    distance(i) = position;
end

time = 1:slice_num;
time = time * delta_t;
plot(time,distance);
title('基于多普勒效应的追踪');
xlabel('时间(s)');
ylabel('距离(m)');
```

分析结果如图 10-3 所示。

可以看出,分析结果与实际运动过程相符,利用多普勒效应的方法可以做到较精确的运动追踪。

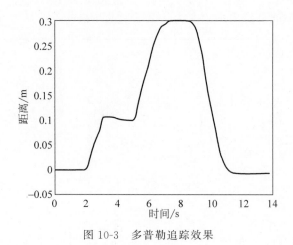

图 10-3 多普勒追踪效果

10.2 基于 FMCW 的追踪方法

调频连续波(frequency modulated continuous wave,FMCW)是一种在高精度雷达测距中使用的经典技术。FMCW 技术有很长的使用历史,使用范围非常广泛,在很多传统的场景中如雷达领域已经用得很多了。在学习过程中建议大家多参考相关领域的工作。近些年来,FMCW 在物联网的定位和感知场景里使用得很多,很多前沿的研究工作利用 FMCW 信号实现定位和感知。

调频连续波定位的基本原理为发射频率连续变化的电磁波,其频率随时间变化的情况如图 10-4 所示,频率周期性地随时间递增(从 f_{min} 到 f_{max})或递减(从 f_{max} 到 f_{min})。一个频率变换周期为 T 的 FMCW 信号 $R(t)$ 可以表示为

$$R(t) = \cos\left[2\pi\left(f_{min} + \frac{B}{2T}t\right)t\right]$$

其中,$B = f_{max} - f_{min}$ 表示频率变化的带宽。

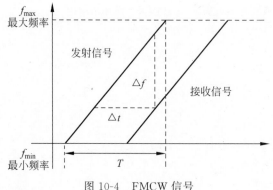

图 10-4 FMCW 信号

FMCW 最直接的一个应用是利用反射信号与发射信号混频得到的频率偏移来进行 ToF 的测量,进而测出信号源和反射物体之间的距离。FMCW 雷达在扫频周期内发射频率变化的连续波,发射出去的信号被物体反射后的回波与发射信号叠加在一起。实际收到

的信号会呈现图 10-4 的特点,反射信号与发射信号存在时间差,这个时间差在实际系统中不太好直接精确地测量出来(虽然也有一些研究工作试图这么来做)。为了解决这一问题,这个时间差可以转化为对应的频率差,通过测量频率差可以获得目标与雷达之间的距离信息。这也是一般 FMCW 测距的主要原理。信号频率差与反射的距离相关,一般都比较低,例如,几赫兹,因此处理相对简单。FMCW 雷达具有容易实现、结构相对简单、尺寸小、重量轻以及成本低等优点,有广泛的应用前景。由于反射回来的信号和原始信号的频率差值 Δf 和信号的传输时间 Δt 有线性关系,因此可以将对 ToF 的测量转换为对信号频率变化的测量。假设接收端和发送端之间的距离为 d,因为传输时间 Δt 是往返的总时间,那么可以得到:

$$d = \frac{c \Delta t}{2}$$

进而得到:

$$\Delta t = \frac{T}{B} \Delta f$$

结合上面的两个式子,可以计算出距离 d 为

$$d = \frac{cT}{2B} \Delta f$$

基于到多个基站的距离变化,就能够实现基于 FMCW 的定位追踪。

10.3 基于信号相位的追踪方法

相位定位追踪是物联网定位追踪中的常用方法,尤其近些年出现了一系列基于相位的定位和追踪方法,在研究领域里层出不穷,将基于相位的追踪方法不断变化,如果要深入地学习,应该先去思考信号的本身基本特点,就很容易理解基于相位的追踪方法,相关的方法很早以前就出现了,在物联网中的应用可以更加有直观的感受。

相位定位的基本原理就是测量信号的相位变化,在数据调制那一章已经介绍过了相位,读者可以再去回顾一下。在定位过程中,相位追踪可以从几个不同的方面来进行理解。假设信号源发送的固定频率信号为 $R(t) = A\cos(2\pi f t)$,信号经过路径 p 传播,传播路径长度随时间的变化为 $d_p(t)$。接收到的经路径 p 的声音信号可以表示为

$$R_p(t) = A_p(t) \cos\left(2\pi t - \frac{2\pi f d_p(t)}{c} - \theta_p\right)$$

其中,$A_p(t)$ 为接收信号的幅度,$2\pi f d_p(t)/c$ 为传播引起的相位偏移,c 为声速,θ_p 是由于硬件的延迟、反射带来的半波损失等造成的相位偏移,这部分可以认为是常量,不随时间变化。若能从接收信号 $R_p(t)$ 中获取相位信息,根据相位,可以得到传播路径长度 $d_p(t)$ 的变化情况,实现接收者运动路径的追踪。

若利用位于不同位置发送不同频率声波的多个声源,在已知起始位置的情况下,根据设备在一段时间内的与不同声源距离的变化,可以计算得到设备空间位置的变化情况,实现高精度的定位与追踪。

10.3.1 相位追踪的实现

为了在接收的信号中提取路径长度 $d_p(t)$，采用 I/Q 调制解调的方式消去含有频率 f 的项。

由于

$$R_p(t)\cos(2\pi ft) = \frac{A_p(t)}{2}\cos\left(-2\pi f\frac{d_p(t)}{c} - \theta_p\right) + \frac{A_p(t)}{2}\cos\left(4\pi ft - 2\pi f\frac{d_p(t)}{c} - \theta_p\right)$$

对接收的信号 $R_p(t)$ 乘 $\cos(2\pi ft)$，可以得到一个低频分量和高频分量相加的信号，将该信号通过低通滤波器可以获得低频分量，称为 I 路信号：$I_p(t) = \frac{A_p(t)}{2}\cos\left(2\pi f\frac{d_p(t)}{c} + \theta_p\right)$。

同理，

$$R_p(t)\sin(2\pi ft) = -\frac{A_p(t)}{2}\sin\left(-2\pi f\frac{d_p(t)}{c} - \theta_p\right) + \frac{A_p(t)}{2}\sin\left(4\pi ft - 2\pi f\frac{d_p(t)}{c} - \theta_p\right)$$

对接收的信号 $R_p(t)$ 乘 $\sin(2\pi ft)$，通过低通滤波器可以获得 Q 路信号：$Q_p(t) = \frac{A_p(t)}{2}\sin\left(2\pi f\frac{d_p(t)}{c} + \theta_p\right)$。

根据 $I_p(t)$ 和 $Q_p(t)$，可以求得 $2\pi f\frac{d_p(t)}{c} + \phi_p = \arctan\left(\frac{Q_p(t)}{I_p(t)}\right)$，从而得到传播路径长度 $d_p(t)$。

该方法的具体实现代码如下。

```
% 读入音频文件
[data,fs] = audioread('record.wav');
% 提取第一个声道
data = data(:,1);
% 将数据转化为行向量
data = data.';

% 使用带通滤波器滤波去噪
bp_filter = design(fdesign.bandpass('N,F3dB1,F3dB2',6,20800,21200,fs),'butter');
data = filter(bp_filter,data);

%% 计算相位变化
f0 = 21000;
c = 340;
time = length(data)/fs;
t = 0:1/fs:time-1/fs;

% 将正弦和余弦信号分别和原信号相乘
cos_wave = cos(2*pi*f0*t);
sin_wave = sin(2*pi*f0*t);
r1 = data.*cos_wave;
r2 = data.*sin_wave;
```

```matlab
% 将所得信号通过低通滤波器,得到 I 路和 Q 路信号
lp_filter = design(fdesign.lowpass('N,F3dB',6,200,fs),'butter');
I = filter(lp_filter,r1);
Q = filter(lp_filter,r2);

% 计算反正切得到相位
phase = atan(Q./I);

%% 利用相位变化计算距离变化
% 消除反正切引起的相位跳变
phase = phase / pi;
p_difference = phase(2:length(phase)) - phase(1:length(phase) - 1);

bias = 0;
for i = 1:length(p_difference)
    if p_difference(i) > 0.2
        bias = bias - 1;
    end
    if p_difference(i) < - 0.2
        bias = bias + 1;
    end
    phase(i + 1) = phase(i + 1) + bias;
end
phase = phase * pi;
distance = phase /(2 * pi * f0) * c;

plot(t,distance);
title('基于相位的追踪(LLAP)');
xlabel('时间(s)');
ylabel('距离(m)');
```

使用前面的数据,设备先远离声源移动 10cm,然后远离声源移动 20cm,最后移动回到初始位置。追踪结果如图 10-5 所示,从结果可以看出,该方法追踪结果较为准确。

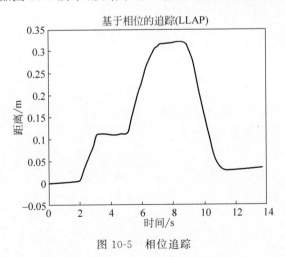

图 10-5 相位追踪

10.3.2 基于声波信号相位的高精度设备追踪

基于相位的追踪方法和相关案例代码已经在前面介绍过了,读者可以再回顾一下。基于信号相位变化的追踪方法的关键在于计算接收信号的相位变化。经典的测定相位变化的方法对相位的计算精度受限于信号的采样率,而声音信号的采样率又受到硬件和软件的双重限制,因此,通常很难通过提高信号采样率来提高追踪的精度。

在这里介绍一种改进的基于相位的追踪方法 Vernier,一种在信号采样率固定不变的前提下,提高基于相位变化的追踪方法精度的方法。

首先,考虑一个类似的间接提高分辨率的例子——游标卡尺,如图 10-6 所示。游标卡尺是一种用于精确测量长度的工具。一般而言,游标卡尺由两部分构成,一部分是主尺,另一部分是可滑动的游标,可以在主尺上自由滑动。主尺和游标上都有刻度,但是二者的刻度间距稍有不同。主尺的刻度一般都是整毫米的,而游标上的刻度一般与主尺上的刻度有微小的差距。

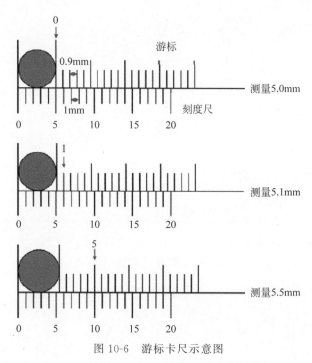

图 10-6 游标卡尺示意图

对于常见的游标卡尺,其主尺刻度间隔为 1mm,游标上的刻度间隔为 0.9mm。如果要测量的距离为 r,那么可以得到:

$$r - r' + 0.9x = 1.0x$$

其中,r' 表示对 r 进行向下取整的结果,x 表示游标的第多少个刻度,能够与主尺上的刻度互相对齐。经整理,得到:

$$r - r' = 0.1x$$

由于游标每向右移动一个刻度,其与主尺上的刻度的差距就增加了 0.1mm。因此,利用这个原理就可以对长度进行更精确的测量。值得指出的是,游标卡尺的测量精度本质上并不是由游标和主尺上的刻度差值决定的,而是由二者的最大公约数决定的。

1. 信号相位变化的测定

接下来,介绍一种类似游标卡尺原理的信号相位变化的测定方法。

首先定义以下两个变量:

LMP(local max prefix):在一个信号采样窗口中,规定第一个采样点的 LMP 为 0。从第二个采样点开始,如果某一个点的值(就是该采样点的信号强度)既大于它的前一个值,又大于它的后一个值,那么这个点的 LMP 值为它的前一个点的 LMP 值加 1,否则该点的 LMP 值等于其前一个点的 LMP 值。

LMPS(local max prefix sum):LMPS 是在一个窗口中所有采样点的 LMP 的和。

假定在时间 t_1 和时间 t_2 两个时刻,录音设备取得两个等长时间窗口的音频数据 w_1 和 w_2。每个窗口中恰好有 p 个周期的声音信号,这 p 个周期的信号刚好对应着 q 个采样点。w_1 和 w_2 两个时间窗口的数据的 LMPS 分别为 L_1 和 L_2,则这两个窗口所经历的相位变化为 $\Delta\phi = (L_2 - L_1) 2\pi/q$,距离变化为 $\Delta d = \lambda \Delta\phi/(2\pi)$,其中 c 是声音在空气中的传播速度。

如图 10-7 所示,在一个时间窗口内,$p=3$,$q=13$,则该窗口内信号各采样点的 LMP 如图 10-7 所示,信号的 LMPS 为 26。

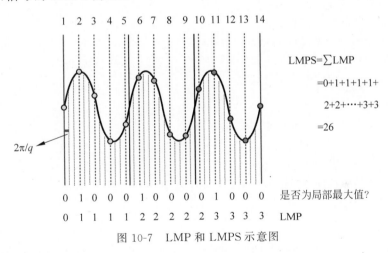

图 10-7　LMP 和 LMPS 示意图

当信号相位前移 $2\pi/q$ 时,LMPS 增加 1。因此,当 $p=3$,$q=13$ 时,每当 LMPS 增加 1,信号的相位变化了 $2\pi/13$,距离变化(减小)了 $\lambda/13$,如图 10-8 所示。

利用上述方法可以实现更高精度的基于相位变化的追踪。

在采样率不变的情况下,可以通过调节发射信号的频率来调节 p 与 q。例如,在采样率为 44100Hz 的情况下,如果取声音频率为 20000Hz,那么 $p=200$,$q=441$。在这种情况下,此方法的定位精度为

$$\frac{340}{20000 \times 441} \text{m} = 0.0000385 \text{m} = 0.0385 \text{mm}$$

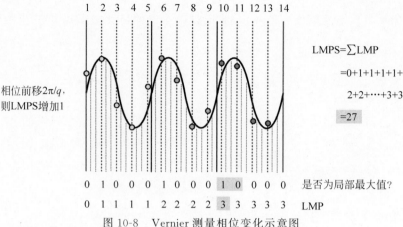

图 10-8　Vernier 测量相位变化示意图

该方法的具体实现代码如下(res_Vernier.m)。

```matlab
% 读入音频文件
[data,fs] = audioread('record.wav');
% 提取第一个声道
data = data(:,1);
% 将数据转化为行向量
data = data.';

% 使用带通滤波器滤波去噪
bp_filter = design(fdesign.bandpass('N,F3dB1,F3dB2',6,20800,21200,fs),'butter');
data = filter(bp_filter,data);

% % 计算 LMP 和 LMPS 变化
% fs = 48000
f0 = 21000;
c = 340;

% fs:f0 = 16:7
% 以 16 个采样点为窗口,每个含有 7 个周期的信号
slice_len = 16;
p = 7;

slice_num = floor(length(data)/slice_len);
lmps = zeros(1,slice_num);
for i = 0:1:slice_num - 1
    lmp = 0;
    sum = 0;
    for j = 2:1:slice_len - 1
        if data(i * slice_len + j)> data(i * slice_len + j + 1) && data(i * slice_len + j)> data(i * slice_len + j - 1)
            lmp = lmp + 1;
        end
        sum = sum + lmp;
    end
    sum = sum + lmp;
```

```matlab
        lmps(i + 1) = sum;
    end

    % % 修复异常数据
    % LMPS 的上界和下界分别为 60 和 45
    u_bound = 60;
    l_bound = 45;

    for i = 2:length(lmps)
        % 将超出界限的数据修复为前一个时间片的数据
        if lmps(i)< l_bound
            lmps(i) = lmps(i - 1);
        elseif lmps(i)> u_bound
            lmps(i) = lmps(i - 1);
        end
    end

    % % 计算相位变化和距离变化
    % 对相位跳变进行补偿
    bias = 0;
    phase = lmps;
    for i = 2:length(phase)
        if lmps(i - 1)> u_bound - 4 && lmps(i)< l_bound + 4
            bias = bias + 1;
        elseif lmps(i - 1)< l_bound + 4 && lmps(i)> u_bound - 4
            bias = bias - 1;
        end
        phase(i) = lmps(i) + bias * slice_len;
    end
    phase = phase * 2 * pi/slice_len;

    % 起始点为 0
    phase = phase - phase(1);

    distance = - phase /(2 * pi * f0) * c;

    delta_t = slice_len/fs;
    time = 1:slice_num;
    time = time * delta_t;

    plot(time,distance)
    title('基于相位的追踪(Vernier)');
    xlabel('时间(s)');
    ylabel('距离(m)');
```

声源发出 21kHz 的声音信号,移动设备在录制音频的过程中先远离声源移动 10cm,然后远离声源移动 20cm，最后移动回到初始位置。追踪的结果如图 10-9 所示，从结果可以看出该方法能准确地追踪设备的运动。

2. 二维位置追踪

如图 10-10 所示，假设被追踪设备的初始位置为 $C(x_0,y_0)$，在一定时间内移动到 $D(x_1,y_1)$。因为初始位置的坐标已经给定，因此 AC 和 BC 之间的距离就可以求出。只要知道设备相对于 A、B 两个声源的距离变化 a_1 和 a_2，就可以得到 AD 和 BD 的长度。由于 AB 之间的距离可以事先测量，因此在 $\triangle ABD$ 中，三个边都是已知的，那么 D 点的坐标 (x_1,y_1) 就可以求出来了，如图 10-10 所示。

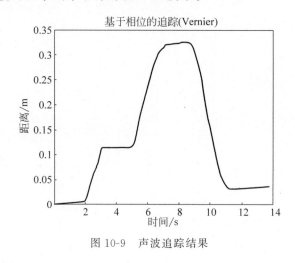

图 10-9 声波追踪结果

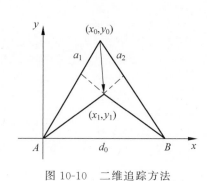

图 10-10 二维追踪方法

10.4 案例：基于 FMCW 的二维追踪

基于无线追踪中 FMCW 追踪原理，通过比较发送信号与接收信号的频率在移动中的变化，计算出距离的变化情况，进而通过多组基站对待测目标距离的同时测量，对待测目标进行连续的跟踪定位。同样地，使用智能手机平台及扬声器开展实验。

10.4.1 系统设计

二维定位至少要求获取麦克风到两个扬声器的距离变化情况。因此在硬件和信号设计方面都有着与一维测距不同的设计。在硬件方面，仍然使用普通的智能手机作为接收端；而在发送端方面，使用两个扬声器作为信号的发送装置。在信号设计方面，利用音响支持双通道播放的特性，通过产生左右两个不同声道的信号在两个喇叭上进行播放。通过信号设计，使得两个扬声器上不会同时播放声音信号，这样避免了处理信号过程中的复杂的滤波和对齐操作。当时即使是两个扬声器同时播放声音也没有问题，在这部分代码中为了方便，这里采用分开播放的办法来设计。

具体来说发送的信号如下：

用于确定开始点的 FMCW + 左右两声道的分时 FMCW，以 100ms 为周期的左右两声道的分时 FMCW 的构成如下（＄代表 FMCW 信号，空格则代表空白）。

定位与追踪步骤如下：

（1）由于左右两声道信号是同步的，可以直接根据与一维测距同样的方法利用时间片拆分的左右两声道信号来判断到两个喇叭的距离情况。但也注意到一个周期内测量到两个喇叭的距离的时刻实际上具有 50ms 的时间差，但考虑到测量是在低速情况下进行的，目前就忽略了由此会产生的误差，感兴趣的读者可以思考如何改进这一方法达到更好的效果。

（2）使用不同的滤波器对采集到的数据进行处理，这是定位追踪中很重要的一步，需要大家熟悉使用各种不同的滤波器和数据处理方法等，例如，在这一部分，使用了 hampel 滤波和卡尔曼滤波的方法对测量值进行处理，尽量减少测量中异常值的干扰和随机扰动的影响。

（3）对所有距离测量值减去初始值（第一个所测值）后就得到了距离的变化情况，在给定初始出发点的情况下使用两圆求交的算法对二维位置进行确定。

为了验证方法的性能，分别在三种场景下进行了二维定位实验，实验场景如图 10-11～图 10-13 所示，不同移动实验下设备位置信息与移动方式见表 10-1。

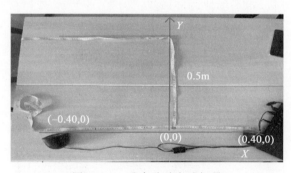

图 10-11　垂直移动实验场景

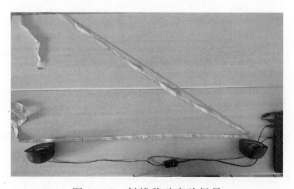

图 10-12　斜线移动实验场景

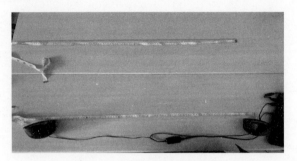

图 10-13 水平移动实验场景

表 10-1 不同移动实验下设备位置信息与移动方式

序号	起始位置	喇叭位置	移动方式
1	(0,0)	(0.40,0)(−0.40,0)	垂直移动
2	(0,0)	(0.40,0)(−0.40,0)	垂直移动
3	(0.40,0.05)	(0.40,0)(−0.40,0)	斜线移动
4	(0.40,0.05)	(0.40,0)(−0.40,0)	斜线移动
5	(0.40,0.42)	(0.40,0)(−0.40,0)	水平移动

10.4.2 实验结果

1. 距离测量

如图 10-14 所示,应用滤波器后能够得到较为平滑的距离数据,即使有较大的初始误差或者较长的连续偏离片段,也能够比较好地纠正回来。

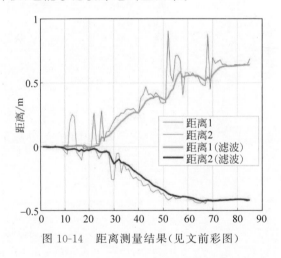

图 10-14 距离测量结果(见文前彩图)

2. 追踪结果

追踪效果如图 10-15～图 10-17 所示,可以看出,轨迹情况能够大致地反映实际移动情况,但误差仍然较大。一方面是由于使用距离变化量需要较为精确的基准值,一旦初始值有较大偏差就会导致误差积累。另一方面,实验中智能手机的移动需要靠人工控制,人工移动过程中的抖动也导致了许多的偏差。尽管仍然有误差,作为一个基础代码还是可以持续不断优化,大家都可以动手尝试一下。无线追踪功能就是这样，方法只能做到一个基本性能，要想性能提高，还需要不断优化。只有对整个过程理解得足够深刻，才能不断提高效果。这个理解，需要不断地思考方法的基本原理，不断地积累足够多的实验经验，才能真正得到提高。

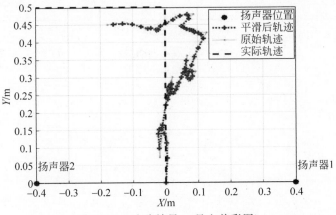

图 10-15　追踪效果 1（见文前彩图）

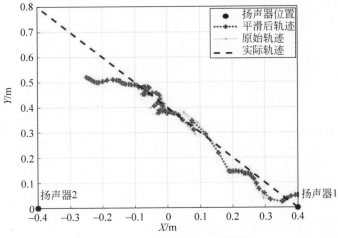

图 10-16　追踪效果 2（见文前彩图）

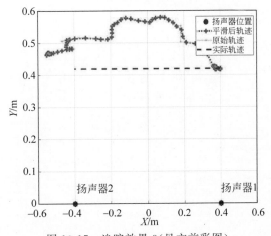

图 10-17　追踪效果 3（见文前彩图）

思考：如何改进这一部分的追踪性能？这一部分的效果是可以做到更好的。

10.4.3 实验代码

实验代码如下：

```
%% 发送信号生成部分
fs = 44100;
T = 0.04;
chirp_samples = T * fs;
stop06 = 0.06;
stop05 = 0.05;
stop01 = 0.01;
f0 = 16000;                            % start freq
f1 = 18000;                            % end freq

blank06 = zeros(1,stop06 * fs);
blank05 = zeros(1,stop05 * fs);
blank01 = zeros(1,stop01 * fs);
t = (0:1:T * fs - 1)/fs;
data = chirp(t, f0, T, f1, 'linear');
output = [];
bf0 = 8000;
bf1 = 9000;
begin = chirp(t, bf0, T, bf1, 'linear');
repeat = 85;

%% 接收信号读取、滤波、寻找起始位置及计算频率偏移
filename = '5.wav';                    % 在此更改文件名
[mydata,fs] = audioread(filename);

mydata = mydata(:,1);
[c, lags] = xcorr(mydata, begin);      % 这里还有很多其他的方法,大家思考一下。
[~, i] = max(abs(c));
idx = lags(i);

hd = design(fdesign.bandpass('N,F3dB1,F3dB2',6,14000,20000,fs),'butter');
mydata = filter(hd,mydata);

%% 生成 pseudo-transmitted 信号
pseudo_T = [];
for i = 1:repeat
    pseudo_T = [pseudo_T,data,blank01,data,blank01];
end

[n,~] = size(mydata);
% fmcw 信号的起始位置在 start 处
start = idx + 0.1 * fs - 100;
pseudo_T = [zeros(1,start),pseudo_T];
[~,m] = size(pseudo_T);
```

```matlab
pseudo_T = [pseudo_T,zeros(1,n-m)];

s = pseudo_T.*mydata';

len = (0.1*fs);                          % chirp 信号及其后空白的长度之和
fftlen = 1024*64; % 做快速傅里叶变换时补零的长度。在数据后补零可以使得采样
点增多,频率分辨率提高。可以自行尝试不同的补零长度对于计算结果的影响。
f = fs*(0:fftlen-1)/(fftlen);  % % 快速傅里叶变换补零之后得到的频率采样点
% 这里这几个步骤的参数都不是固定的,也未必是最优的,大家可以自己思考调整

%% 计算每个 chirp 信号所对应的频率偏移
deltaf1 = [];
deltaf2 = [];
for i = start:len:start+len*(repeat-1)
    chunk1 = s(i:i+chirp_samples);
    chunk2 = s(i+length(blank05):i+length(blank05)+chirp_samples);
    FFT_out1 = abs(fft(chunk1,fftlen));
    FFT_out2 = abs(fft(chunk2,fftlen));
    [~, index1] = max(FFT_out1);
    [~, index2] = max(FFT_out2);
    deltaf1 = [deltaf1 f(index1)];
    deltaf2 = [deltaf2 f(index2)];
end

%% 计算距离变化量
D1 = deltaf1 * 340 /(f1-f0) * T;
D2 = deltaf2 * 340 /(f1-f0) * T;
figure
plot(D1)
hold on
plot(D2)
legend('Distance1', 'Distance2')

start = 1 % 由于前面的采样点的误差会导致累计偏差,在此舍去前面的一些采样点
D1 = D1(start:end);
D2 = D2(start:end);

%% 滤波去噪与轨迹图显示
figure;
plot(D1-D1(1));
hold on;
plot(D2-D2(1));
kd1 = kalman(hampel(D1,15), 5e-4, 0.0068);
kd2 = kalman(hampel(D2,15), 5e-4, 0.0068);
kd1 = kd1 - kd1(1);
kd2 = kd2 - kd2(1);
kd1 = hampel(kd1, 7);
kd2 = hampel(kd2, 7);

%% 显示距离变化
plot(kd1, 'LineWidth',2);
```

```matlab
plot(kd2,'LineWidth',2);
grid on
legend('Distance1', 'Distance2','Distance1(filter)', 'Distance2(filter)')
legend('Location','best')
ylabel('m')

%% 计算二维位置
if strcmp(filename, '1.wav') ||strcmp(filename, '2.wav')
    start = [0, 0];
end
if strcmp(filename, '3.wav') ||strcmp(filename, '4.wav')
    start = [0.40, 0.05];
end

if strcmp(filename, '5.wav')
    start = [0.40, 0.42];
end
speakers = [0.40 0; -0.40 0];
pd1 = pdist([start; speakers(1,:)]);
pd2 = pdist([start; speakers(2,:)]);

kd1 = kd1 + pd1;
kd2 = kd2 + pd2;
xs = zeros(1,length(kd1));
ys = zeros(1,length(kd1));
figure
scatter([0.40 -0.40], [0 0] ,'b*', 'LineWidth',5,'DisplayName','扬声器位置')
xlabel('X/(m)')
grid on

text(0.40,0.05,'Speaker1')
text(-0.40,0.05,'Speaker2')
ylabel('Y/(m)')
title('Coordinate System')
hold on
xs(1) = start(1);
ys(1) = start(2);
for i = 2:length(kd1)
    [xout,yout] = circcirc(speakers(1,1),speakers(1,2),kd1(i),speakers(2,1),speakers(2,2),kd2(i));
    xs(i) = real(xout(2));
    ys(i) = real(yout(2));
    if isnan(xs(i))
        xs(i) = xs(i-1);
        ys(i) = ys(i-1);
    end

end
```

```matlab
xs_ = kalman(xs,5e-2, 0.05);
ys_ = kalman(ys, 5e-2, 0.05);

plot(xs_,ys_,':r+', 'LineWidth',2, 'DisplayName','平滑后轨迹');
plot(xs,ys,':g.', 'DisplayName','原始轨迹');

if strcmp(filename, '1.wav') ||strcmp(filename, '2.wav')
    plot([0 0 -0.40],[0 0.5 0.5], '--b','LineWidth',2, 'DisplayName', '实际轨迹')
end

if strcmp(filename, '3.wav') ||strcmp(filename, '4.wav')
    plot([0.40 -0.40],[0 0.8], '--b','LineWidth',2, 'DisplayName','实际轨迹')
end

if strcmp(filename, '5.wav')
    plot([0.40 -0.40],[0.42 0.42], '--b','LineWidth',2, 'DisplayName ','实际轨迹')
end
legend

%% 卡尔曼滤波器
function xhat = kalman(D, Q, R)
    sz = [1 length(D)];
    xhat = zeros(sz);
    P = zeros(sz);
    xhatminus = zeros(sz);
    Pminus = zeros(sz);
    K = zeros(sz);
    xhat(1) = D(1);
    P(1) = 0;                          % 误差方差为1

    for k = 2:length(D)
        % 时间更新(预测)
        % 用上一时刻的最优估计值来作为对当前时刻的预测
        xhatminus(k) = xhat(k-1);
        % 预测的方差为上一时刻最优估计值的方差与过程方差之和
        Pminus(k) = P(k-1) + Q;
        % 测量更新(校正)
        % 计算卡尔曼增益
        K(k) = Pminus(k)/( Pminus(k) + R);
        % 结合当前时刻的测量值,对上一时刻的预测进行校正,得到校正后的最优估计。该估计具有最小均方差
        xhat(k) = xhatminus(k) + K(k)*(D(k) - xhatminus(k));
        % 计算最终估计值的方差
        P(k) = (1 - K(k))*Pminus(k);
    end
end
```

注意,这一部分代码的信息量还是很大的,大家可以仔细阅读,里面包含了很多技术。

同时说明一下,里面的很多参数显然还没有做到最优,还有很多可以优化的空间,大家还可以进行改进。

参考文献

[1] ZHANG Y,WANG J,WANG W,et al. Vernier:Accurate and fast acoustic motion tracking using mobile devices[C]//IEEE INFOCOM 2018-IEEE Conference on Computer Communications. IEEE,2018:1709-1717.

[2] CHENG L,WANG Z,ZHANG Y,et al. AcouRadar:Towards single source based acoustic localization [C]//IEEE INFOCOM 2020-IEEE Conference on Computer Communications. IEEE,2020:1848-1856.

[3] XIE P,FENG J,CAO Z,et al. GeneWave:Fast authentication and key agreement on commodity mobile devices[J]. IEEE/ACM Transactions on Networking,2018,26(4):1688-1700.

第11章

无线和智能感知

除了定位追踪以外,利用无线信号进行更加复杂任务(如动作、手势等)的感知也是物联网领域的研究热点。其主要原理是利用感知目标对信号的影响来进行感知。通过分析信号的变化,进而推断出感知目标的情况(如位置、动作、朝向等)。有了前面的定位、追踪技术为基础,理解无线感知就相对更加容易了。由于无线感知有大量的研究工作,在这一章主要通过几个简单案例,跟大家一起来进行探讨。同时,无线感知从环境中获取基础物理指标的原理和代码,但要想实现复杂的动作、心跳、人员识别等无线感知能力,需要更加复杂的信号处理方法。本章还将对无线感知技术中借助智能算法实现复杂感知能力的方法进行介绍。

11.1 声波手势识别

为了便于理解,这里使用声波信号对手势进行识别,其余场景的思路是类似的。理解这个对于理解基于 WiFi CSI 或者其他无线信号特征的动作识别等有很大的帮助。读者可以仔细思考下面这个过程。

在声波场景中,第一个思路是通过发射 FMCW 或 OFDM 子载波,进而通过反射信号计算相位变化来检测手指的运动距离,从而对手势进行识别检测。这一部分基本是基于声波进行定位和追踪,在前面的章节中有详细的介绍,在这里就不展开介绍了。当然这些工作存在一些问题:

(1) 手势在运动过程中的反射的变化非常复杂,手掌不能简单建模为单一反射点;

(2) 声波受到多径效应的影响会出现频率选择性衰落;

(3) 周边其他静态物体的反射会导致识别困难。

上面每一个点都是无线感知面临的挑战,每个点都需要专门的方法针对性地来解决,这里也把这个题目留给读者思考,感兴趣的读者可以阅读参考文献中的相关前沿工作。

另外也可以使用声波信道信息来对手势进行识别。利用声波进行手势识别的第一个问题是如何获得信号状态信息,因为这个信道状态信息里面包含了手势信息。这个信息在 WiFi 中可以通过采集 CSI/CIR 获取。可以尝试利用 CIR 信息对手势进行识别(如果还不清楚 CIR 是什么,请回顾前面章节),这一过程就跟现在很多 CSI 做感知的工作非常类似。

基于这个思路，可以设计手势识别的主要流程如图 11-1 所示。

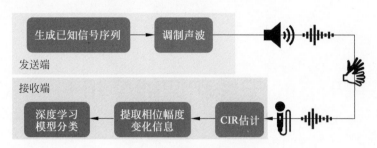

图 11-1　手势识别的流程

11.1.1　主要原理

这里有一个核心的问题，是如何提取信道状态信息。跟无线通信类似，可以从接收的数据包中提取这一信息。本节以信道冲击响应（CIR）为例，介绍这一过程。一般情况下，

$$r[n] = s[n] * h[n]$$

因此在发送端可以发送一段经过特殊设计的已知声波 $s[n]$，运动过程中的手势会将其反射，在麦克风端接收到 $r[n]$，利用信道估计方法即可提取 $h[n]$。通过对 $h(n)$ 的分析与处理，就可以获取细粒度的反射信息，进而对手势变化过程中导致的反射变化特征进行提取。环境中除了存在由手势运动带来的反射，其他的静态物体也会产生反射，消除静态影响是很重要的过程。在无线信号处理的很多方法中，消除静态干扰的一个基本思路是利用差分，通过时间上的差分或者位置上的差分来消除静态信号。例如，在声波感知中，可以利用相邻时间片的 CIR 在幅值和相位上做差分的方法提取其变化量，减小静态反射带来的干扰。CIR 图像的 Y 轴代表距离信息，根据手势识别的范围，只提取指定距离范围内的 CIR 变化量。利用上面测量 CIR 数据及处理的方法，可以收集大量实际运动过程中的数据，再将这些数据及对应的手势标签输入经过设计的机器学习网络中训练分类器。在预测阶段，通过输入实际的运动数据到分类器中，就可以获取相对应的手势类别（如相对麦克风左右晃动或前后晃动）。当然这只是一个非常简单的框架，如果在真实场景中，还得需要不断的改进。

11.1.2　示例代码与数据

1. 录音端

```
fs = 48000;
%% 设置
T = 0.1;                                % 单个 chirp 周期
t = linspace(0,T,fs*T);
startFreq = 18000;                      % chirp 起始频率
endFreq = 22000;                        % chirp 终止频率
interval_T = 0.00;                      % chirp 间的间隔时间设置为 0 即无间隔
sampleCycles = 80;                      % chirp 重复次数
tt = linspace(0,interval_T,fs*interval_T);
intervalSignal = sin(2*pi*endFreq*tt);
```

```matlab
warmUpT = 0.5;                  % 预热周期用于预热扬声器,避免扬声器的惯性影响起始的信号质量
t_warm = linspace(0,warmUpT,fs * warmUpT);
warmUpSignal = sin(2 * pi * startFreq * t_warm);

y = chirp(t, startFreq, T, endFreq);        % chirp 信号
dy = chirp(t, endFreq, T, startFreq);       % 下降的 chirp 信号,忽略

%% 生成待播放的信号
playData = [];

for i = 1:sampleCycles
    playData = [playData, y, intervalSignal];
end
filename = sprintf("fmcw_s%d_e%d_c%d_t%d.wav",startFreq/1000,endFreq/1000,sampleCycles,T * 1000);
audiowrite(filename, playData, fs);

%% 选择要播放的设备

info = audiodevinfo;
outputDevID = info.output(2).ID;            % *设备 ID 根据实际情况选择!!*
playData = [warmUpSignal playData];
player1 = audioplayer([playData; zeros(size(playData))],fs,16,output DevID);


%% 选择要录音的设备
inputDevID = info.input(2).ID;              % *设备 ID 根据实际情况选择!!*
rec1 = audiorecorder(fs,16,2,inputDevID);


play(player1)
record(rec1,sampleCycles * T + 1)
pause(sampleCycles * T + 1 + 0.2)
ry = getaudiodata(rec1);
figure
plot(ry)
%% 选择要保存的文件
% save('record_static.mat')
% save('record_dynamic.mat')
```

2. 数据处理代码

```matlab
close all;
load('record_static.mat')
%% 常量
chunk = (T + interval_T) * fs;
chirpLen = T * fs;
B = endFreq - startFreq;
maxRange = 2;
```

```matlab
c = 343;
fMax = round(B * (maxRange/c)/T);
N = 8;
CIRData = zeros([sampleCycles,fMax * N]);
channel = 2;

%% chirp 对齐

[r, lags] = xcorr(ry(:,channel),y);
figure
plot(ry(:,channel))

[pk, lk] = findpeaks(r,'MinPeakDistance',0.8 * fs * T);   % 寻找峰值
[~, I] = maxk(pk,sampleCycles);                           % 寻找最大的 sampleCycles 个峰值
figure
plot(lags,r)
hold on
plot(lags(lk),pk,'or')
plot(lags(lk(I)),pk(I),'pg')

asc_indexs = sort(I);                                     % index 从小到大排序
indexs = lags(lk(I));
start_index = min(indexs);                                % 找到开始的

%% 计算

for i = 1:sampleCycles
    offset = (i - 1) * chunk;
    sig_up = ry(offset + start_index:offset + chirpLen + start_index - 1,channel);
    sig_up = highpass(sig_up, 10000,fs);
    mixSigUp = sig_up .* y';                              %% 混合信号,接收到的信号与实际信号相乘
    fmixSigUp = lowpass(mixSigUp,fMax + 100,fs);          % 低通滤波
    fftOut = abs(fft(fmixSigUp,fs * N));                  % fft
    CIRData(i,:) = fftOut(1:fMax * N)/ pk(I(i));          % 除以 pk(I(i))进行幅值补偿
end

%% 绘图
time = 0:T:T * sampleCycles;
range = (1:1/N:fMax) * T * c/B;

diffCIR = zeros(sampleCycles - 1,fMax * N);
for i = 2:sampleCycles - 1
    diffCIR(i,:) = (abs( CIRData(i,:) - CIRData(i - 1,:)));
end

figure(100)
subplot(2,2,1)
imagesc(time,range,CIRData')
colormap(linspecer)
colorbar
```

```matlab
title('静态-反射数据')
% c1 = caxis;
subplot(2,2,3)
imagesc(time,range,diffCIR')
colormap(linspecer)
colorbar
c1 = caxis;
title('静态-处理后数据')
% c2 = caxis;
% c3 = [min([c1 c2]), max([c1 c2])];
% caxis(c3)
figure
plot(CIRData(:,1))
hold on
plot(pk(I))


load('record_dynamic.mat')

[r, lags] = xcorr(ry(:,channel),y);
figure
plot(ry(:,channel))
[pk,lk] = findpeaks(abs(r),'MinPeakDistance',0.8*fs*T);
[pv,I] = maxk(pk,sampleCycles);
figure
plot(lags,r)
hold on
plot(lags(lk),pk,'or')
plot(lags(lk(I)),pk(I),'pg')

asc_indexs = sort(I);
indexs = lags(lk(I));
start_index = min(indexs);

%% 计算

for i = 1:sampleCycles
    offset = (i-1)*chunk;
    sig_up = ry(offset+start_index:offset+chirpLen+start_index-1,channel);
    sig_up = highpass(sig_up, 10000,fs);
    mixSigUp = sig_up .* y';
    fmixSigUp = lowpass(mixSigUp,fMax+100,fs);
    fftOut = abs(fft(fmixSigUp,fs*N));
    CIRData(i,:) = fftOut(1:fMax*N)/ pk(I(i));
end

%% 绘图
time = 0:T:T*sampleCycles;
```

```
range = (1:1/N:fMax) * T * c/B;

diffCIR = zeros(sampleCycles - 1,fMax * N);
for i = 2:sampleCycles - 1
    diffCIR(i,:) = (abs( CIRData(i,:) - CIRData(i-1,:)));
end

figure(100)
subplot(2,2,2)
imagesc(time,range,CIRData')
colormap(linspecer)
colorbar
title('左右晃动手势 - 反射数据')
subplot(2,2,4)
imagesc(time,range,diffCIR')
colormap(linspecer)
colorbar
c2 = caxis;
c3 = [min([c1 c2]), max([c1 c2])];
caxis(c3)
title('左右晃动手势 - 数据处理后')
subplot(2,2,3)
caxis(c3)
```

11.1.3 结果展示

收集到 CIR 特征数据后，就可以利用提取到的不同手势的反射 CIR 数据特征，训练分类器对手势进行分类。基于分类的不同结果，就可以对手势进行区分，手势识别结果如图 11-2 所示。

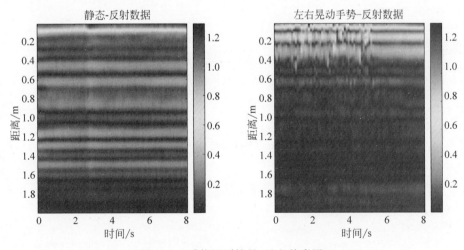

图 11-2 手势识别结果（见文前彩图）

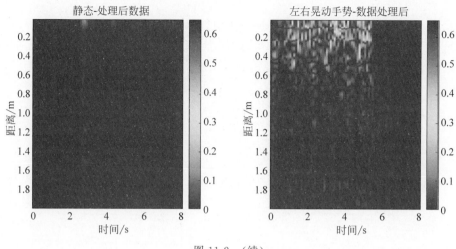

图 11-2 （续）

11.2 声波设备认证

基于对信号的采集和分析，不但能够实现动作手势识别等，还能实现更多更深入的应用，例如，实现两个物联网设备间的认证。随着物联网技术的发展，设备之间通信的安全性显得越来越重要。保证物联网设备通信安全，最重要的一步就是进行准确的设备身份识别。当两个从未进行过会话的陌生移动设备要开启一个临时的加密会话时，如何验证彼此身份的合法性是解决物联网通信安全的重要问题。

基于在感知中用到的信号特征，还可以实现设备的认证，这里介绍一个小的案例。世界上没有两个一模一样的树叶，也没有两台一模一样的设备。不同的设备之间，即便是同一型号同一批次的产品，在硬件结构上总会有多多少少的不同。不同的硬件结构会在信号发送和接收设备上表现出不同的频率选择特性。同一个硬件设备对不同频率的信号的响应不同，会使得某些频率的信号增强，另外一些频率的信号减弱。不同的硬件设备所加强和减弱的频率因其各自的硬件结构不同而各不相同。用于声音信号的发送和接收的扬声器和麦克风也同样具有这种硬件特性，对声音信号有着明显的频率选择特性。一个标准的 chirp 信号在时频图和频域图中如图 11-3 所示。在时频图中，chirp 信号表现为一个扫频信号，在频域图中，chirp 信号在其带宽范围内呈现出能量值大致相当的现象。

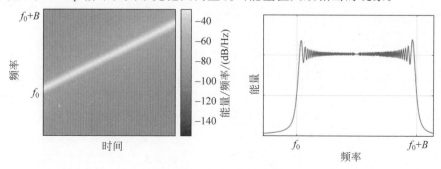

图 11-3 标准 chirp 信号

当这个标准 chirp 信号经过声音信道之后,即由扬声器发送、通过空气介质并通过麦克风被接收设备收到之后,得到信号的时频图和频域图如图 11-4 所示。观察发现,在时频图中仍然是一个扫频信号,与图 11-3 中标准 chirp 信号差异不大。但在频域图中,在 chirp 信号带宽范围内各个频率上的能量值呈现出参差不齐的现象。

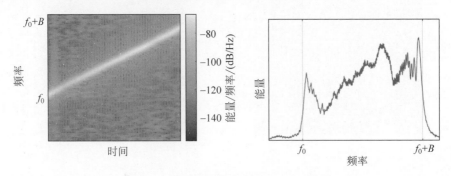

图 11-4　通过声音信道之后的 chirp 信号

思考:为什么各个频率上的能量值会出现非均匀分布的现象?

这是由信道对声音信号的频率选择特性所造成的。声音信道由扬声器、声音传播介质及接收端的麦克风组成,这三者对声音信号都存在频率选择特性。由于硬件的独特性,扬声器和麦克风对不同频率的增强和减弱的效果不同。声音传播介质由于多径路径的存在,来自多个路径的声音信号会在接收端产生干涉的现象,某些频率的信号刚好处于干涉相长的状态,而另一些处于干涉相消的状态,从而使得干涉相长的频率增强,干涉相消的频率减弱。图 11-5 所示是整个声音信道对声音信号的频率选择特性。

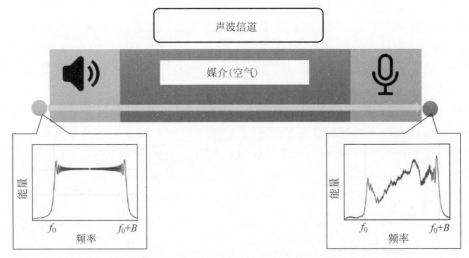

图 11-5　声音信道对声音信号的频率选择特性

为了进一步探索频率选择特性是否足以区分出不同的设备或不同的通信信道,可以先看一组实验的结果。首先固定一个声音发射源,将两个不同的接收设备分别放在同一个位置进行了一组实验。图 11-6 展示了当发送设备和多径环境相同时,不同的接收设备对声音信号的频率选择特性。其中,蓝线和红线是设备 1 在位置 1 进行两次相同录音的结果,黄线是设备2在位置1录音的结果。观察发现,同一个设备的前后两次结果非常接近,而不同设备之间的差异很大。这个现象说明,可以使用声音信号的频率选择特性来区分不同的设备。

另外,还探索了当设备位置改变(声音传播介质的多径环境改变)时频率选择特性的变化。将设备1在位置2录音的结果(图11-7中紫红色线)与两次在位置1录音的结果(图11-7中蓝色线和红色线)进行比较,发现当设备位置发生变化时,信道的频率选择特性也发生较大的变化。这说明当同一个设备的位置发生变化时,将无法再次通过频率选择特性的验证。这个特性使得设备认证之间的安全性得到更好的保障,使得设备在每次会话前都需要重新进行认证,有效抵抗了中间人的攻击。

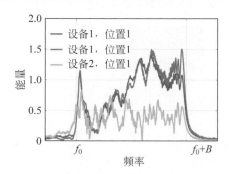

图11-6　不同硬件设备对声音信号的频率选择特性不同(见文前彩图)

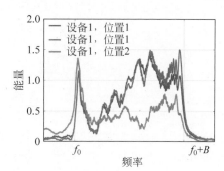

图11-7　不同传播路径对声音信号的频率选择特性不同(见文前彩图)

11.3　定位与追踪

11.3.1　基于神经网络的无线定位精度增强方法

在大多数无线定位场景中,存在着严重的多径效应,甚至是直接视距路径的缺失,导致基于 AoA、TOF 等物理约束的定位方法存在较大的定位误差。2020 年发表在 MobiCom 上的一篇文章提出了一种基于深度神经网络的定位方法 DLoc,用于提高无线定位在实际应用场景中的精度。

DLoc 使用如图 11-8 所示的神经网络架构从无线感知数据中获取更精确的定位结果。由于直接将原始 CSI 的复数作为输入时,信号中的可变噪声会使得定位任务更加复杂,将原始 CSI 数据转化为热力图的形式进行输入。图像形式的输入更适合目前的神经网络结构,且热力图中同时包含了接入点的位置和可能的目标位置,为定位模型的训练提供了明确的位置信息。同样地,输出也使用图片形式的高斯波峰热力图来表示目标的准确位置。通过编码器和解码器将热力图信息转化为定位结果,并根据输出结果与真实结果之间的差异计算模型损失并进行模型更新。

另外,为了解决收发端时钟不同步造成的热力图中的热点区域偏移问题,增加了一个一致性解码器模块。根据训练数据的真实目标位置对热力图进行补偿,并根据补偿后的热力点位置应该跟目标位置一致的特性,将偏移补偿后的热力图之间位置的一致性作为指导模型更新的另一个维度。

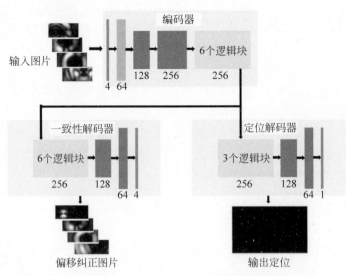

图 11-8　DLoc 神经网络架构

借助以上编码器模块和位置解码器模块、一致性解码器模块，DLoc 充分捕捉了无线信号特征与位置之间的关系，在视距路径缺失的条件下也能得到准确的定位结果。

11.3.2　基于神经网络的无线定位泛化性增强方法

物联网环境有两个显著特点：设备异构性和环境动态性。面对接入网络中纷繁多样的设备，如何有效应对其异构性并达成精准协同定位，已成为亟待解决的关键挑战。同时，物联网的应用场景变化多端，从封闭的室内空间到开阔的户外环境，乃至复杂多变的深山密林，均对定位技术提出了更高要求，因为环境的动态性会持续影响信号特征的稳定性。

传统的基于接收信号强度（received signal strength，RSS）指纹的定位系统，其基础在于离线收集的指纹数据库，然而，这一数据库极易受到环境动态性的影响，导致数据时效性下降。这使得基于 RSS 指纹的定位系统面临三个主要问题：设备异构性、环境动态性和指纹数据库的退化。

为了解决这些问题，2024 年发表于 TOSN 上的 iToLoc 提出了一种基于对抗学习和半监督学习的 WiFi RSS 指纹定位系统。iToLoc 旨在实现三个主要目标：高效部署、高精度定位及低维护成本。与之前的方法相比，iToLoc 填补了稳健定位与可靠模型更新之间的空白。

iToLoc 在离线训练阶段与传统的基于指纹的定位系统类似，利用有标签的指纹数据进行定位模型的训练。但其创新之处在于在线定位阶段，系统能够处理无标签的查询指纹，提取稳健特征进行定位。这些特征不仅抗设备异构性，还能抵御环境动态变化，确保定位的准确性和可靠性。此外，iToLoc 还具备自我更新机制，能够自动调整以适应环境变化，保持长期稳定性。iToLoc 的核心组件包括三部分：指纹-图像转换器、域对抗神经网络（domain adversarial neural network，DANN）和基于协同训练的半监督学习框架，如图 11-9 所示。

首先，为了增强原始指纹的表达能力，iToLoc 的指纹图像转换器将从邻近接入点（access point，AP）接收到的一维指纹向量转换为二维指纹图像。对于每个 AP 收集到的一维指纹向量，转换器通过计算任意两个 AP 之间的指纹数据比率，并汇总这些比率形成一个二维指

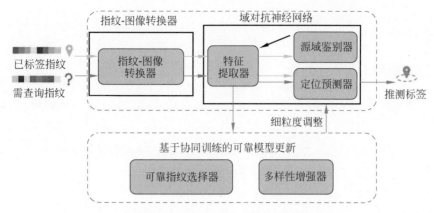

图 11-9　iToLoc 神经网络架构

纹图像。这不仅直观展示了不同 AP 之间的信号特征,还提升了指纹数据的表达能力。

其次,为了实现准确且可靠的定位性能,iToLoc 采用了一个基于对抗学习的框架,从接收到的指纹中提取具有设备无关性和环境动态抗干扰性的特征。该框架的核心是域对抗神经网络(domain adversarial neural network,DANN),通过利用来自源域(离线训练阶段有标签的指纹集合)和目标域(在线定位阶段无标签的查询指纹集合)的数据进行训练,实现域无关特征提取,即提取出同时适用于离线训练阶段(源域)和在线定位阶段(目标域)的特征,旨在提高模型在异构设备和动态环境下的泛化能力。

基于对抗学习的稳健定位模块包括以下三个部分:

(1) 特征提取器:利用卷积神经网络(convolutional neural network,CNN)从源域和目标域中提取潜在特征。这些特征应具备设备无关性和抗干扰性,旨在提升位置预测器的性能,同时使域判别器难以正确判断特征的来源。

(2) 位置预测器:由三个不同结构的 CNN 模块组成,接收来自源域的特征进行分类训练,旨在通过多样化的视角来增强分类性能,从而提高位置预测的准确性。

(3) 域判别器:接收来自源域和目标域的特征,尝试区分其来源,并通过对抗训练引导特征提取器生成更难以区分的域无关特征。这种特征提取器和域判别器之间的相互对抗,构成整个框架的核心。

最后,为了适应不可预测的环境动态并确保长期服务,iToLoc 采用了基于半监督学习的模型更新框架,以提升指纹定位模型的时效性。该框架的核心思想是将查询指纹视为无标签数据,从而将模型更新问题转化为半监督学习问题。该框架引入了协同训练的概念,以填补稳健定位与可靠模型更新之间的空白。当接收到未标记的查询指纹时,位置预测器中的三个 CNN 模块利用数据编辑方法共同预测查询指纹的伪标签。随后,基于协同训练的模型更新模块将被触发,利用伪标签对这三个 CNN 模块进行微调。

此外,为了解决因数据增强导致的 CNN 模块相似性问题,该框架采用了输出调制(output smearing)技术,通过向标签指纹数据中注入随机噪声,生成多样化的训练集。在特定轮次中,位置预测器的模块将在这些多样化的训练集上进行微调,以提高模型的泛化能力和准确性。

11.4 动作识别

11.4.1 摔倒检测方法

在家庭环境中使用无线信号进行摔倒检测的应用中,往往基于一个假设,即摔倒动作具有固定的模式。导致了实际应用中摔倒检测率低、误报率高及跨场景应用能力弱等问题。2022 年发表在 MobiSys 会议上的研究文章提出了一种名为 SiFall 的新方法,旨在提高无线感应技术进行摔倒检测的准确度和跨场景应用的能力。

SiFall 采用了 FallNet 网络架构,这是一个类似于 Auto-Encoder 的架构,如图 11-10 所示,旨在从信道状态信息(CSI)生成的时频谱中提取更精确的摔倒检测结果。考虑到人体摔倒行为的随机性,而非固定的模式,研究者选择使用 Auto-Encoder 来拟合正常人类活动的时频谱模式。当输入样本不符合 Auto-Encoder 所学习到的隐藏特征分布时,则被认为是摔倒行为。FallNet 的编码器由五个逐渐缩小的块组成,每个块包括两个卷积层、实例归一化(IN)、LeakyReLU 激活函数和最大池化层。解码器与编码器对称,使用上采样来恢复数据的原始维度。

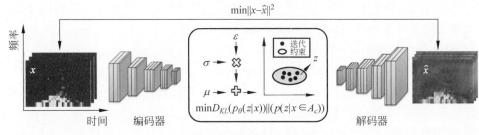

图 11-10 FallNet 网络架构

对于天线间存在的不平衡问题,即从不同天线收集的 CSI 可能具有不同的幅度导致 STFT 频谱的功率不平衡,SiFall 利用实例归一化(instance normalization,IN)技术来保证数据的一致性。具体而言,由于 FallNet 输入张量的通道维度对应于不同的 Tx-Rx 天线流,因此研究者为 FallNet 中每个卷积层前添加了 IN 操作,通过可学习仿射参数 γ,β 来对每个天线流的幅度数据进行归一化,以确保所有天线的频谱具有相同的幅度范围。归一化操作定义为 $\mathrm{IN}_{\gamma,\beta}(X)=\gamma\hat{X}+\beta$,其中 $\hat{X}=\dfrac{X-\mu}{\sqrt{\sigma^2+\varepsilon}}$,$\mu$ 和 σ^2 分别代表每个通道独立计算的空间维度均值和方差,ε 是一个用于数值稳定的小常数。

面对 RF 训练数据不足的问题,SiFall 采用变分编码器(variational autoencoder,VAE)中的变分推断技术,通过在模型的瓶颈层中加入随机采样操作来增强模型的泛化能力。此外,SiFall 还采用了两种数据增强技术,显著增加了训练数据量。具体来说,研究者在将信号片段转换为 STFT 频谱图之前,向其添加高斯白噪声,以模拟低信噪比的环境,从而提高模型对不同信噪比条件的适应能力。同时,研究者对每个输入张量进行了三轮随机水平位移,生成更多时间分辨率变化的样本,以缓解固定 STFT 窗口长度导致的时间分辨率限制。通过以上技巧的运用,SiFall 在数据有限的情况下也能够学习到具有普适性的特征表示,从而提升模型的鲁棒性和泛化性能。

为了提高现有方法的环境泛化能力,SiFall 的训练方法结合了预训练与实时更新策略。首先,研究者使用正常活动数据集对 SiFall 进行预训练,建立日常活动在潜在特征空间中的分布。在实时检测过程中,输入的 STFT 样本通过 SiFall 模型进行推理,并计算 FallNet 的重构误差 e。通过重构误差 e 的反馈机制,系统能够不断进化,并自适应地调整阈值以确定摔倒事件。

这种方法的局限性在于,SiFall 系统目前仅被设计用于单个房间内工作,这限制了其在更广阔范围内的应用。研究结果显示,在相对空旷的单房间环境中,当测试主体与 WiFi 收发器之间的视距链路距离增加至 7m 时,SiFall 的平均真阳性率将显著下降。因此,考虑到多路径效应的增强、多人同时活动带来的干扰及 WiFi 信号随距离增加而衰减的影响,SiFall 在多房间或多障碍物环境中的性能仍然需要提高。此外,SiFall 系统的训练和测试数据主要来源于模拟的日常活动和摔倒事件,而非实际发生的真实场景,这意味着其在真实摔倒环境中的可靠性或未得到充分验证。另外,Auto-Encoder 在异常检测中也面临着数值偏差和阈值选择的难题,这些因素共同构成了 SiFall 系统进一步发展和实际部署中的挑战。

11.4.2 基于神经网络的无线感知特征增强方法

在室内无线感知场景中,传统方法主要依赖于短时傅里叶变换(STFT)生成的频谱图,这会导致频谱泄露问题,进而影响准确率。2023 年发表在 NSDI 会议上的一篇文章提出了一种名为 SLNet 的新型深度学习架构,它结合了频谱图分析与深度学习技术,旨在提高包括手势识别、步态识别、跌倒检测及呼吸估计在内的多种应用中的效果和计算效率。

SLNet 主要由四个部分组成:频谱增强网络(spectral enhancement network,SEN)、多分辨率融合模块、极化卷积神经网络(polarized convolutional network,PCN)及特征压缩网络,如图 11-11 所示。这些组件共同作用,从通过 CSI 计算得到的 STFT 频谱图中提取更精

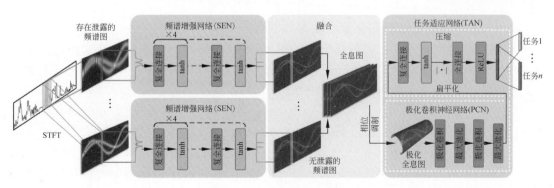

图 11-11 SLNet 网络架构

确的频率分量特征表示。由于 STFT 产生的频谱存在泄露问题，而常见的窗函数解决法不能较好地消除旁瓣，以及分离频率相近的分量，研究者选择设计并训练一个频谱增强网络，简称 SEN，以 STFT 得出的原始频谱图为输入，重建得出最小化甚至消除频谱泄露后的频谱图。实验结果表明，相比于传统方法，使用神经网络可以更好地分离不同频率的分量，并能很好地控制计算的复杂度。

另外，由于 STFT 的窗口大小对应着不同的频谱分辨率和响应性，较大的 STFT 窗口可以提供较高的频谱分辨率，却牺牲了时间分辨率，损害响应性。为了解决固定的 STFT 窗口无法同时获得高频谱分辨率和高响应性的问题，另外，为了解决 STFT 的窗口大小对频谱分辨率和响应性的影响，研究者使用了多分辨率频谱图融合。具体做法是选择一组不同大小的窗口分别用 STFT 和 SEN 生成频谱，并在通道维度上拼接为频谱全息图作为最终的频谱图表示，以实现既能够分辨出短时间内的频率变化，又能分辨出相近的频率分量。该方法通过选择一系列不同大小的窗口对同一信号执行 STFT，以生成多个不同分辨率的频谱图，然后利用针对每个窗口长度预训练的 SEN 对 STFT 生成的频谱图进行处理以消除频谱泄露。最后，将所有经过 SEN 增强的频谱图在通道维度上进行拼接，形成一个多分辨率的全息频谱图。通过上述步骤，SLNet 可以实现既分辨出短时间内的频率变化，又能分辨出相近的频率分量。

在全息频谱图的处理方面，传统方法通常直接使用 CNN 等计算机视觉领域的技术，然而，由于 CNN 本是为识别图像中与位置无关的局部视觉信息设计的，并不适用于位置信息十分重要的局部频谱图。因此研究者使用了一种极化卷积神经网络（PCN），通过特殊调制的相位信息对频谱图进行极化处理，使得它们在局部保持不变而在全局有所区别。接着设计了一个特殊的卷积算子来从极化后变成复数值的频谱图中提取特征。相比于 CNN，PCN 同时保持了局部特征和全局区分度，从而提升了学习效果。为了在卷积过程中保持特征图的极化性，研究者设计了一种特殊的极化卷积算子从极化操作生成的复值频谱图中提取特征。具体而言，对于每一个卷积层，频谱图的实部和虚部分别使用相同的实值卷积核进行卷积操作。卷积结果与偏置值相结合，以生成最终的复值输出。这一过程确保了在卷积过程中维护特征图的极化特性，从而使特征图在频率维度上具有全局区分性，在时间维度上保持平移不变性。

由于 PCN 的输出为多通道特征图，其较高的特征维度和复值特性难以直接输入全连接层（FC）执行动作分类等感知任务，因此研究者设计了一个压缩网络，以获取频谱特征的低维实值表示。压缩网络由一个复值全连接层和一个实值全连接层组成。SLNet 首先通过复值全连接层降低 PCN 生成的特征图的维度，并将输出的绝对值输入到实值全连接层中，进一步转化为实值特征。最终，这些实值特征可以进一步输入到为不同任务定制的额外全连接层，以应用于不同的无线感知任务。

借助以上模块，SLNet 在针对 4 个应用（即手势识别、人类身份识别、跌倒检测和呼吸估计）的实验中以最小的模型和最低的计算实现了最新模型中最高的准确性。这种方法的局限性在于，尽管 SLNet 通过相位调制来编码全局位置信息，并且这种做法提高了模型的性能，但如何更有效地利用原始的相位信息，以避免因载波频率偏移和定时偏移等因素导致的误差，仍然是一个挑战。同时，模型在环境物体移动的场景、多人场景和室外场景中应用也存在挑战。

11.5 成分识别

11.5.1 基于神经网络的细粒度液体感知

液体识别能够使人们在无需接触的情况下区分不同的液体,使用精细的识别器甚至能实现超越人体感知能力的识别效果,给人类生活带来巨大影响。

传统的液体识别方法通过光谱来进行识别,不仅需要昂贵的设备,而且仅能在实验室环境中使用。近年来,学术界开始利用无线信号进行无接触的液体识别。但现有方法依赖于笨重设备或需要固定盛放液体容器的位置,缺乏灵活性。而在利用轻便设备上的探索则在感知极限上尚不充分。

2021 年发表在 UbiComp/IMWUT 上的一篇论文提出了 FG-LiquID 这一基于毫米波雷达感知的细粒度、高鲁棒性的液体识别系统。系统实现中需要解决两个技术挑战:①从环境噪声和复杂多径中提取出相似液体反射信号之间的区别;②液体摆放位置不同所造成的信号干扰,并由此对系统工作流程进行设计,如图 11-12 所示。

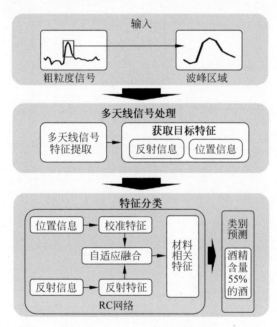

图 11-12 FG-LiquID 系统架构

为提取更丰富的信息,FG-LiquID 首先对信号经 FFT 处理后的频谱图进行剪裁以聚焦包含细粒度信息的峰值区域。然后,在多天线系统中可以发现:由位置不同带来的干扰导致不同时刻测量到的信号接收强度(RSS)值变化不同,但与同一侧天线测量到的这个数据高度相关。基于这一关键观察,文章通过多天线信号处理(MASP)来提取液体的反射信息和精确的位置信息。最终,这两类信息输入神经网络 RC-Net 中来执行细粒度的液体识别。图 11-13 展示了 RC-Net 的网络结构,其主要作用是处理融合信号提取液体反射信号。

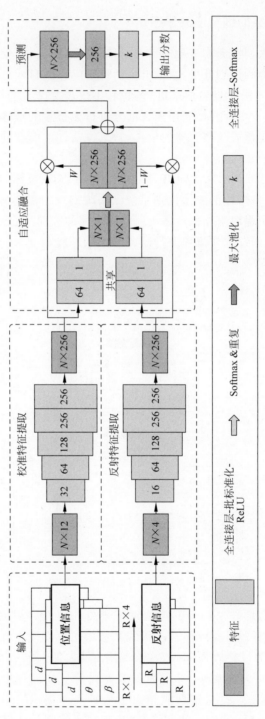

图 11-13 RC-Net 网络结构

为了提取细粒度的分辨液体的特征,同时消去环境因素的信号干扰,RC-Net 设计为包括校准特征提取模块、反射特征提取模块和自适应融合模块。

(1) 校准特征提取模块(calibration feature extraction module)。该模块接收位置相关信息的输入,应用多层感知机(MLP)生成校准特征,估计位置干扰的影响。这有助于理解不同位置对信号的影响,从而更精准地进行细粒度识别。

(2) 反射特征提取模块(reflection feature extraction module)。该模块处理反射信号,使用与校准特征提取模块相似的网络结构,专注于提取细粒度反射特征,增强对微小信号差异的敏感性。这些特征包含了有助于液体识别的判别信息,为最终分类提供支持。

(3) 自适应融合模块(adaptive fusion module)。由于不同情况下校准的幅度不同,这一模块自适应地调整校准特征和反射特征的融合权重 ω,并将两个特征进行融合以计算与液体物质相关的特征。

11.5.2 基于回归模型的水果成熟度感知方法

现有的跟踪水果成熟度的方法有化学方法、基于图像的方法和传感器检测等,这些方法要么会对水果产生破坏,要么无法准确预测,要么不可扩展(仅限实验室)。2023 年发表在 MobiCom 上的一篇文章提出了 AgriTera——一个端到端的系统,用于非侵入性和可扩展的水果质量和成熟度估计。AgriTera 利用亚太赫兹高感知精度、高敏感性及可反馈水果皮下信息且对其无损的优点,通过其经水果反射的信号来捕捉水果内部的介电常数变化,以反射信号在宽频带上的相对功率变化来感知水果的成熟度。在这篇文章中,作者用干物质(dry matter)和白利度(brix)两个指标来表征水果的成熟度。

根据分析,水果根据其生物结构可视作一个多层电介质。同时,其成熟过程所涉及的一系列生理变化会导致水果内部介电常数的变化。AgriTera 通过将信号经水果各层后反射信号的光谱特征建模为水果折射率的函数来分析水果成熟度。但光谱特征并不足以提供对成熟度指标的可靠估计。这是因为:①反射信号光谱中同时包含了距离、信号入射角度等环境信息的干扰;②反射信号的功率值在整个光谱上是相关的,这个相关函数可能因水果类型的不同而异;③在亚太赫兹频段中,不同子频段采样到的信号与成熟度指标的相关性不同,使得操作子频段无法确定。因此,文章通过偏最小二乘(partial least squares,PLS)回归模型将测量到的亚太赫兹范围内的光谱曲线映射到成熟度指标上,如图 11-14 所示。这个模型的优点在于:能最大化成熟度指标与光谱的相关性;能使用更少的组件来表示整个光谱数据,从而产生仅关注光谱中相关信息的低秩表示。

PLS 模型的关键优势在于其能够忍受水果中白利糖度和干物质含量测量数据的微小变化。通过输入反射信号光谱(变量数据 $X(f)$)和真实成熟度指标数据($Y_{\text{Brix/DM}}$),模型首先对光谱数据进行主成分分析(PCA),提取潜在变量及其与不同频率的相关程度。然后,模型将这些潜在变量与指标数据相关联,找到那些与指标数据相关的变化方向,从而建立光谱与成熟度指标之间的映射关系。

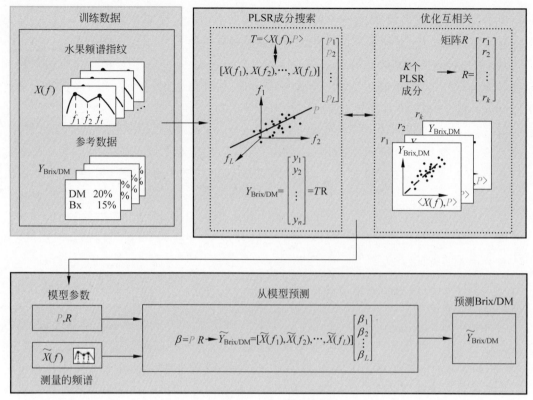

图 11-14　PLS 回归模型

11.6　基于扩散模型的无线感知信号生成

除了借助智能方法增强感知效果的工作，一些研究者还探索了基于智能模型构建通用型的无线感知信号生成模型，解决无线感知领域训练数据难获取的问题。

扩散模型本质上是一类生成模型，它通过一系列的加噪和去噪过程来学习原始图像的分布。扩散模型包含两个部分：前向破坏过程和反向恢复过程。近年来，扩散模型受到 Stability AI、OpenAI、Google Brain 等大型 AI 公司的青睐，它们基于扩散模型相继推出了文生图、文生视频等模型，引起工业界和学术界的广泛讨论。此外，扩散模型还被应用于图像复原、图像分割和图像识别等多个领域。

在无线通信任务中，如射频数据增强、信道估计和信号去噪，扩散模型也提供了新的启发。2024 年发表在 MobiCom 上的 RF-Diffusion，作为首个基于扩散模型的射频（radio frequency，RF）信号生成模型，将现有的基于去噪的扩散模型扩展到了时间-频率域，使其能够生成高质量的、高保真的射频数据。

RF-Diffusion 与经典的去噪扩散模型相似，都是基于参数化的马尔可夫链（Markov chain）构建的，并且其训练过程遵循一个双过程框架。RF-Diffusion 的创新之处在于引入了时间-频率扩散（time-frequency diffution，TBD）理论，来指导正向过程和反向过程中的每一个状态转换。

时间-频率扩散理论的核心在于它能够同时利用射频信号在时间和频率域的复杂特性。具体来说，传统的扩散模型通常只关注数据在单一维度（如时间或空间）上的变化，而射频信号由于其独特的物理特性，需要在时间和频率两个维度上进行精细控制。

在正向破坏过程中，RF-Diffusion 在每个扩散步骤中向信号的时间序列中添加高斯噪声，并同时对信号的频谱进行模糊处理。随着扩散步骤的推进，原始信号在时间域和频率域的特性逐渐被破坏，最终信号趋于噪声分布。通过时间-频率扩散理论，RF-Diffusion 能够在这两个维度上有效提取和利用射频信号的复杂特性，从而在反向恢复过程中实现高质量、高保真的信号重建。因此，RF-Diffusion 可以作为数据增强手段，通过小样本数据集生成更加多样化的训练数据集，如图 11-15 所示。

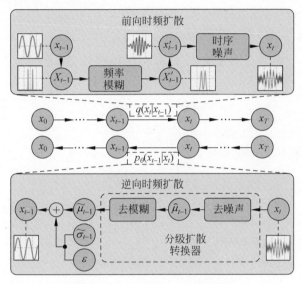

图 11-15　RF-Diffusion 网络模型

另外，为了使现有的去噪扩散模型的深度神经网络（deep neural network，DNN）与时间-频率扩散理论兼容，RF-Diffusion 提出了层次化扩散 Transformer（hierarchical diffusion Transformer，HDT）设计，如图 11-16 所示。HDT 通过融合以下三个关键设计来应对射频信号的复杂性：

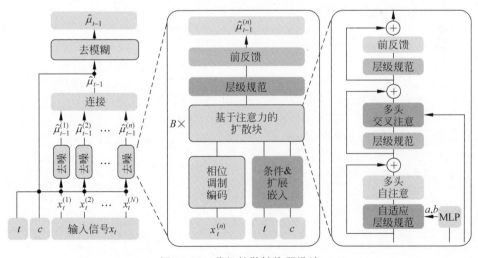

图 11-16　分级扩散转换器设计

（1）HDT 采用层次化架构，这种架构能够有效地解耦射频数据的时空维度。这种层次结构分为两个主要阶段：空间去噪和时间-频率去模糊。

（2）HDT 构建了基于注意力的扩散模块（attention-based diffusion blocks，ADB）来从每个扩散步骤中的退化信号中提取有意义的射频特征，从而提升生成信号的质量和保真度。

（3）HDT 在 RF-Diffusion 的注意力机制中引入了复数运算，使得模型能够更有效地处理复数值的射频信号。

RF-Diffusion 经过广泛的实验验证，包括在合成 WiFi 信号和 FMCW 信号上的应用，结果显示其生成的射频信号保真度极高。

参考文献

[1] CHENG L,WANG Z,ZHANG Y,et al. AcouRadar：Towards single source based acoustic localization[C]//IEEE INFOCOM 2020-IEEE Conference on Computer Communications. IEEE,2020：1848-1856.

[2] ZHANG Y,WANG J,WANG W,et al. Vernier：Accurate and fast acoustic motion tracking using mobile devices[C]//IEEE INFOCOM 2018-IEEE Conference on Computer Communications. IEEE,2018：1709-1717.

[3] XIE P,FENG J,CAO Z,et al. GeneWave：Fast authentication and key agreement on commodity mobile devices[J]. IEEE/ACM Transactions on Networking,2018,26(4)：1688-1700.

[4] AYYALASOMAYAJULA R,ARUN A,WU C,et al. Deep learning based wireless localization for indoor navigation[C]//MobiCom'20：The 26th Annual International Conference on Mobile Computing and Networking. ACM,2020：1-14.

[5] LI D,XU J,YANG Z,et al. Train once,locate anytime for anyone：Adversarial learning-based wireless localization[J]. ACM Transactions on Sensor Networks,2024,20(2)：1-21.

[6] JI S,XIE Y,LI M. SiFall：Practical online fall detection with RF sensing[C]//SenSys'22：The 20th ACM Conference on Embedded Networked Sensor Systems. ACM,2022：563-577.

[7] YANG Z,ZHANG Y,QIAN K,et al. SLNet：A spectrogram learning neural network for deep wireless sensing[C]//USENIX Association,2023：1221-1236.

[8] LIANG Y,ZHOU A,ZHANG H,et al. FG-LiquID：A contact-less fine-grained liquid identifier by pushing the limits of millimeter-wave sensing[J]. Proceedings of the ACM on Interactive,Mobile,Wearable and Ubiquitous Technologies,2021,5(3)：1-27.

[9] AFZAL S S,KLUDZE A,KARMAKAR S,et al. AgriTera：Accurate non-invasive fruit ripeness sensing via sub-terahertz wireless signals[C]//ACM MobiCom'23：29th Annual International Conference on Mobile Computing and Networking. ACM,2023：1-15.

[10] CHI G,YANG Z,WU C,et al. RF-Diffusion：Radio signal generation via time-frequency diffusion[C]//ACM MobiCom'24：30th Annual International Conference on Mobile Computing and Networking. ACM,2024：77-92.